普通高等学校
电类规划教材

U0381938

模拟电路
与数字电路

第3版

◎朱小明 杨绪业 郭小娟 主编

人民邮电出版社

北 京

图书在版编目（ＣＩＰ）数据

模拟电路与数字电路 / 朱小明，杨绪业，郭小娟主编. -- 3版. -- 北京：人民邮电出版社，2019.10
普通高等学校电类规划教材
ISBN 978-7-115-50220-9

Ⅰ．①模… Ⅱ．①朱… ②杨… ③郭… Ⅲ．①模拟电路－高等学校－教材②数字电路－高等学校－教材 Ⅳ．①TN710.4②TN79

中国版本图书馆CIP数据核字(2018)第279969号

内 容 提 要

本书分为上、下两篇，共 11 章。上篇为模拟电路部分，共 4 章，内容包括半导体器件、基本放大电路、集成运算放大器、正弦波振荡电路；下篇为数字电路部分，共 7 章，内容包括数字逻辑基础、门电路、组合逻辑电路、触发器和时序逻辑电路、脉冲产生和整形电路、数/模和模/数转换器、半导体存储器和可编程逻辑器件。

本书既注重基本概念和原理的介绍，又强调实际应用，在内容上力求叙述简明扼要、通俗易懂。本书可作为高等学校非电类各专业的"电子技术基础"课程教材，也可供有关技术人员参考使用。

◆ 主　编　朱小明　杨绪业　郭小娟
　　责任编辑　邹文波
　　责任印制　陈 犇

◆ 人民邮电出版社出版发行　　北京市丰台区成寿寺路 11 号
　邮编　100164　电子邮件　315@ptpress.com.cn
　网址　http://www.ptpress.com.cn
　北京市艺辉印刷有限公司印刷

◆ 开本：787×1092　1/16
　印张：19.75　　　　　　2019 年 10 月第 3 版
　字数：479 千字　　　　2025 年 1 月北京第 10 次印刷

定价：59.80 元

读者服务热线：(010)81055256　印装质量热线：(010)81055316
反盗版热线：(010)81055315
广告经营许可证：京东市监广登字 20170147 号

序

　　《国家中长期教育改革和发展规划纲要（2010—2020年）》中明确提出提高我国青少年的科技创新能力的重要性及迫切性，然而我国在落实青少年科技创新培养方面仍然处于起步阶段。素质教育近年来得到国家和社会的广泛重视，我们强烈地意识到素质教育必须与培养青少年科技创新能力相结合，不仅要对培养方向进行准确定位，而且还要充分挖掘现代教育理论和教学策略与学科交叉、学科融合实践之间的关系，为培养青少年科技创新能力提供重要的支撑作用。

　　北京师范大学信息科学与技术学院，申请并获得了国家社会科学基金"十二五"规划2015年度国家一般课题"青少年科技创新能力培养研究"（BCA150050），该课题为我们在电子技术专业中，培养青少年科技创新能力提供了良好的契机和平台。

　　本书是我们课题研究的成果之一。本书的最大特点是将传统的模拟电路和数字电路两部分内容，合并到一本书内。本书用简单的语言描述复杂的电子学知识，尽量做到简明易懂，便于青少年读者理解和学习。我们的目的是提高青少年读者在电子学方面科技创新能力，为国家的人才培养做出我们应有的贡献。

"青少年科技创新能力培养研究"课题组

2019年8月8日

本书是根据教育部高等学校工科"电子技术基础课程教学基本要求",并参照非电类模拟电路和数字电路课程教学大纲编写的。本书的编者都是北京师范大学的一线教师。本书将原来的"模拟电子技术基础"和"数字电子技术基础"两门课程的内容有机地整合起来,形成新的课程体系。该课程体系可使教师在一个学期内完成原来要两个学期才能完成的教学内容。虽然压缩了课时,但我们希望在本书里,能够保证非电类专业教学所需要的基本内容。本书的主要特点表现在以下几个方面。

(1)本书针对非电类的教学要求,力求在内容上达到简明扼要,在语言上做到通俗易懂,便于学生学习。

(2)本书突出基础课的特点,强调基础,尽量简化分析,避免大量、繁杂的公式推导;注重应用,使学生在学习过程中逐步建立理论联系实际的观点。

(3)本书将模拟电路和数字电路两门课程中交叉重复的内容归并起来。为了确保书中内容的深度和广度,本书在归并交叉重复的内容时,不是采用简单的删除办法,而是采用前后呼应的整合方法,将被归并掉的内容以基本原理、实际应用的例题等形式,设置在相关的章节中。这样做的目的是,既可保证基础知识的完整性和连贯性,又可增加学生习作的机会,加深学生对所学知识的理解,还可对某些重点的课题进行深入的讨论,使学生的知识更加系统化。

(4)本书在叙述的过程中,注重引导学生对物理概念的理解和训练学生开放性的思维方法,有意识地培养学生通过不同的交流渠道,对同一个问题利用不同的方法进行讨论,让学生掌握一题多解的方法,加深学生对基本概念和基础知识的理解。

(5)在内容的取舍上,鉴于当前数字电子技术的迅猛发展,因此数字电路内容较传统的非电类教材有一定篇幅的增加,模拟电路部分有一定篇幅的减少,使教材更适合当前电子技术的发展趋势。

(6)我们将原来需要两个学期才能教完的两门课程的内容,利用每周四个学时在一个学期教完,有利于教学计划的安排,可保证学生在二年级学完本课程,为三年级后的专业课打下扎实的基础。书中带有"*"号是选讲内容,教师可以根据学时多少,合理地取舍。

本书自从第 2 版出版以来,已印刷多次,深受广大读者的喜爱。本次修订保持了原书的主要特点和框架结构,增补了重要及最新内容。

本书第 1~3 章主要由北京师范大学信息科学与技术学院的杨绪业老师编写,第 5~10

章主要由朱小明老师编写，第 4 章和第 11 章及第 2 章和第 8 章的部分内容由郭小娟老师编写。书稿承蒙北京师范大学信息科学与技术学院姚力教授审阅，给我们提出了许多宝贵的意见和建议，福建师范大学数学与信息学院的陈利永教授也为我们的编写工作提供了很多帮助，在此一并深表谢意！

  由于编者的水平有限，书中难免存在疏漏之处，敬请广大读者批评指正，以期进一步完善。

编 者

2019 年 3 月

上篇 模拟电路部分

第 **1** 章 半导体器件

半导体器件是组成各种电子电路的基础。本章首先介绍半导体基础知识，包括半导体材料的特性、半导体中载流子的运动、PN 结的单向导电性等，然后介绍半导体二极管、三极管和场效应管的结构、工作原理、特性曲线及主要参数。

1.1 半导体基础知识

自然界的物质，按照导电能力的强弱，可分为导体、半导体和绝缘体 3 类。物质的导电性能取决于原子结构。低价元素一般导电性能好，如银、铜、铝等金属材料，都是良好的导体，它们的特点是，最外层电子容易摆脱原子核的束缚，成为自由电子，可以在外电场的作用下产生定向移动，即产生电流。而高价元素（如惰性气体），或高分子物质（如橡胶），它们的最外层电子很难挣脱原子核的束缚成为自由电子，所以导电性极差，我们称之为绝缘体。半导体是导电能力介于导体和绝缘体之间的物质，它的电阻率在 $10^{-3} \sim 10^{9} \Omega \cdot \mathrm{cm}$ 范围内。

目前，制作半导体器件的主要材料是硅（Si）、锗（Ge）、砷化镓（GaAs）等。其中硅用得最广泛，它是当前制作集成器件的主要材料，而砷化镓主要用来制作高频高速器件。

半导体器件是近代电子学的重要组成部分，它是构成电子电路的基本元件，半导体器件是由经过特殊加工且性能可控的半导体材料制成的。

1.1.1 本征半导体

由纯净的半导体经过一定工艺过程制成的单晶体，称为本征半导体。

常用的半导体材料有硅（Si）和锗（Ge），它们都是四价元素，它们的最外层电子既不像导体那样容易挣脱原子核的束缚成为自由电子，也不像绝缘体那样被原子核束缚得那么紧，内部几乎没有自由电子，所以半导体的导电能力介于导体和绝缘体之间。

本征半导体中的四价元素是靠共价键结合成分子的，图 1-1 所示为本征半导体硅和锗晶体的共价键结构平面示意图。

半导体之所以被人们重视，主要的原因是它的导电能力在不同的条件下有显著的差异。例如，当有些半导体受到热或光的激发时，导电能力将明显增长。如果在纯净的半导体中掺入微量"杂质"，半导体的导电能力将猛增到几千、几万乃至上百万倍。人们就是利用半导体的热敏、光敏特性制作成半导体热敏元件和光敏元件，利用半导体的掺杂特性制造了种类繁多，且具有不同用途的半导体器件，如二极管、三极管、场效应管等。

1.1.2 本征激发和两种载流子

晶体的共价键具有很强的结合力，在常温下，本征半导体内部仅有极少数的价电子可以在热运动的激发下，挣脱原子核的束缚而成为晶格中的自由电子。与此同时，在共价键中将留下一个带正电的空位子，称为空穴，如图 1-2 所示。

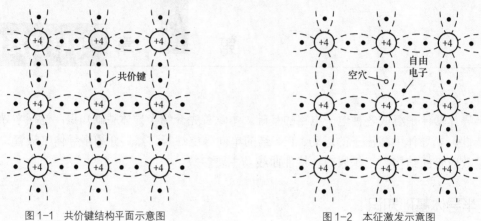

图 1-1 共价键结构平面示意图 　　　　　　图 1-2 本征激发示意图

热运动激发所产生的电子和空穴总是成对出现的，称为电子-空穴对。本征半导体因热运动而产生电子-空穴对的现象称为本征激发。

本征激发所产生的电子-空穴对，在外电场的作用下，都会做定向移动而形成电流。自由电子的移动与导体中自由电子移动的方式相同，它将形成一个与自由电子移动方向相反的电流。

空穴的移动，可以看成是自由电子定向依次填充空穴而形成的。这种填充作用相当于教室的第一排有一个空位，后排的同学依次往前挪来填充空位，以人为参照系，人填充空位的作用等效于人不动，空位往后走。因空穴带正电，空穴的这种定向移动会形成与空穴运动方向相同的空穴电流。

半导体内部同时存在着自由电子和空穴移动所形成的电流是半导体导电方式的最大特点，也是半导体与金属导体在导电机理上本质的差别。

在电子技术中把参与导电的物质称为载流子。因为本征半导体内部参与导电的物质有自由电子和空穴，所以本征半导体中有两种载流子，一种是带负电的自由电子，另一种是带正电的空穴。

本征半导体导电能力的大小与本征激发的激烈程度有关，温度越高，由本征激发所产生的电子-空穴对越多，本征半导体内部载流子的数目也越多，本征半导体的导电能力就越强，这就是半导体导电能力受温度影响的直接原因。

本征半导体本征激发的现象还与原子的结构有关，硅的最外层电子离原子核较锗的最外层电子近，所以硅最外层电子受原子核的束缚力较锗的强，本征激发现象比较弱，热稳定性比锗好。

1.1.3 杂质半导体

半导体的导电能力除了与温度有关外，还与半导体内部所含的杂质有关。在本征半导体中掺入微量的杂质，可以使杂质半导体的导电能力得到改善，并受所掺杂质的类型和浓度控制，使半导体获得重要的用途。由于掺入半导体中的杂质不同，杂质半导体可分为 N 型半导体和 P 型半导体两大类。

1．N 型半导体

在本征半导体硅（或锗）中，掺入微量的五价元素，如磷（P）。掺入的杂质并不改变本征半导体硅（或锗）的晶体结构，只是半导体晶格点阵中的某些硅（或锗）原子被磷原子所取代。五价元素的四个价电子与硅（或锗）原子组成共价键后，将多余一个价电子。如图 1-3 所示，这一多余的电子不受共价键的束缚，只需获得较小的能量，就能挣脱原子核的束缚而成为自由电子。于是，半导体中自由电子的数量增加。

五价元素的原子团因失去电子而成为正离子，但它不产生空穴，不能像空穴那样能被电子填充而移动参与导电，所以它不是载流子。

杂质半导体中，除了杂质元素施放出的自由电子外，半导体本身还存在本征激发所产生的电子-空穴对。由于增加了杂质元素所施放出的自由电子数，导致这类杂质半导体中的自由电子数大于空穴数。自由电子导电成为此类杂质半导体的主要导电方式，故称它为电子型半导体，简称 N 型半导体。

在 N 型半导体中，电子为多数载流子（简称多子），空穴为少数载流子（简称少子）。由于杂质原子可以提供电子，故称为施主原子。N 型半导体主要靠自由电子导电，在本征半导体中掺入的杂质越多，所产生的自由电子数也越多，杂质半导体的导电能力就越强。

2．P 型半导体

在本征半导体中掺入微量的三价杂质元素，如硼（B）。杂质原子取代晶体中某些晶格上的硅（或锗）原子，三价元素的 3 个价电子与周围 4 个原子组成共价键时，缺少 1 个电子而产生了空位，如图 1-4 所示。此空位不是空穴，所以不是载流子，但是邻近的硅（或锗）原子的价电子很容易来填补这个空位，于是在该价电子的原位上就产生了 1 个空穴，而三价元素却因多得了 1 个电子而成了负离子。

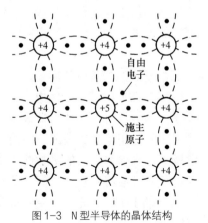

图1-3 N 型半导体的晶体结构

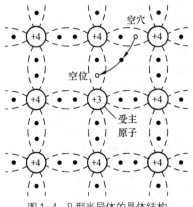

图1-4 P 型半导体的晶体结构

在室温下，价电子几乎能填满杂质元素上的全部空位，而使其成为负离子。与此同时，半导体中产生了与杂质元素原子数相同的空穴，除此之外，半导体中还有因本征激发所产生的电子-空穴对。所以，在这类半导体中，空穴的数目远大于自由电子的数目，导电是以空穴载流子为主，故称空穴型半导体，简称 P 型半导体。

P 型半导体中的多子是空穴，少子为自由电子，主要靠空穴导电。与 N 型半导体相同，掺入的杂质越多，空穴的浓度越高，导电能力就越强。因杂质原子中的空位吸收电子，故称之为受主原子。

1.1.4　PN 结

杂质半导体增强了半导体的导电能力，利用特殊的掺杂工艺，可以在一块晶片的两边分别生成 N 型半导体和 P 型半导体，在两者的交界处将形成 PN 结。PN 结具有单一型的半导体所没有的特性，利用该特性可以制造出各种类型的半导体器件。下面介绍 PN 结的特性。

1. PN 结的形成

单个的 P 型半导体或 N 型半导体内部虽然有空穴或自由电子，但整体是电中性的，不带电。人们利用特殊的掺杂工艺，在一块晶片的两边分别生成如图 1-5（a）所示的 N 型半导体和 P 型半导体。

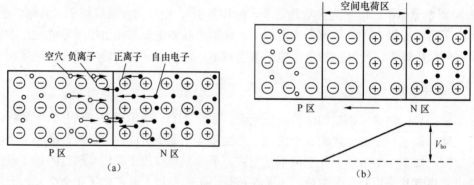

图 1-5　PN 结的形成

因为 P 区的多子是空穴，N 区的多子是电子，在两块半导体交界处，同类载流子的浓度差别极大，这种差别将产生 P 区浓度高的空穴向 N 区扩散，与此同时，N 区浓度高的电子也会向 P 区扩散。

扩散运动的结果，使 P 型半导体的原子在交界处得到电子成为带负电的离子，N 型半导体的原子在交界处失去电子成为带正电的离子，形成如图 1-5（b）所示的空间电荷区。

空间电荷区随着电荷的积累，将建立起一个内电场 E，该电场对半导体内多数载流子的扩散运动起阻碍的作用，但对少数载流子的运动却起到促进的作用，少数载流子在内电场作用下的运动称为漂移运动。在无外场和其他因素的激励下，当参与扩散的多数载流子和参与漂移的少数载流子在数目上相等时，空间电荷区电荷的积累效应将停止，空间电荷区内电荷的数目将达到一个动态的平衡，并形成如图 1-5（b）所示的 PN 结。此时，空间电荷区具有一定的宽度，内电场也具有一定的强度，PN 结内部的电流为零。

由于空间电荷区在形成的过程中，移走的是载流子，留下的是不能移动的正、负离子，这种作用与电容器存储电荷的作用相等效，因此，PN 结也具有电容的效应，该电容称为 PN

结的结电容，PN结的结电容有势垒电容和扩散电容两种。

2. PN结的单向导电性

处于平衡状态下的PN结没有实用的价值，PN结的实用价值只有在PN结上外加电压时才能显示出来。

（1）外加正向电压

在PN结上外加正向电压时的电路如图1-6所示，处在这种连接方式下的PN结，称为正向偏置（简称正偏）。由图1-6可见，当PN结处在正向偏置时，P型半导体接高电位，N型半导体接低电位。

处在正向偏置的PN结，外电场和内电场的方向相反。在外电场的作用下，P区的空穴和N区的电子都要向空间电荷区移动。进入空间电荷区的电子和空穴分别和原有的一部分正、负离子中和，破坏了空间电荷区的平衡状态，使空间电荷区的电荷量减少，空间电荷区变窄，内电场相应地被削弱，这种情况有利于P区空穴和N区的电子向相邻的区域扩散，并形成扩散电流，即PN结的正向电流。

在一定范围内，正向电流随着外电场的增强而增大，此时的PN结呈现出低电阻值，PN结处于导通状态。PN结正向导通时的压降很小，在理想情况下，可认为PN结正向导通时的电阻为0，所以导通时的压降也为0。

PN结的正向电流包含空穴电流和电子电流两部分，外电源不断向半导体提供电荷，使电路中的电流得以维持。正向电流的大小主要由外加电压V和电阻R的大小来决定。

（2）外加反向电压

在PN结上外加反向电压时的电路如图1-7所示，处在这种连接方式下的PN结称为反向偏置（简称反偏）。由图1-7可见，当PN结处在反向偏置时，P型半导体接低电位，N型半导体接高电位。

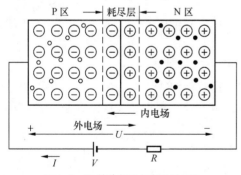

图1-6 PN结外加正向电压时导通

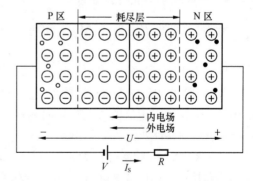

图1-7 PN结外加反向电压时截止

由图1-7可见，处在反向偏置的PN结，外电场和内电场的方向相同。当PN结处在反向偏置时，PN结内部扩散和漂移运动的平衡被破坏了。P区的空穴和N区的电子由于外电场的作用都将背离空间电荷区，结果使空间电荷量增加，空间电荷区加宽，内电场加强，内电场的加强进一步阻碍了多数载流子扩散运动的进行，对少数载流子的漂移运动却有利，少数载流子的漂移运动所形成的电流称为PN结的反向电流。

由于少数载流子的数目有限，在一定范围内，反向电流极微小，该电流又被称为反向饱和电流，用符号 I_S 来表示。反向偏置时的 PN 结呈高电阻态，在理想的情况下，反向电阻为 ∞，此时 PN 结的反向电流为 0，PN 结不导电，即 PN 结处在截止的状态。

由于少数载流子与半导体的本征激发有关，而本征激发与温度有关，所以 PN 结的反向饱和电流会随着温度的上升而增大。

由以上的分析可见，PN 结的导电能力与加在 PN 结上电压的极性有关。当外加电压使 PN 结处在正向偏置时，PN 结会导电；当外加电压使 PN 结处在反向偏置时，PN 结不导电。PN 结的这种导电特性称为 PN 结的单向导电性。

3．PN 结的电流方程

根据半导体材料的理论可得，加在 PN 结上的端电压 v 与流过 PN 结的电流 i 之间的关系为

$$i = I_S(e^{\frac{qv}{kT}} - 1) \tag{1-1}$$

式（1-1）是描述 PN 结的电流随输入电压而变化的电流方程，式中的 I_S 为反向饱和电流，q 为电子电量，k 为玻耳兹曼常数，T 为热力学温度。

令 $V_T = \dfrac{kT}{q}$，V_T 称为温度电压当量，在 $T=300K$ 的常温下，温度电压当量 $V_T \approx 26\text{mV}$。将温度电压当量的表达式代入式（1-1）中可得

$$i = I_S(e^{\frac{v}{V_T}} - 1) \tag{1-2}$$

由式（1-2）可见，PN 结电流和电压的约束关系不是线性的关系，而是非线性的关系，具有这种特性的元件称为非线性元件。非线性元件电流和电压的约束关系不能用欧姆定律来描述，必须用伏-安特性曲线来描述。

4．PN 结的伏-安特性曲线

由 PN 结的电流方程式（1-2）可得，当 PN 结外加正向电压 $v \geqslant V_T$ 时，式（1-2）中的指数项远大于 1，1 可忽略，故 $i \approx I_S e^{\frac{v}{V_T}}$，即电流随电压按指数规律变化。

当 PN 结外加反向电压 $|v| \geqslant V_T$ 时，式（1-2）中的指数项约等于 0，$i \approx -I_S$，式中的负号也说明了反向偏置时电流的方向与正向偏置时电流的方向相反。根据式（1-2）所做的曲线称为 PN 结的伏-安特性曲线，如图 1-8 所示。

图 1-8 中 $v>0$ 的部分称为正向特性，$v<0$ 的部分称为反向特性。由图 1-8 可见，当反向电压超过 V_{BR} 后，PN 结的反向电流急剧增加，这种现象称为 PN 结反向击穿。

PN 结的反向击穿有雪崩击穿和齐钠击穿两种，当掺杂溶度比较高时，击穿通常为齐纳击穿；当掺杂溶度比较低时，击穿通常为雪崩击穿。无论哪种击穿，若对电流不加限制，都可能造成 PN 结的永久性损坏。

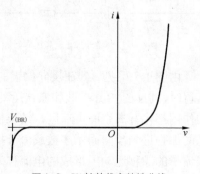

图 1-8　PN 结的伏安特性曲线

1.2 二极管

1.2.1 二极管的几种常见结构

将 PN 结用外壳封装起来，并加上电极引线后就构成二极管。由 P 区引出的电极称为二极管的阳极（或正极），由 N 区引出的电极称为二极管的阴极（或负极），常用二极管的外形如图 1-9 所示。常见的二极管的结构图和图形符号如图 1-10 所示。二极管的文字符号用 VD 来表示。

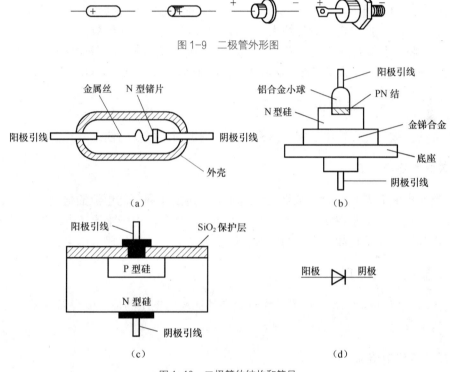

图 1-9 二极管外形图

图 1-10 二极管的结构和符号

1.2.2 二极管的伏−安特性

用实验的方法，在二极管的阳极和阴极两端加上不同极性和不同数值的电压，同时测量流过二极管的电流值，就可得到二极管的伏安特性曲线。该曲线是非线性的，如图 1-11 所示。

1. 正向特性

当正向电压很低时，正向电流几乎为零，这是因为外加电压的电场还不能克服 PN 结内部的内电场，内电场阻挡了多数载流子扩散运动的缘故，此时二极管呈现高电阻值，基本上还是处在截止的状态。

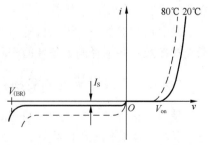

图 1-11 二极管伏安特性曲线

当正向电压超过如图 1-11 所示的二极管开启电压 V_{on} 时，二极管才呈现低电阻值，处于正向导通的状态。开启电压与二极管的材料和工作温度有关，通常硅管的开启电压为 0.5V，锗管为 0.3V，二极管导通后，二极管两端的导通压降很低，硅管为 0.5～0.7V，锗管为 0.2～0.3V。

2．反向特性

在分析 PN 结加上反向电压时，已知少数载流子的漂移运动形成反向电流。因少数载流子数量少，且在一定温度下数量基本维持不变。因此，反向电压在一定范围内增大时，反向电流极微小且基本保持不变，等于反向饱和电流 I_S。

当反向电压增大到 V_{BR} 时，外电场能把原子核外层的电子强制拉出来，使半导体内载流子的数目急剧增加，反向电流突然增大，二极管呈现反向击穿的现象。

二极管的特性曲线对温度很敏感。实验表明，当温度升高时，二极管的正向特性曲线将向纵轴移动，开启电压及导通压降都有所减小，反向饱和电流将增大，反向击穿电压也将减小。

1.2.3　二极管的主要参数

二极管的参数是二极管电性能的指标，是正确选用二极管的依据，其主要参数如下。

1．最大整流电流 I_F

最大整流电流 I_F 是指二极管长期工作时允许流过的正向平均电流的最大值。这是二极管的重要参数，使用中不允许超过此值。对于大功率二极管，由于电流较大，为了降低 PN 结的温度，提高管子的带负载能力，通常将管子安装在规定的散热器上使用。

2．反向工作峰值电压 V_R

反向工作峰值电压 V_R 是二极管工作时允许外加反向电压的最大值。通常 V_R 为二极管反向击穿电压 V_{BR} 的一半。

3．反向峰值电流 I_R

反向峰值电流 I_R 是二极管未击穿时的反向电流。I_R 愈小，二极管的单向导电性愈好。

4．最高工作频率 f_M

最高工作频率 f_M 是二极管工作时的上限频率，若二极管工作时的频率超过此值，由于二极管结电容的作用，二极管将不能很好地实现单向导电性。

以上这些参数是使用二极管、选择二极管的依据。使用时应根据实际需要，通过产品手册查找参数，并选择满足条件的产品。

1.2.4　二极管极性的简易判别法

使用二极管时，首先应注意它的极性，不能接错了，否则电路不能正常工作，甚至引起管子及电路中其他元件的损坏。一般二极管的管壳上标有极性的记号，在没有记号时，可用万用表来判别二极管的阳极和阴极，并能检验其单向导电性能的好坏。

判别的方法是：利用万用表的 R×10 挡，或 R×100 挡测量二极管的正、反向电阻。测量时，将万用表的红表笔插在"+"插孔上，相当于红表笔与万用表内电池的负极相连，黑表笔插在"−"插孔上，相当于黑表笔与万用表内电池的正极相连。当万用表的黑表笔接至二极管阳极，红表笔接至阴极时，二极管处在正向偏置，会导电，电阻很小；当万用表的黑表笔接至二极管阴极，红表笔接至阳极时，二极管处在反向偏置，不导电，电阻很大。根据上述测量的结果就可以判别二极管的好坏和管脚的极性。

1.2.5 二极管的等效电路

二极管的伏-安特性是非线性的，这给二极管应用电路的分析带来一定的困难。为了方便分析计算，常在一定条件下，用线性元件所构成的电路来近似模拟二极管的特性，并用它来取代电路中的二极管。能够模拟二极管特性的电路称为二极管等效模型。二极管的等效模型主要有伏-安特性曲线折线化等效电路和微变等效电路模型两类。

二极管的伏-安特性是曲线，分析计算不方便，在一定的条件下，可以用折线替代曲线，实现二极管伏-安特性曲线的折线化，根据折线化的伏-安特性曲线所模拟的电路称为伏-安特性曲线折线化等效电路，如图 1-12 所示。

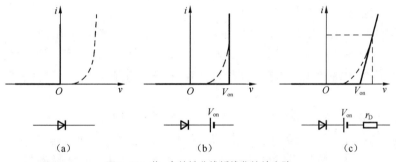

图 1-12 伏−安特性曲线折线化等效电路

图 1-12（a）所示的折线化伏-安特性表明二极管导通时的正向压降为零，截止时反向电流为零，称为理想二极管。

图 1-12（b）所示的折线化伏-安特性表明二极管导通时的正向压降为一个常量 V_{on}，对于硅管 $V_{on}=0.7V$，锗管 $V_{on}=0.3V$，截止时反向电流为零。因此，等效电路是理想二极管串联电压源 V_{on}。

图 1-12（c）所示的折线化伏-安特性表明当二极管的正向电压 V 大于 V_{on} 后，流过二极管的电流与电压成正比，比例系数为 $1/r_D$，二极管截止时反向电流为零。因此，等效电路是理想二极管串联电压源 V_{on} 和电阻 r_D，且 $r_D=\Delta V/\Delta I$。该模型也称为二极管微变等效电路模型。

*1.3 二极管的基本应用电路

二极管在电子电路中主要起整流、限幅和开关的作用。

1.3.1 二极管整流电路

利用二极管的单向导电性可以将交流信号变换成单向脉动的信号，这个过程称为整流。

最简单的二极管整流电路如图 1-13（a）所示。

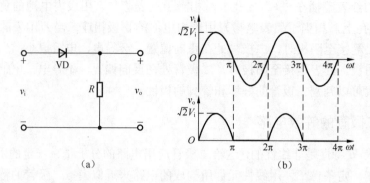

图 1-13　二极管整流电路及波形图

该电路的工作原理是：当 $v_i > 0$ 时，二极管 VD 导通，有电流流过电阻 R，输出电压 $v_o = iR$；当 $v_i < 0$ 时，二极管 VD 截止，没有电流流过电阻 R，输出电压 $v_o = 0$。输入、输出电压的波形如图 1-13（b）所示。

由波形图可见，二极管的单向导电性将输入波形的一半砍掉了，输出只剩下输入波形的一半，所以，该电路称为半波整流电路。

若输入信号是高频调幅信号，即调幅广播电台发送的信号，输出信号将高频调幅信号的负半周砍掉，用 RC 滤波器滤掉高频载波信号后，即可将调制信号的包络提取出来，实现从高频调制信号中将音频信号检出来的目的。在无线电技术中，该电路称为二极管检波电路。

半波整流电路和二极管检波电路的结构完全相同，它们之间的差别主要在工作频率上。半波整流是对 50Hz 的工频交流电进行整流，频率低，电流大，应选择低频、大功率的二极管作整流管。而检波电路是工作在高频小功率的场所，所以，应选择高频小功率管作为检波管。

半波整流电路结构虽然简单，但输出电压低，输出信号的脉动系数较大，整流的效率较低，改进的方法是将半波整流改成全波整流，用桥式整流电路即可实现全波整流。

1.3.2　桥式整流电路

图 1-14 所示为桥式整流电路。该电路的工作原理是：当输入信号 V_I 处在正半周时，二极管 VD_1 和 VD_3 通，VD_2 和 VD_4 断，电流从端子 A 出发，经 VD_1、R、VD_3 回到端子 B，并产生 $v_o = iR$ 的输出电压；当输入信号 v_i 处在负半周时，二极管 VD_2 和 VD_4 通，VD_1 和 VD_3 断，电流从端子 B 出发，经 VD_2、R、VD_4 回到端子 A，同样产生 $v_o = iR$ 的输出电压。

由输入和输出信号的波形可见，桥式整流电路是利用二极管的单向导电性来改变负半周输入信号对电阻 R 的供电，实现电阻 R 上电流的流向固定，达到将负半周输入信号翻转 180° 的目的，使整流的效率提高了，输出信号的脉动系数减小了。利用高等数学求平均值的方法，可计算输出电压的脉动系数，计算的过程如下。

设输入信号 $v_i = \sqrt{2} V_i \sin \omega t$，根据高等数学求平均值的方法，可得桥式整流电路输出电压

的平均值为

$$V_{\text{o(AV)}} = \frac{1}{\pi} \int_0^\pi \sqrt{2}V_i \sin \omega t \, \text{d}(\omega t) = \frac{2\sqrt{2}}{\pi}V_i \approx 0.9V_i \qquad （1\text{-}3）$$

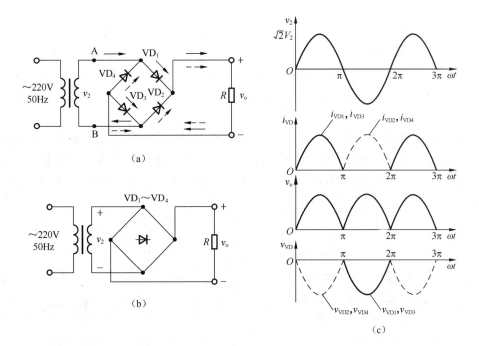

图 1-14　桥式整流电路与波形图

利用输出电压平均值的公式可得输出电流平均值的公式为

$$I_{\text{o(AV)}} = \frac{V_{\text{o(AV)}}}{R} = \frac{0.9V_i}{R} \qquad （1\text{-}4）$$

根据输出电压脉动系数 S 的定义：整流输出电压的基波峰值电压 V_{OM} 与输出电压的平均值 $V_{\text{o(AV)}}$ 的比，可得

$$S = \frac{V_{\text{OM}}}{V_{\text{o(AV)}}} = \frac{\dfrac{2}{3} \cdot \dfrac{2\sqrt{2}}{\pi}V_i}{\dfrac{2\sqrt{2}}{\pi}V_i} = \frac{2}{3} \approx 0.67 \qquad （1\text{-}5）$$

式（1-5）中的基波峰值电压 V_{OM} 实际上就是傅里叶级数基波信号的系数，因为桥式整流输出基波信号的频率是输入信号的 2 倍，即周期为 π，且该函数为偶函数，根据傅里叶级数系数的计算公式可得

$$V_{\text{OM}} = a_1 = \frac{4}{\pi} \int_0^{\frac{\pi}{2}} \sqrt{2}V_i \cos \omega t \cos(2\omega t) \, \text{d}(\omega t) = \frac{2}{3} \cdot \frac{2\sqrt{2}}{\pi}V_i \qquad （1\text{-}6）$$

利用 S 的定义也可以计算出半波整流的脉动系数约为 1.57，所以桥式整流的脉动系数比半波整流小很多，因此，它被广泛应用在各种电器设备的电源电路中。目前市场上已有各种

不同性能指标的桥式整流集成电路，称为"整流桥堆"。

1.3.3 倍压整流电路

利用电容器存储电能的作用，通过组合多个二极管和电容器可以获得几倍于输入电压的输出电压，这种电路称为倍压整流电路，如图 1-15 所示。

该电路的工作原理是：当输入信号 v_2 处在正半周时，二极管 VD_1 导通，并对电容 C_1 充电，充电电压的正极如图 1-15 所示；当输入信号 v_2 处在负半周时，二极管 VD_1 截止，VD_2 导通，并对电容 C_2 充电，充电电流的流向如图 1-15 中的虚线所示，C_2 充电的电压为 V_{BA} 与 V_{C1} 的和，在 C_2 两端可获得二倍输入电压的输出电压，所以该电路称为二倍压整流电路。

同理，还可组成三倍压、四倍压的整流电路。在图 1-16 所示的电路中，若输出信号是 C_1 和 C_3 两端电压的和，则输出电压为输入电压的三倍压，组成三倍压整流电路；若输出信号是 C_2 和 C_4 两端电压的和，则输出电压为输入电压的四倍压，组成四倍压整流电路。

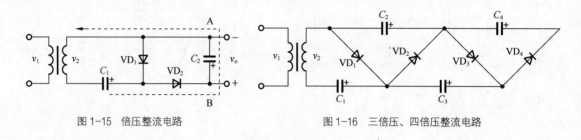

图 1-15　倍压整流电路　　　　　　图 1-16　三倍压、四倍压整流电路

1.3.4 限幅电路

在电子电路中，为了保护电路不会因电压过高而损坏，需要对输入电压进行限制，利用二极管限幅电路就可实现该目的。二极管限幅电路及波形如图 1-17 所示。

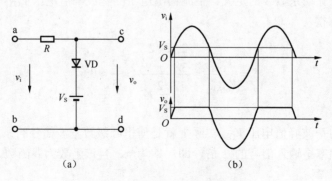

图 1-17　二极管限幅电路及波形图

该电路的工作原理是：设二极管 VD 的导通电压 0.7V 可忽略，当输入电压 $v_i > V_S$ 时，二极管 VD 导通，V_S 与输出端并联，输出电压的值被限制在 V_S，实现限幅的目的；当输入电压 $v_i < V_S$ 时，二极管 VD 截止，V_S 从输出端断开，输出电压等于输入电压。

1.3.5 与门电路

利用二极管通、断的开关特性，可以组成实现与逻辑函数关系的
电路，该电路称为与门电路。二极管与门电路如图 1-18 所示。

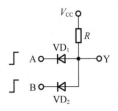

为了讨论该电路的工作原理，设电源电压 V_{CC}=5V，二极管导通
的压降为 0.7V，输入信号是脉冲信号，脉冲电压幅度 A、B 均为 3V，
求输出电压 Y。

图 1-18 与门电路

当 A、B 的输入电压都是 0V 时，二极管 VD$_1$ 和 VD$_2$ 同时导
通，输出电压 Y 为 0.7V；当输入电压 A 为 0V，B 为 3V 时，二极
管 VD$_1$ 两端将承受比 VD$_2$ 大的电压，二极管 VD$_1$ 导通，输出电压 Y 被钳制在 0.7V，二
极管 VD$_2$ 因反偏而截止；同理，当输入电压 B 为 0V，A 为 3V 时，二极管 VD$_2$ 导通，
VD$_1$ 截止，输出电压 Y 为 0.7V；当 A、B 的输入电压都是 3V 时，二极管 VD$_1$ 和 VD$_2$
同时导通，输出电压 Y 为 3.7V。

在规定高电压用 1 来表示，低电压用 0 来表示的前提下，上述的关系可表示成表 1-1 所
示的真值表。该真值表的特征是有 0 出 0，这正是与逻辑关系的特征，即利用该电路可以实
现与逻辑关系，所以，该电路称为二极管与门电路。

表 1-1 与门真值表

A	B	Y
0	0	0
0	1	0
1	0	0
1	1	1

【例 1-1】 求图 1-19 所示电路的输出电压 V_{ab} 的值。

解 求 V_{ab} 的关键点是判断二极管 VD$_1$ 和 VD$_2$ 的通、断状态。
二极管 VD$_1$ 和 VD$_2$ 的通、断状态可根据它们的偏置来判断，判断
的方法是：先找出电路的最高和最低电位点，观察这些点与二极
管正、负极的连接情况，即可确定二极管的偏置状态。

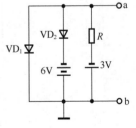

在图 1-19 所示的电路中，电源的正极接地，所以，接地点是
电路的最高电位点；因二极管 VD$_2$ 的负极与电路的最低电位点
−6V 相接，所以，二极管 VD$_2$ 因正向偏置而导通，二极管 VD$_1$ 因反向偏置而截止。设二极管
导通的电压为 0.7V，则

图 1-19 例 1-1 图

$$V_{ab} = -6 + 0.7 = -5.3V$$

*1.4 稳压管

1.4.1 稳压管的结构和特性曲线

前面讨论的二极管不允许在反向击穿的状态下工作，当二极管反向击穿时，因流过二极
管 PN 结的电流太大，将造成永久性的损坏。由二极管的特性曲线可知，当二极管反向击穿
时，流过二极管的电流急剧增大，但二极管两端的电压却保持不变。利用二极管的这一特性，

采用特殊的工艺制成在反向击穿状态下工作，而不损坏的二极管，就是稳压管。

稳压管与二极管的外形相似，稳压管的特性曲线如图 1-20（a）所示，常用的图符如图 1-20（b）所示，稳压管在电路中用字符 VD_Z 来表示。

由稳压管的伏安特性曲线可见，稳压管的正向特性和普通二极管基本相同，但反向特性较陡。当反向电压较低时，反向电流几乎为零，此时稳压管仍处在截止的状态，不具有稳压的特性。当反向电压增大到击穿电压 V_Z 时，反向电流 I_Z 将急剧增加。击穿电压 V_Z 为稳压管的工作电压，I_Z 为稳压管的工作电流。

从特性曲线上还可见，当 I_Z 在较大的范围内变化时，二极管两端电压 V_Z 基本保持不变，显示出稳压的特性。使用时，只要 I_Z 不超过管子的允许值 I_{ZM}，PN 结就不会因过热而损坏，当外加反向电压去除后，稳压管内部的 PN 结又自动恢复原性能。

由上面的分析可见，稳压管和二极管的差别是工作状态的不同，二极管是利用 PN 结的单向导电性来实现整流和限幅的目的，而稳压管却是利用 PN 结击穿时输出电压稳定的特点来实现稳压的目的。

稳压管工作于反向击穿状态，击穿电压从几伏到几十伏，反向电流也比一般的二极管大。能在反向击穿状态下正常工作而不损坏，是稳压管工作的特点，稳压管在电路中正确的连接方法如图 1-21 所示。

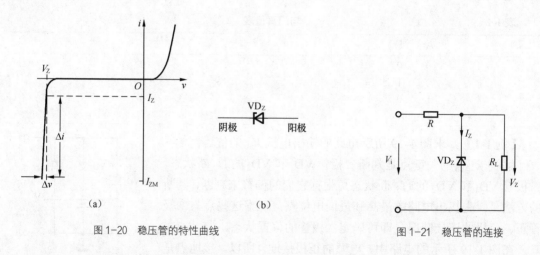

图 1-20　稳压管的特性曲线　　　　　　　　图 1-21　稳压管的连接

1.4.2　稳压管的主要参数

1. 稳定电压 V_Z

稳定电压 V_Z 是稳压管正常工作时二极管两端的电压，也是与稳压管并联的负载两端的工作电压。

2. 稳定电流 I_Z

稳定电流 I_Z 是稳压管工作在稳压状态时的参考电流，电流低于此值时稳压效果变坏，甚至根本不稳压，故 I_Z 常记作 I_{Zmin}。稳压管在工作时，流过稳压管的电流只要不超过稳压管的额定功率，电流愈大，稳压效果愈好。

3. 额定功耗 P_{ZM}

额定功耗 P_{ZM} 等于稳压管的稳定电压 V_Z 与最大稳定电流 I_{Zmax} 的乘积,稳压管的功耗超过此值时,会因 PN 结温度过高而损坏。

4. 动态电阻 r_d

动态电阻 r_d 是稳压管工作在稳压区时,端电压变化量与电流变化量的比,即 $\Delta V_Z/\Delta I_Z$。若 r_d 越小,则电流变化时 V_Z 的变化越小,即稳压管的稳压特性越好。

5. 温度系数 α

温度系数 α 表示温度每变化 1℃时,稳压管稳压值的变化量。稳压管的稳定电压小于 4V 的管子具有负温度系数(属于齐纳击穿),即温度升高时稳定电压值下降;稳定电压大于 7V 的管子具有正温度系数(属于雪崩击穿),即温度升高时稳定电压值上升;而稳定电压为 4~7V 的二极管,温度系数非常小,齐纳击穿和雪崩击穿均有,互相补偿,温度系数近似为零。

由于稳压管的反向电流在小于 I_{Zmin} 时工作不稳压,大于 I_{Zmax} 时会因超过额定功耗而损坏,所以在稳压管电路中必须串联一个电阻来限制电流,以保证稳压管正常工作,该电阻称为限流电阻。限流电阻的取值合适时,稳压管才能安全、稳定地工作。

计算限流电阻 R 时应考虑当输入电压处在最小值 V_{imin},负载电流处在最大值 I_{Lmax} 时,稳压管的工作电流应比 I_{Zmin} 大;当输入电压处在最大值 V_{imax},负载电流为最小值零时,稳压管的工作电流应小于 I_{Zmax}。综合考虑上述两个因素,可得计算限流电阻的公式为

$$\frac{V_{imin}-V_Z}{I_{Zmin}+I_{Lmax}} \geqslant R \geqslant \frac{V_{imax}-V_Z}{I_{ZM}} \tag{1-7}$$

【例 1-2】如图 1-21 所示电路,V_i=10V,波动的幅度为±10%,V_Z=6V,I_{Zmin}=5mA,I_{ZM}=30mA,R_L 的变化范围是 600Ω~∞,求限流电阻 R 的取值范围。

解 因为输入电压变化的幅度是±10%,所以输入电压的最大值为 11V,最小值为 9V。该电路带负载两个极限的情况是,输入电压最小时,带最大的负载 600Ω,负载电流最大 I_{Lmax} 为 10mA,此时稳压管应工作在最小击穿电流 I_{Zmin} 的状态下,限流电阻的值为

$$R_1=\frac{V_{imin}-V_Z}{I_{ZLmin}+I_{Lmax}}=\frac{(9-6)V}{(5+10)mA}=200\Omega$$

输入电压最大时,带最小的负载 R=∞,此时稳压管应工作在最大击穿 I_{Zmax} 的状态下,限流电阻的值为

$$R_2=\frac{V_{imax}-V_Z}{I_{ZM}}=\frac{(11-6)V}{30mA}=167\Omega$$

根据 $R_1 \geqslant R \geqslant R_2$ 的关系,取 R=180Ω。

1.5 其他类型的二极管

除了上面介绍的普通二极管和稳压管外,还有发光二极管、光电二极管等。

1.5.1　发光二极管

发光二极管包括可发出可见光、不可见光、激光等不同类型的二极管，这些二极管除了具有 PN 结的单向导电性外，还可以将电能转换成光能输出。常见的发光二极管可以发出红、绿、黄、橙等颜色的光，发光二极管所发光的颜色取决于所用的材料。发光二极管的外形如图 1-22（a）所示，符号如图 1-22（b）所示。

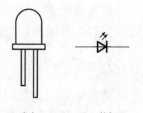

（a）　　　（b）

图 1-22　发光二极管

发光二极管在外加的正向电压使二极管产生足够大的正向电流时才发光，它的开启电压比普通二极管大，红色的发光二极管开启电压为 1.6～1.8V，绿色的发光二极管开启电压约为 2V。正向电流越大，发光二极管所发的光越强。使用时，应特别注意不要超过发光二极管的最大功耗、最大正向电流、反向击穿电压等极限参数。

发光二极管因其具有驱动电压低、功耗小、寿命长、可靠性高等优点被广泛用于显示电路中。

1.5.2　光电二极管

光电二极管是一种远红外线接收管，它可将所接收到的光能转换成电能。PN 结型光电二极管充分利用 PN 结的光敏特性，将接收到光能的变化转换成电流的变化。光电二极管的外形如图 1-23（a）所示，符号如图 1-23（b）所示。

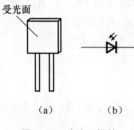

受光面

（a）　　　（b）

图 1-23　光电二极管

除上述特殊的二极管外，还有利用 PN 结势垒电容制成的变容二极管，变容二极管可用于电子调谐频率的自动控制调频、调幅、调相、滤波等电路之中。利用高掺杂材料所形成的 PN 结隧道效应可制成隧道二极管，隧道二极管用于振荡、过载保护、脉冲数字电路之中。利用金属与半导体之间的接触势垒而制成的肖特基二极管，因其正向导通电压小、结电容小而用于微波混频、检测、集成化数字电路等场合。

1.6　三极管

三极管又称双极型器件（用 BJT 表示），它的基本组成部分是两个靠得很近的，且背对背排列的 PN 结。根据排列方式不同，分为 PNP 型三极管和 NPN 型三极管两种类型。

1.6.1　三极管的结构及类型

二极管内部只有一个 PN 结，若在二极管 P 型半导体的旁边，再加上一块 N 型半导体，由图 1-24（a）可见，这种结构的器件内部有两个 PN 结，且 N 型半导体和 P 型半导体交错排列形成 3 个区，分别称为发射区、基区和集电区。从 3 个区引出的引脚分别称为发射极、基极和集电极，用符号 e、b、c 来表示。处在发射区和基区交界处的 PN 结称为发射结，处在基区和集电区交界处的 PN 结称为集电结。具有这种结构特性的器件称为三极管。

三极管在电路中常用字母 VT 来表示。三极管内部的两个 PN 结相互影响，使三极管呈现出单个 PN 结所没有的电流放大的特性，开拓了 PN 结应用的新领域，促进了电子技术的发展。

图 1-24（a）所示三极管的 3 个区分别由 NPN 型半导体材料组成，所以，这种结构的三极管称为 NPN 型三极管。图 1-24（b）所示为 NPN 型三极管的符号，符号中箭头的指向表示发射结处在正向偏置时电流的流向。

根据同样的原理，也可以制作 PNP 型三极管，图 1-25（a）、（b）所示分别为 PNP 型三极管的内部结构和符号。

由图 1-24 和图 1-25 可见，两种类型三极管符号的差别仅在发射结箭头的方向上。理解箭头的指向是代表发射结处在正向偏置时电流的流向，有利于记忆 NPN 和 PNP 型三极管的符号，同时还可根据箭头的方向来判别三极管的类型。

例如，当看到 "" 符号时，因为该符号的箭头是由基极指向发射极的，说明当发射结处在正向偏置时，电流是由基极流向发射极。根据前面所讨论的内容已知，当 PN 结处在正向偏置时，电流是由 P 型半导体流向 N 型半导体，由此可得，该三极管的基区是 P 型半导体，其他的两个区都是 N 型半导体，所以该三极管为 NPN 型三极管。

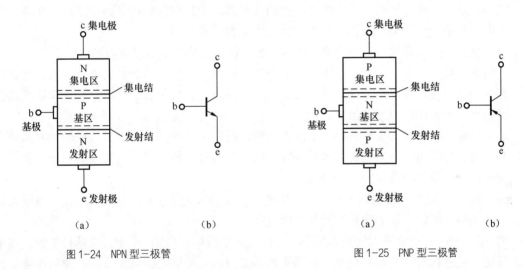

图 1-24 NPN 型三极管   图 1-25 PNP 型三极管

三极管除了 PNP 和 NPN 两种类别的区分外，还有很多种类。根据三极管工作频率的不同，可将三极管分为低频管和高频管；根据三极管消耗功率的不同，可将三极管分为小功率管、中功率管、大功率管。常见三极管的外形如图 1-26 所示，图 1-26（a）、（b）所示为小功率管，图 1-26（c）所示为中功率管，图 1-26（d）所示为大功率管。

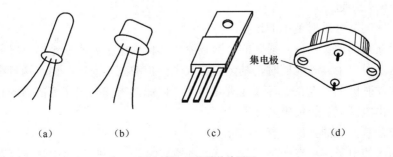

图 1-26 三极管的外形图

1.6.2　三极管的电流放大作用

1. 三极管内部 PN 结的结构

对模拟信号进行处理最基本的形式是放大。在生产实践和科学实验中，从传感器获得的模拟信号通常都很微弱，只有经过放大后才能进一步处理，或者使之具有足够的能量来驱动执行机构，完成特定的工作。放大电路的核心器件是三极管，三极管的电流放大作用与三极管内部 PN 结的特殊结构有关。

从图 1-24 和图 1-25 可见，三极管犹如两个反向串联的 PN 结，如果孤立地看待这两个反向串联的 PN 结，或将两个普通二极管串联起来组成三极管，是不可能具有电流的放大作用的。具有电流放大作用的三极管，PN 结内部结构有以下特殊性。

（1）为了便于发射结发射电子，发射区半导体的掺杂溶度远高于基区半导体的掺杂溶度，且发射结的面积较小。

（2）发射区和集电区虽为同一性质的掺杂半导体，但发射区的掺杂溶度要高于集电区的掺杂溶度，且集电结的面积要比发射结的面积大，便于收集电子。

（3）联系发射结和集电结两个 PN 结的基区非常薄，且掺杂溶度也很低。

上述的结构特点是三极管具有电流放大作用的内因。要使三极管具有电流放大作用，除了三极管的内因外，还要有外部条件。三极管的发射极为正向偏置，集电结为反向偏置是三极管具有电流放大作用的外部条件。

放大器是一个有输入和输出端口的四端网络，要将三极管的 3 个引脚接成四端网络的电路，必须将三极管的一个脚当公共脚。取发射极当公共脚的放大器称为共发射极放大器，基本共发射极放大器的电路如图 1-27 所示。

图 1-27 中的基极和发射极为输入端，集电极和发射极为输出端，发射极是该电路输入和输出的公共端，所以，该电路称为共发射极电路。

图 1-27 中的 v_i 是要放大的输入信号，v_o 是放大以后的输出信号，V_{BB} 是基极电源，该电源的作用是使三极管的发射结处在正向偏置的状态，V_{CC} 是集电极电源，该电源的作用是使三极管的集电结处在反向偏置的状态，R_c 是集电极电阻。

2. 共发射极电路三极管内部载流子的运动情况

共发射极电路三极管内部载流子运动情况的示意图如图 1-28 所示，图中载流子的运动规律可分为以下的几个过程。

（1）发射区向基区发射电子的过程

发射结处在正向偏置，使发射区的多数载流子（自由电子）不断地通过发射结扩散到基区，即向基区发射电子。与此同时，基区的空穴也会扩散到发射区，由于两者在掺杂溶度上的悬殊，形成发射极电流 I_E 的载流子主要是电子，电流的方向与电子流的方向相反。发射区所发射的电子由电源 V_{CC} 的负极来补充。

（2）电子在基区中的扩散与复合的过程

扩散到基区的电子，将有一小部分与基区的空穴复合，同时基极电源 V_{BB} 不断地向基区提供空穴，形成基极电流 I_B。由于基区掺杂的溶度很低，且很薄，在基区与空穴复合的电子很少，所以，基极电流 I_B 也很小。扩散到基区的电子除了被基区复合掉的一小部分外，大量的电子将在惯性的作用下继续向集电结扩散。

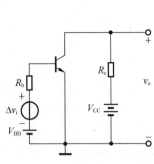

图 1-27　基本共发射极放大电路

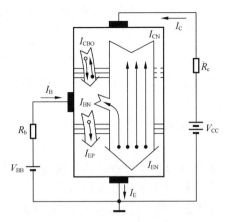

图 1-28　载流子运动情况示意图

（3）集电结收集电子的过程

反向偏置的集电结在阻碍集电区向基区扩散电子的同时，空间电荷区将向基区延伸，因集电结的面积很大，延伸进基区的空间电荷区使基区的厚度进一步变薄，使发射极扩散来的电子更容易在惯性的作用下进入空间电荷区。集电结的空间电荷区，可将发射区扩散进空间电荷区的电子迅速推向集电极，相当于被集电极收集。集电极收集到的电子由集电极电源 V_{CC} 吸收，形成集电极电流 I_C。

3．三极管的电流分配关系和电流放大系数

根据上面的分析和节点电流定律可得，三极管 3 个电极的电流 I_E、I_B、I_C 之间的关系为

$$I_E = I_B + I_C \tag{1-8}$$

三极管的特殊结构使 I_C 远大于 I_B，令

$$\overline{\beta} = \frac{I_C}{I_B} \tag{1-9}$$

$\overline{\beta}$ 称为三极管的直流电流放大倍数。它是描述三极管基极电流对集电极电流控制能力大小的物理量，$\overline{\beta}$ 大的三极管，基极电流对集电极电流控制的能力就大。$\overline{\beta}$ 是由三极管的结构来决定的，一个三极管做成以后，该三极管的 $\overline{\beta}$ 就确定了。

1.6.3　三极管的共射特性曲线

三极管的特性曲线是描述三极管各个电极之间电压与电流关系的曲线，它们是三极管内部载流子运动规律在管子外部的表现。三极管的特性曲线反映了其技术性能，是分析放大电路技术指标的重要依据。三极管特性曲线可在晶体管图示仪上直观地显示出来，也可从手册上查到某一型号三极管的典型曲线。

三极管共发射极放大电路的特性曲线有输入特性曲线和输出特性曲线。下面以 NPN 型三极管为例，来讨论三极管共射电路的特性曲线。

1. 输入特性曲线

输入特性曲线是描述三极管在管压降 V_{CE} 保持不变的前提下，基极电流 I_B 和发射结压降 V_{BE} 之间的函数关系，即

$$i_B = f(v_{BE})\Big|_{V_{ce=const}} \qquad (1\text{-}10)$$

三极管的输入特性曲线如图 1-29 所示。由图 1-29 可见，NPN 型三极管共射极输入特性曲线的特点如下。

（1）在输入特性曲线上也有一个开启电压，在开启电压内，v_{BE} 虽已大于零，但 i_B 几乎仍为零，只有当 v_{BE} 的值大于开启电压后，i_B 的值与二极管一样随 v_{BE} 的增加按指数规律增大。硅三极管的开启电压约为 0.5V，发射结导通电压 V_{on} 为 0.6～0.7V；锗三极管的开启电压约为 0.2V，发射结导通电压为 0.2～0.3V。

（2）3 条曲线分别为 $V_{CE}=0V$，$V_{CE}=0.5V$ 和 $V_{CE}\geqslant 1V$ 的情况。当 $V_{CE}=0V$ 时，相当于集电极和发射极短路，即集电结和发射结并联，输入特性曲线和 PN 结的正向特性曲线相类似；当 $V_{CE}=1V$ 时，集电结已处在反向偏置，管子工作在放大区，集电极收集基区扩散过来的电子，使在相同 v_{BE} 值的情况下，流向基极的电流 i_B 减小，输入特性随着 V_{CE} 的增大而右移；当 $V_{CE}\geqslant 1V$ 以后，输入特性几乎与 $V_{CE}=1V$ 时的特性曲线重合，这是因为 $V_{CE}>1V$ 后，集电极已将发射区发射过来的电子几乎全部收集走，对基区电子与空穴的复合影响不大，i_B 的改变也不明显。

因三极管工作在放大状态时，集电结要反偏，V_{CE} 必须大于 1V，所以，只要给出 $V_{CE}=1V$ 时的输入特性就可以了。

2. 输出特性曲线

输出特性曲线是描述三极管在输入电流 i_B 保持不变的前提下，集电极电流 i_C 和管压降 v_{CE} 之间的函数关系，即

$$i_C = f(v_{CE})\Big|_{i_B} \qquad (1\text{-}11)$$

三极管的输出特性曲线如图 1-30 所示。由图 1-30 可见，当 I_B 改变时，i_C 和 v_{CE} 的关系是一组平行的曲线族，并有截止、放大和饱和 3 个工作区。

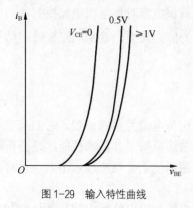

图 1-29　输入特性曲线

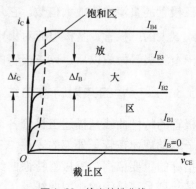

图 1-30　输出特性曲线

（1）截止区

$I_B=0$ 特性曲线以下的区域称为截止区。此时三极管的集电结处于反偏，发射结电压 $v_{BE}<0$，

也是处于反偏的状态。由于 $i_B=0$，在反向饱和电流可忽略的前提下，$i_C=\beta i_B$，所以 i_C 也等于 0，三极管无电流的放大作用。处在截止状态下的三极管，发射结和集电结都是反偏，在电路中犹如一个断开的开关。

实际的情况是：处在截止状态下的三极管集电极有很小的电流 I_{CEO}，该电流称为三极管的穿透电流，它是在基极开路时测得的集电极-发射极间的电流，不受 i_B 的控制，但受温度的影响。

（2）饱和区

在图 1-27 所示的三极管放大电路中，集电极接有电阻 R_C，如果电源电压 V_{CC} 一定，当集电极电流 i_C 增大时，$v_{CE}=V_{CC}-i_C R_C$ 将下降，对于硅管，当 v_{CE} 降低到小于 0.7V 时，集电结也进入正向偏置的状态，集电极吸引电子的能力将下降，此时 i_B 再增大，i_C 几乎就不再增大了，三极管失去了电流放大作用，三极管的这种工作状态称为饱和状态。

规定 $V_{CE}=V_{BE}$ 时的状态为临界饱和态，图 1-30 中的虚线为临界饱和线，在临界饱和态下工作的三极管集电极电流和基极电流的关系为

$$I_{CS} = \frac{V_{CC} - V_{CES}}{R_C} = \overline{\beta} I_{BS} \tag{1-12}$$

式（1-12）中，I_{CS}、I_{BS}、V_{CES} 分别为三极管处在临界饱和态下的集电极电流、基极电流和三极管两端的电压（饱和管压降）。当管子两端的电压 $V_{CE}<V_{CES}$ 时，三极管将进入深度饱和的状态，在深度饱和的状态下，$i_C=\beta i_B$ 的关系不成立，三极管的发射结和集电结都处于正向偏置会导电的状态下，在电路中犹如一个闭合的开关。

三极管截止和饱和的状态与开关断、通的特性很相似，数字电路中的各种开关电路就是利用三极管的这种特性来制作的。

（3）放大区

三极管输出特性曲线饱和区和截止区之间的部分就是放大区。工作在放大区的三极管才具有电流的放大作用，此时三极管的发射结处在正偏，集电结处在反偏。由放大区的特性曲线可见，特性曲线非常平坦，当 i_B 等量变化时，i_C 几乎也按一定比例等距离平行变化。由于 i_C 只受 i_B 控制，几乎与 v_{CE} 的大小无关，说明处在放大状态下的三极管相当于一个输出电流受 I_B 控制的受控电流源。

上述讨论的是 NPN 型三极管的特性曲线，PNP 型三极管特性曲线是一组与 NPN 型三极管特性曲线关于原点对称的图像。

1.6.4　三极管的主要参数

1. 共射电流放大系数 $\overline{\beta}$ 和 β

在共射极放大电路中，若交流输入信号为零，则三极管各极间的电压和电流都是直流量，此时的集电极电流 I_C 和基极电流 I_B 的比就是 $\overline{\beta}$，$\overline{\beta}$ 称为共射直流电流放大系数。

当共射极放大电路有交流信号输入时，因交流信号的作用，必然会引起 I_B 的变化，相应的也会引起 I_C 的变化，两电流变化量的比称为共射交流电流放大系数 β，即

$$\beta = \frac{\Delta I_C}{\Delta I_B} \tag{1-13}$$

上述两个电流放大系数 $\overline{\beta}$ 和 β 的含义虽然不同，但工作在输出特性曲线放大区平坦部分

的三极管，两者的差异极小，可做近似相等处理。故在今后应用时，通常不加区分，直接互相替代使用。

由于制造工艺的分散性，同一型号三极管的 β 值差异较大。常用的小功率三极管，β 值一般为 20～100。β 值过小，三极管的电流放大作用小；β 值过大，三极管工作的稳定性差。一般选用 β 为 40～80 的三极管较为合适。

2. 极间反向饱和电流 I_{CBO} 和 I_{CEO}

（1）集电结反向饱和电流 I_{CBO} 是指发射极开路，集电结加反向电压时测得的集电极电流。常温下，硅管的 I_{CBO} 在 nA(10^{-9})的量级，通常可忽略。

（2）集电极-发射极反向电流 I_{CEO} 是指基极开路时，集电极与发射极之间的反向电流，即穿透电流。穿透电流的大小受温度的影响较大，穿透电流小的管子热稳定性好。

3. 极限参数

（1）集电极最大允许电流 I_{CM}

三极管的集电极电流 I_C 在相当大的范围内 β 值基本保持不变，但当 I_C 的数值大到一定程度时，电流放大系数 β 值将下降。使 β 明显减少的 I_C 即为 I_{CM}。为了使三极管在放大电路中能正常工作，I_C 不应超过 I_{CM}。

（2）集电极最大允许功耗 P_{CM}

三极管工作时，集电极电流在集电结上将产生热量，产生热量所消耗的功率就是集电极的功耗 P_{CM}，即

$$P_{CM} = I_C V_{CE} \tag{1-14}$$

功耗与三极管的结温有关，结温又与环境温度、管子是否有散热器等条件相关。根据式（1-14）可在输出特性曲线上做出三极管的允许功耗线，如图 1-31 所示。功耗线的左下方为安全工作区，右上方为过损耗区。

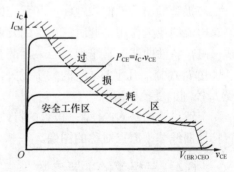

手册上给出的 P_{CM} 值是在常温 25℃时测得的。硅管集电结的上限温度为 150℃左右，锗管为 70℃左右，使用时应注意不要超过此值，否则管子将损坏。

图 1-31 允许功耗

（3）反向击穿电压 $V_{BR(CEO)}$

反向击穿电压 $V_{BR(CEO)}$ 是指基极开路时，加在集电极与发射极之间的最大允许电压。使用中如果三极管两端的电压 $V_{CE} > V_{BR(CEO)}$，集电极电流 I_C 将急剧增大，这种现象称为击穿。若三极管被击穿将造成三极管永久性损坏。三极管电路在电源 E_C 的值选得过大时，有可能会出现，当三极管截止时，$V_{CE} > V_{BR(CEO)}$ 导致三极管击穿而损坏的现象。因此，在一般情况下，三极管电路的电源电压 E_C 应小于 $1/2V_{BR(CEO)}$。

4. 温度对三极管参数的影响

几乎所有的三极管参数都与温度有关，因此不容忽视，温度对下列的 3 个参数影响最大。

（1）对 β 的影响

三极管的 β 随温度的升高将增大，温度每上升 1℃，β 值增大 0.5%～1%，其结果是在相同的 I_B 情况下，集电极电流 I_C 随温度上升而增大。

（2）对反向饱和电流 I_{CEO} 的影响

I_{CEO} 是由少数载流子漂移运动形成的，它与环境温度关系很大，I_{CEO} 随温度上升会急剧增加。温度上升 10℃，I_{CEO} 将增加一倍。由于硅管的 I_{CEO} 很小，所以温度对硅管 I_{CEO} 的影响不大。

（3）对发射结电压 v_{be} 的影响

和二极管的正向特性一样，温度上升 1℃，v_{be} 将下降 2～2.5mV。

综上所述，随着温度的上升，β 值将增大，i_C 也将增大，v_{CE} 将下降，这对三极管的放大作用不利，在使用中应采取相应的措施克服温度的影响。

1.7 场效应管

由前面的分析可知，三极管的输入阻抗不够高，对信号源的影响较大。为了提高三极管的输入阻抗，发明了利用输入回路电场的效应来控制输出回路电流变化的半导体器件，称为场效应管。

因场效应管是利用输入回路电场的效应来控制输出回路电流的变化，所以，场效应管在电路中几乎不从信号源吸收电流，即场效应管的输入阻抗非常大，可达 $10^7～10^{12}\Omega$，对信号源的影响非常小。且场效应管与前面介绍的流控元件三极管不一样，它是一种压控元件。场效应管有结型和绝缘栅型两种类型。

1.7.1 结型场效应管的类型和构造

1. 结型场效应管的类型和构造

结型场效应管有 N 沟道和 P 沟道两种类型，N 沟道结型场效应管的符号和结构示意图如图 1-32 所示。

由图 1-32（b）可见，N 沟道结型场效应管的结构是：在同一块 N 型半导体上制作两个高掺杂的 P 区，并将它们连接在一起，从连接点引出的管脚称为栅极，用字母"g"来表示。从 N 型半导体两端引出的两个电极，分别称为源极和漏极，用字母"s"和"d"来表示。

因"s"和"d"之间的导电沟道是由 N 型半导体组成的，所以称为 N 沟道结型场效应管。因栅极是 P 型半导体，栅极和沟道交界处 PN 结箭头的方向是由 P 指向 N，所以 N 沟道结型场效应管符号中的箭头也是由栅极 g 指向沟道 N。

因场效应管参与导电的载流子只有一种，所以，场效应管又称为单极型器件。

根据相同的构造原理还可以制作 P 沟道结型场效应管，其符号和结构示意图如图 1-33 所示。

由图 1-33（a）可见，N 沟道和 P 沟道结型场效应管的符号差别仅在箭头的方向上，记住 PN 结箭头的方向是由 P 指向 N 的，就记住了两种类型场效应管符号的差别。

2. 结型场效应管的工作原理

为使 N 沟道结型场效应管能正常工作，应在场效应管的栅源之间加负向电压，即 v_{gs} 要小于零，以保证 PN 结的耗尽层承受反向电压；在漏源之间加正向电压，即 v_{ds} 要大于零，以形成漏极电流 i_D。场效应管工作时，$v_{gs}<0$ 既保证了栅源之间高阻抗的要求，又可实现对沟道电流的控制作用。下面通过讨论栅源电压 v_{gs} 和漏源电压 v_{ds} 对导电沟道的影响来说明场效应管的工作原理。

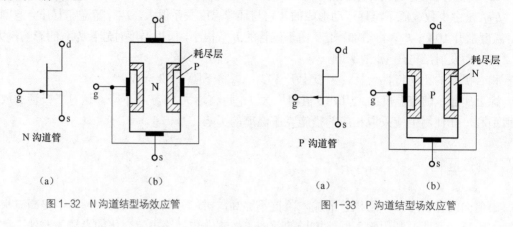

图 1-32 N 沟道结型场效应管　　　　　图 1-33 P 沟道结型场效应管

（1）当 $v_{ds}=0$（即 ds 短路）时，v_{gs} 对导电沟道的控制作用

当 v_{ds} 等于零，且 v_{gs} 也等于零时，PN 结的耗尽层很窄，导电沟道很宽，如图 1-34（a）所示。

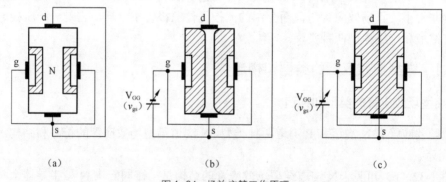

图 1-34 场效应管工作原理

图 1-34（b）表明，当 $|v_{gs}|$ 增大时，耗尽层加宽，导电沟道变窄，沟道电阻增大的情况；图 1-34（c）表明，当 $|v_{gs}|$ 增大到某一值时，耗尽层闭合，导电沟道消失，沟道电阻趋于无穷大的情况。出现这种情况的 $|v_{gs}|$ 对应值称为场效应管的夹断电压，用符号 $V_{gs(off)}$ 来表示。

（2）当 v_{gs} 的取值为 $V_{gs(off)} \sim 0$ 的某一值时，v_{ds} 对漏极电流 I_d 的影响

当 v_{gs} 的取值为 $V_{gs(off)} \sim 0$ 的某一值时，场效应管内存在着由 v_{gs} 所确定的导电沟道，在 $v_{ds}=0$ 的情况下，漏极电流 I_d 也等于零。

在 $v_{ds}>0$ 的情况下，将有电流 I_d 从漏极流向源极，使导电沟道中的各点与栅极之间的电压不再相等。电压大小的分布规律是，从 d 到 s 逐渐减小，这种结果造成导电沟道的宽度从 s 到 d 逐渐减小，如图 1-35（a）所示。

因为栅-漏电压 $V_{gd}=V_{gs}-V_{ds}$，所以当 V_{ds} 从零逐渐增大时，V_{gd} 逐渐减小，即栅极和沟道之间的反向偏置电压增大，靠近漏极一边的导电沟道将随之变窄。在栅-漏之间不出现夹断区的

情况下，沟道电阻仍然由栅-源电压 V_{gs} 来决定，漏极电流 I_d 将随 V_{ds} 的增大而增大，导电沟道呈电阻的特性。

当 V_{da} 增大到使 V_{gd} 等于 $V_{gs(off)}$ 时，漏极一边的导电沟道将闭合，在栅-漏之间出现夹断区的现象，如图 1-35（b）所示，这种情况称为沟道的预夹断。当 V_{ds} 继续增大时，将出现 $V_{gd} < V_{gs(off)}$，栅-漏之间的夹断区将加长，如图 1-35（c）所示。当这种情况出现时，夹断区加长引起漏极电流 I_d 的减小和 V_{da} 增大引起漏极电流 I_d 增大的作用相互抵消，导电沟道呈现恒流的特性，可把场效应管视为恒流源。

（3）当 $v_{gd} < V_{gs(off)}$ 时，v_{gs} 对漏极电流 I_d 的控制作用

在 $V_{gd} = V_{gs} - V_{ds} < V_{gs(off)}$ 的情况下，若 V_{ds} 等于某一常量，对应于确定的 V_{gs}，将有一个确定的漏极电流 I_d。当 V_{gs} 变化时，漏极电流 I_d 也将随着发生变化，达到用 V_{gs} 控制漏极电流 I_d 的目的。

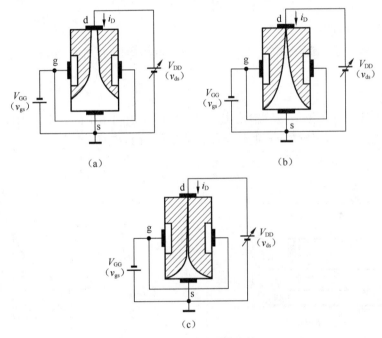

图 1-35 导电沟道的改变

由于场效应管的漏极电流 I_d 受栅-源电压 V_{gs} 的控制，所以场效应管称为电压控制元件。与三极管混合 π 参数模型讨论问题的方法一样，也是用跨导 g 来描述输入电压 v_{gs} 对输出电流 I_d 控制作用的大小，跨导 g 的定义式为

$$g = \frac{\Delta i_d}{\Delta v_{gs}} \tag{1-15}$$

3. 结型场效应管的特性曲线和电流方程

（1）输出特性曲线

输出特性曲线描述当栅-源电压 V_{gs} 为常量时，漏极电流 i_d 与漏-源电压 v_{ds} 之间的函数关系，即

$$i_\text{d} = f(v_\text{ds})|_{v_{gs}=\text{const}} \tag{1-16}$$

由实验可得场效应管的输出特性如图 1-36 所示。由图 1-36 可见，场效应管的输出特性曲线与三极管的输出特性曲线很相似，也是一个曲线族，曲线族中的每一条曲线分别对应一个确定的 V_gs 值。它也有 3 个工作区，分别称为可变电阻区、恒流区和夹断区。

① 可变电阻区位于图中预夹断轨迹曲线的左边，因该区域导电沟道的特性与阻值可变电阻的特性相类似，所以称为可变电阻区。

② 恒流区位于图中预夹断轨迹的右边，因该区域导电沟道的特性与恒流源的特性相类似，所以该区域称为恒流区。

③ 夹断区位于图中靠近横轴的部分，因该区域的特点是 $v_\text{gs} < V_{\text{gs (off)}}$，导电沟道被夹断，漏极电流 i_D 约等于零，该区域的导电沟道呈现夹断不导电的状态，所以该区域称为夹断区。

另外，图 1-36 中还给出了当 v_ds 太大时，将三极管击穿的击穿区，场效应管不允许在击穿区工作。

（2）转移特性曲线

转移特性曲线描述当漏-源电压 V_ds 为常量时，漏极电流 i_d 与栅-源电压 v_gs 之间的函数关系，即

$$i_\text{d} = f(v_\text{gs})|_{v_\text{ds}=\text{const}} \tag{1-17}$$

转移特性曲线反映了场效应管输入电压对输出电流控制作用的大小，当场效应管工作在恒流区时，根据实验可得场效应管的转移特性曲线如图 1-37 所示。

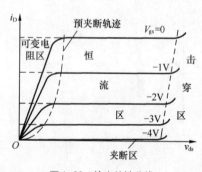

图 1-36 输出特性曲线

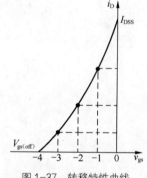

图 1-37 转移特性曲线

根据半导体理论可得工作在恒流区的场效应管转移特性曲线的表达式为

$$i_\text{d} = I_\text{DSS}\left(1 - \frac{v_\text{gs}}{V_{\text{gs(off)}}}\right)^2 \tag{1-18}$$

上式中的 I_DSS 是 $v_\text{gs}=0$ 时的 i_d 值，称为漏极饱和电流。

注意：为了保证结型场效应管不会因电流太大而烧毁，对于结型场效应管，在任何情况下都应保证栅-源电压 $V_\text{gs} < 0$，使栅-源 PN 结处在反偏的状态下。

1.7.2　绝缘栅型场效应管的类型和构造

1. 绝缘栅型场效应管的类型和构造

绝缘栅型场效应管同样也有 N 沟道和 P 沟道两种类型。N 沟道和 P 沟道绝缘栅型场效应

管又有增强型和耗尽型之分，所以绝缘栅型场效应管有 4 种类型，即 N 沟道增强型、N 沟道耗尽型、P 沟道增强和 P 沟道耗尽型。N 沟道绝缘栅型场效应管的结构示意图如图 1-38（a）所示，图 1-38（b）、（c）所示分别是增强型和耗尽型场效应管的符号。

由图 1-38（a）所示的结构示意图可见，以一块 P 型半导体为衬底，利用扩散工艺，在 P 型半导体上制作两个 N 型半导体区域，分别从 N 型半导体的区域引出两个电极作为源极和漏极，在衬底上面制作一层 SiO_2 绝缘层，再在 SiO_2 之上制作一层金属铝，从金属铝上引出的电极为栅极，即构成绝缘栅型场效应管。

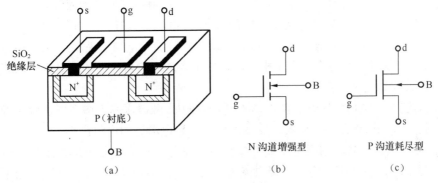

图 1-38　绝缘栅型场效应管

这种类型的场效应管因栅极与源极、栅极与漏极之间均采用 SiO_2 绝缘层隔离，所以称为绝缘栅型场效应管，又称为 MOS（Metal Oxide Semiconductor）管。

增强型和耗尽型场效应管的主要差别在 $V_{gs}=0$ 情况下导电沟道的状态上。当 $V_{gs}=0$ 时，管子不存在导电沟道的为增强型，存在导电沟道的为耗尽型。

2. N 沟道增强型场效应管的工作原理

由图 1-38（a）可见，当栅-源之间不加正向电压时，栅-源之间相当于两块背向的 PN 结，不存在导电沟道，此时若在漏-源之间加电压，也不会有漏极电流。

当 $v_{ds}=0$，且 $v_{gs}>0$ 时，由于 SiO_2 的存在，栅极电流为零。但在栅极的金属层上将聚集正电荷，它们排斥 P 型衬底靠近 SiO_2 一侧的空穴，使之剩下不能移动的负离子区，形成如图 1-39（a）所示的耗尽层。

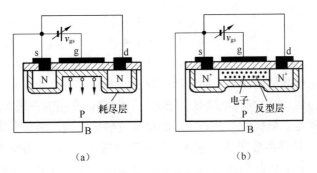

图 1-39　绝缘栅型场效应管工作原理

当 v_{gs} 增大时，一方面耗尽层增宽，另一方面将衬底的自由电子吸引到耗尽层与绝缘层之间，形成一个如图 1-39（b）所示的 N 型薄层，称为反型层。这个反型层就构成场效应管漏-源之间的导电沟道，因导电沟道是由反型层的自由电子组成，所以称为 N 沟道场效应管。因 N 沟道场效应管的衬底是 P 型半导体，所以 N 沟道场效应管符号中的箭头是由衬底指向沟道，即从 P 型半导体的衬底指向 N 型沟道，如图 1-38（b）、（c）所示。同理可得 P 沟道场效应管符号中的箭头是从沟道指向衬底，即与 N 沟道的指向相反。

在图 1-38（b）中，描述导电沟道的中间线条是间断的，说明该三极管在 $V_{gs}=0$ 的情况下导电沟道不存在，要使三极管产生导电沟道，必须在栅-源间外加一正向电压 V_{gs} 来增强对电子的吸引，以形成导电沟道，所以该场效应管称为 N 沟道增强型场效应管。

在图 1-38（c）中，描述导电沟道的中间线条是连续的，说明该三极管在 $V_{gs}=0$ 的情况下导电沟道已经存在，与结型场效应管一样，要使三极管的导电沟道夹断，必须在栅-源间外加一反向电压 V_{gs} 将导电沟道内的电子推开，使导电沟道内的自由电子耗尽，所以该场效应管称为 N 沟道耗尽型场效应管。

使 N 沟道增强型场效应管导电沟道刚刚形成的栅-源电压称为增强型场效应管的开启电压，用符号 $V_{gs(th)}$ 来表示。v_{gs} 愈大，反型层愈厚，导电沟道的电阻愈小。

当 v_{gs} 大于 $V_{gs(th)}$ 时，增强型场效应管的导电沟道已形成，此时若在场效应管的漏-源之间加正向电压 V_{ds}，将产生一定的漏极电流 i_d。漏极电流 i_d 随 V_{ds} 变化的情况与结型场效应管相似。

使 N 沟道耗尽型场效应管导电沟道刚刚被夹断的栅-源电压称为耗尽型场效应管的夹断电压，用符号 $V_{gs(off)}$ 来表示。在 $v_{gs}<V_{gs(off)}$ 的情况下，若 V_{ds} 等于某一常量，对应于确定的 v_{gs}，将有一个确定的漏极电流 i_d。当 v_{gs} 变化时，漏极电流 i_d 也将随着发生变化，就达到了用 v_{gs} 控制漏极电流 i_d 的目的。

3. N 沟道增强型场效应管特性曲线和电流方程

与结型场效应管一样，N 沟道增强型场效应管的特性曲线有转移特性曲线和输出特性曲线。转移特性曲线描述当漏-源电压 V_{ds} 为常量时，漏极电流 i_d 与栅-源电压 v_{gs} 之间的函数关系，即

$$i_d = f(v_{gs})|_{v_{ds}=const} \tag{1-19}$$

输出特性曲线描述当栅-源电压 V_{gs} 为常量时，漏极电流 i_d 与漏-源电压 v_{ds} 之间的函数关系，即

$$i_d = f(v_{ds})|_{v_{gs}=const} \tag{1-20}$$

由实验可得 N 沟道增强型场效应管的转移特性曲线和输出特性曲线如图 1-40 所示。由图 1-40 可见，N 沟道增强型场效应管的转移特性曲线和输出特性曲线与三极管的输入特性曲线和输出特性曲线相似。说明 N 沟道增强型场效应管与前面介绍的三极管具有相同的外特性，它们之间的对应关系是：栅极和基极对应，源极和发射极对应，漏极和集电极对应。

由图 1-40 可见，转移特性曲线上也有一个开启电压 $V_{gs(th)}$，输出特性曲线也是一个曲线族，曲线族中的每一条曲线分别对应一个确定的 V_{gs} 值。它也有可变电阻区、恒流区和夹断区 3 个工作区。

与结型场效应管相似，工作在恒流区的 N 沟道增强型场效应管转移特性曲线的表达式为

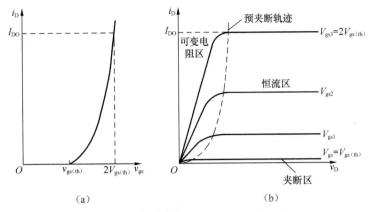

图1-40 N沟道增强型场效应管的特性曲线

$$i_d = I_{DO}\left(\frac{v_{gs}}{V_{gs(th)}} - 1\right)^2 \qquad (1\text{-}21)$$

式中，I_{DO} 是 $v_{gs}=2V_{gs(th)}$ 时的漏极电流 i_d。

N沟道耗尽型场效应管的电流方程与N沟道结型场效应管的电流方程相同，即式(1-18)。N沟道耗尽型场效应管的特性曲线与N沟道结型场效应管的特性曲线基本相同，差别仅在 v_{gs} 大于零的部分。N沟道结型场效应管的 v_{gs} 不能大于零，而N沟道耗尽场效应管的 v_{gs} 可以大于零。6种组态场效应管的符号和特性曲线如表1-2所示。

表1-2　　　　　　　　　　6种组态场效应管的符号和特性曲线

分 类		符 号	转移特性曲线	输出特性曲线
结型场效应管	N沟道			
	P沟道			
绝缘栅型场效应管	N沟道	增强型		

续表

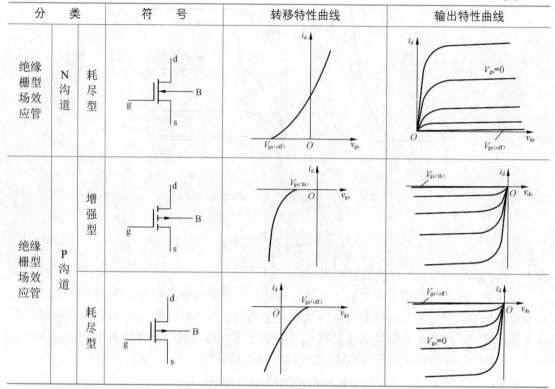

分　类		符　号	转移特性曲线	输出特性曲线
绝缘栅型场效应管	N沟道 耗尽型			
绝缘栅型场效应管	P沟道 增强型			
	P沟道 耗尽型			

1.7.3　场效应管的主要参数

1. 直流参数

（1）开启电压 $V_{gs(th)}$

开启电压 $V_{gs(th)}$ 是在 V_{ds} 为一常量时，使 i_d 大于零所需的最小$|v_{gs}|$的值。手册中给出的是在 I_d 为规定的微小电流时的 v_{gs}。$V_{gs(th)}$ 是增强型 MOS 管的参数。

（2）夹断电压 $V_{gs(off)}$

夹断电压 $V_{gs(off)}$ 是在 V_{ds} 为一常量时，使 I_d 等于零所需的最大$|v_{gs}|$的值。手册中给出的是在 I_d 为规定的微小电流时的 v_{gs}。$V_{gs(off)}$ 是耗尽型 MOS 管的参数。

（3）饱和漏极电流 I_{DSS}

该电流是耗尽型 MOS 管的参数，该值描述在 V_{gs} 等于零的情况下，管子产生预夹断时的电流值。

2. 交流参数

（1）低频跨导 g_m

低频跨导 g_m 的数值表示栅-源电压 v_{gs} 对漏极电流 i_d 控制作用的大小。工作在恒流区的场效应管，低频跨导 g_m 的表达式为

$$g_m = \frac{\Delta i_d}{\Delta v_{gs}}\bigg|_{v_{ds}=\text{const}}$$

（1-22）

（2）极间电容

场效应管 3 个电极之间均存在电容，通常栅-源电容 C_{gs} 和栅-漏电容 C_{gd} 约为 3pF，漏-源电容 C_{ds} 小于 1pF，在高频电路中应考虑极间电容的影响。

3. 极限参数

（1）最大漏极电流 I_{DM}

最大漏极电流 I_{DM} 指的是三极管正常工作时漏极电流的上限值。

（2）击穿电压 $V_{(BR)ds}$

击穿电压 $V_{(BR)ds}$ 指的是工作在恒流区的三极管，使漏极电流骤然增大的 v_{ds} 电压值，三极管工作时，加在漏-源之间的电压不允许超过此值。

（3）最大耗散功率 P_{DM}

最大耗散功率 P_{DM} 指的是工作在恒流区的三极管，漏极所消耗的最大功率，该值与场效应管工作时的温度有关。

本 章 小 结

本章介绍了半导体的基础知识，从硅（Si）和锗（Ge）的原子结构出发阐述了本征半导体的本征激发现象，介绍了本征半导体内部的两种载流子，P 型半导体、N 型半导体和 PN 结的概念；讨论了 PN 结的单向导电性，PN 结电流方程 $i = I_S(e^{\frac{v}{V_T}} - 1)$，PN 结的伏-安特性曲线；介绍了二极管和稳压管的内部结构，二极管的特性曲线、二极管的单向导电性和稳压管的稳压特性；介绍了利用二极管的单向导电性所组成的整流、检波、限幅和开关电路；还介绍了发光二极管、光电二极管、激光二极管等特殊二极管的应用；最后介绍了三极管和场效应管的内部结构、特性曲线、放大特性及主要参数。

习 题

1.1 在括号内填入合适的答案。

在本征半导体中加入（   ）元素可形成 N 型半导体，加入（   ）元素可形成 P 型半导体，PN 结加正向电压时，空间电荷区将（   ）。

1.2 温度升高对二极管的导电能力有何影响？这种影响使二极管的特性曲线发生什么变化？锗管和硅管的开启电压哪一个大？反向电流哪一个大？用万用表测量二极管的反向特性时，是否可用两手将管脚和表笔紧紧地捏住，为什么？是否可以将二极管以正向偏置的形式直接接在 1.5V 的电池两端，为什么？

1.3 稳压管只有在反向击穿时才有稳压的作用，试说明处在正向偏置下的稳压管是否也有稳压的作用。

1.4 设二极管导通的压降为 0.7V，求出图 1-41 所示各电路的输出电压值。

1.5 设二极管导通的压降为 0.7V，求图 1-42 所示电路的输出电压值。

1.6 设二极管导通的压降 0.7V 可以忽略，输入信号 $v_i = 6\sin\omega t$ V，画出如图 1-43 所示电路的输出波形，若将二极管 VD 换成稳压值为 4V 的稳压管，画出电路的输出波形。

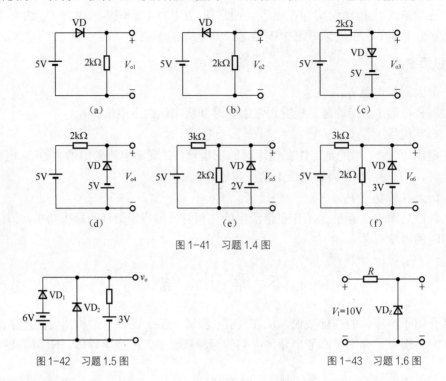

图 1-41　习题 1.4 图

图 1-42　习题 1.5 图　　　　　　　　　　图 1-43　习题 1.6 图

1.7　将两只稳压值分别为 5V 和 8V，正向导通压降为 0.7V 的稳压管串联使用、并联使用，共有几种稳压值？

1.8　如图 1-44 所示的稳压电路，已知输入电压 V_i=(12±10%)V，稳压管的稳压值 V_Z=6V，最小稳定电流 I_{Zmin}=5mA，最大稳定电流 I_{Zmax}=200mA，负载电流的最大值 I_{Lmax}=50mA，求限流电阻 R 的取值范围。

1.9　如图 1-45 所示电路的输入信号是正弦波，标出输出电压的方向。

图 1-44　习题 1.8 图　　　　　　　　　　图 1-45　习题 1.9 图

1.10　在括号内填入合适的答案。

（1）工作在放大区的三极管发射结处在（　　　）偏，集电结处在（　　　）偏置；工作在饱和区的三极管发射结和集电结均处在（　　　）偏置，工作在截止区的三极管发射结和集电结均处在（　　　）偏置。

（2）工作在放大区的某三极管，当 I_B 从 10μA 变化到 20μA 时，集电极电流 I_C 从 1mA 变化到 2mA，则该三极管的电流放大倍数为（　　　）。

1.11　实验测得电流放大系数分别为 50 和 100 的两只三极管两个电极的电流如图 1-46

所示，分别求出另一电极的电流，标出其实际方向，并在圆圈中画出三极管。

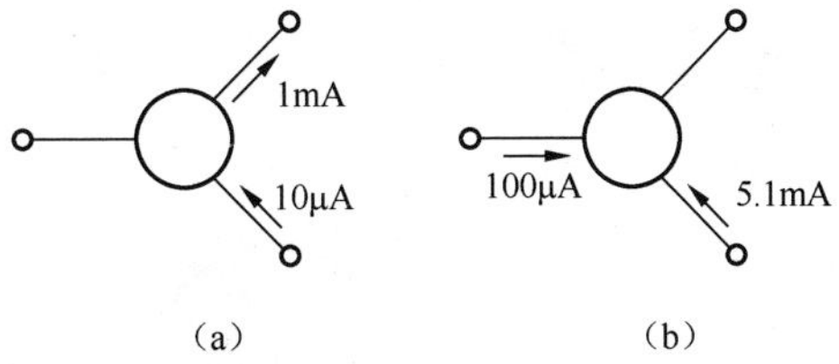

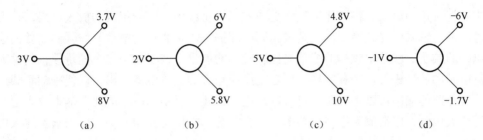

图 1-46 习题 1.11 图

1.12 用万用表测得放大电路中的 4 只三极管的直流电位如图 1-47 所示，在圆圈中画出三极管的类型，并分别说明它们是硅管或是锗管。

图 1-47 习题 1.12 图

1.13 已知放大电路中一只 N 沟道场效应管 3 个极①②③的电位分别是 4V、8V、12V，管子工作在恒流区。试判断它可能是哪种三极管，并说明①②③与 g、s、d 的对应关系。

第 **2** 章 基本放大电路

　　本章将讨论的放大电路的作用，就是通过三极管或场效应管组成的放大电路，在保证输出信号波形与输入信号波形相同或基本相同的前提下，将微弱的电信号增强到需要的强度。放大电路的实质，就是用较小的能量去控制较大的能量，或者说用一个能量较小的输入信号对直流电源的能量进行控制和转换，使之变换成较大的交流电能输出，以便驱动负载工作。

　　放大电路的输出可以是电压，也可以是电流，还可以是功率。因此，基本放大电路主要有电压放大电路、电流放大电路、功率放大电路等。本章将介绍一些常用的基本放大电路。

2.1 共发射极放大电路

　　放大器的任务就是对输入的信号进行放大。要放大的信号通常是由传感器提取的随时间变化的某个物理量的微弱电信号，利用放大器可以将这些微弱的电信号放大到足够的强度，并将放大后的信号输出给驱动电路，由驱动执行机构完成特定的工作。执行机构的驱动信号通常是变化量，所以放大电路放大的对象通常也是变化量。

2.1.1 电路的组成

　　共发射极电压放大电路的组成如图 2-1 所示。图中的 V_{CC} 是为放大器提供能量的直流电源；R_{b1}、R_{b2} 是偏流电阻，其作用是为三极管提供适当的偏置电压，使三极管工作在放大区；R_c 为集电极电阻，R_L 为负载电阻。图 2-1（a）所示为直接耦合电路；图 2-1（b）所示为电

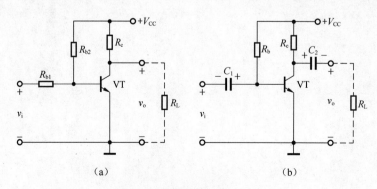

(a)　　　　　　　　　　　(b)

图 2-1 共发射极电压放大电路

容耦合电路，电路中的 C_1 和 C_2 为耦合电容，它们的作用是隔离放大器的直流电源对信号源与负载的影响，将输入的交流信号引入放大器，并将输出的交流信号输送到负载上。

2.1.2　放大电路的直流通路和交流通路

从基本共射极放大电路工作原理的分析可知，为使电路正常放大，直流量与交流量必须共存于放大电路中，前者是直流电源作用的结果，后者是输入电压作用的结果；而且，由于电容、电感等电抗元件的存在，使直流量与交流量所流经的通路不同。因此，为了研究问题方便，将放大电路分为直流通路与交流通路。

直流通路是直流电源作用所形成的电源通路。在直流通路中，电容因对直流量呈无穷大电抗而相当于开路，电感线圈因电阻非常小可忽略不计而相当于短路；信号源电压为零，但保留内阻。直流通路用于分析放大电路的静态工作点。交流通路是交流信号作用所形成的电流通路。在交流通路中，大容量电容因对交流信号容抗可忽略不计而相当于短路；直流电源为恒压源，因内阻为零也相当于短路。交流通路用于分析放大电路的动态参数。

根据上述原则，图 2-1（b）所示电路的直流通路和交流通路分别如图 2-2（a）、（b）所示。将图 2-1（b）所示电路中的两个电容断开，便得到它的直流通路。在其交流通路中的直流电源相当于短路，故集电极电阻并联在三极管的 c-e 之间。

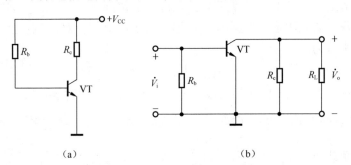

图 2-2　电容耦合共射极放大电路的直流通路和交流通路

2.1.3　共发射极电路图解分析法

对交流电压信号进行放大是电压放大器的任务，交流电压信号的特点是：大小和方向均是变化的。利用图解法可以很直观地分析电压放大器的工作原理。

图解法的分析步骤是：在三极管输入特性曲线上，画出输入信号的波形，根据输入信号波形的变化情况，在输出特性曲线相应的地方画出输出信号的波形，并分析输出信号和输入信号在形状、幅度、相位等参量之间的关系，如图 2-3 所示。

图 2-3（a）所示为三极管的输入特性曲线和输入信号的波形，图 2-3（b）所示为三极管的输出特性曲线和输出信号的波形。

1. 静态工作点的确定

由图 2-3（a）所示的输入特性曲线可见，为了使三极管在任何时刻都工作在放大区，在输入信号等于 0 时，三极管的 i_B 和 V_{BE} 的值不能为零。否则当输入信号处在负半周时，三极管放大器的 V_{BE} 将小于零，三极管将进入截止的状态，不能对输入信号进行正常的放大。

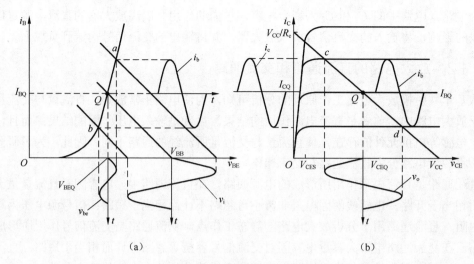

图 2-3　输入、输出特性曲线及波形

电流输入信号为零时，三极管所处的状态称为放大器的静态工作点，即图中的 Q 点，Q 点有 I_B、I_C、V_{BE} 和 V_{CE} 4 个值，实际上只要有 I_B、I_C 和 V_{CE} 3 个值就可以确定电路的静态工作点，并用符号 I_{BQ}、I_{CQ} 和 V_{CEQ} 来表示电路的静态工作点。

确定静态工作点的方法是：根据电容阻直流、通交流的特点和节点电位法，可得放大器静态时输出端的电压为

$$V_{CEQ} = V_{CC} - I_{CQ}R_c \tag{2-1}$$

在输出特性曲线上，式（2-1）为直线，在横轴上，$I_{CQ}=0$，$V_{CEQ}=V_{CC}$；在纵轴上，$V_{CEQ}=0$，$I_{CQ} = \dfrac{V_{CC}}{R_c}$，连接这两点即可得式（2-1）所确定的直线，因该直线的斜率与 $-\dfrac{1}{R_c}$ 有关，所以该直线称为直流负载线。

因放大器输出端电流和电压的关系同时要满足三极管的输出特性曲线和电路的直流负载线，所以放大器静态工作点应在两曲线的交点上，即在直流负载线上。为了使放大器保持较大的动态范围，通常将静态工作点选在直流负载线的中点，根据直流负载线中点所确定的值 I_{CQ} 和 V_{CEQ} 就是输出电路的静态工作点，再根据

$$I_{BQ} = \frac{I_{CQ}}{\beta} \tag{2-2}$$

即可确定输入电路的静态工作点 I_{BQ}。

2. 输出信号波形分析

静态工作点确定之后，根据叠加定理可得放大器输入端的信号为

$$v_{BE} = V_{BEQ} + v_i \tag{2-3}$$

即在静态工作点电压上叠加输入的交流信号。在放大器不带负载 R_L 的前提下，放大器放大信号的过程如下：

当输入是 $v_i>0$ 的正半周信号时，放大器输入端的工作点沿输入特性曲线从 Q 点往 a 点移，放大器输出端的工作点沿直流负载线从 Q 点往 c 点移，在输出端形成 $v_o<0$ 的负半周信

号；当输入是 $v_i < 0$ 的负半周信号时，放大器输入端的工作点沿输入特性曲线从 Q 点往 b 点移，放大器输出端的工作点沿直流负载线从 Q 点往 d 点移，在输出端形成 $v_o > 0$ 的正半周信号。完成对正、负半周输入信号的放大，如图 2-3 所示。

由图 2-3 可见，经放大器放大后的输出信号在幅度上比输入信号增大了，即实现了放大的任务。但相位却相反了，即输入信号是正半周时，输出信号是负半周；输入信号是负半周时，输出信号是正半周，说明共发射极电压放大器的输出和输入信号的相位差是 180°。

由图 2-3 还可见，电压放大器电路中集电极电阻 R_c 的作用是：用集电极电流的变化，实现对直流电源 V_{CC} 能量转化的控制，达到用输入电压 v_i 的变化来控制输出电压 v_o 变化的目的，实现小信号输入、大信号输出的电压放大作用。由此可知，放大器放大的是变化量，放大电路放大的本质是能量的控制和转换，三极管在电路中就是起这种控制的作用。

当放大器接有负载 R_L 时，对交流信号而言，R_L 和 R_c 是并联的关系，并联后的总电阻为

$$R_L^{'} = \frac{R_c R_L}{R_c + R_L} \tag{2-4}$$

根据该电阻，在输出特性曲线上也可做一条斜率为 $-\dfrac{1}{R_L^{'}}$ 的直线，该直线称为交流负载线，如图 2-4 所示。

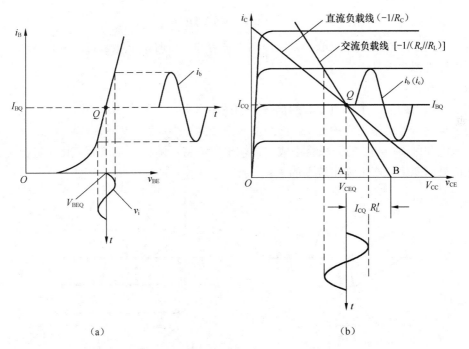

（a）　　　　　　　　　　　　　　　　（b）

图 2-4　电容耦合共射极放大电路的直流负载线和交流负载线

由图 2-4 可见，在输入信号驱动下，放大器输出端的工作点将沿交流负载线移动，形成交流输出电压。但输出信号的幅度比不带负载时小，利用戴维南定理可解释此结论。

3. 波形失真的类型

当放大器的工作点选得太低或太高时，放大器将不能对输入信号实施正常的放大，出现

失真。波形失真主要可分为截止失真和饱和失真两种。

（1）截止失真

图 2-5 所示为静态工作点太低的情况。由图中可见，当静态工作点太低时，放大器能对输入的正半周信号实施正常的放大；而当输入信号为负半周时，因 $v_{BE} = V_{BEQ} - v_i$ 将小于三极管的开启电压，三极管将进入截止区，$i_B = 0$，$i_C = 0$，输出电压 $v_o = v_{CE} = V_{CC}$ 将不随输入信号而变化，产生输出波形的失真。

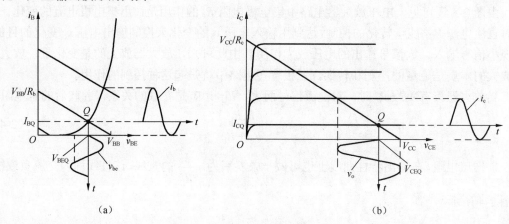

图 2-5 截止失真的图解分析

这种失真是因静态工作点取得太低，输入负半周信号时，三极管进入截止区而产生的失真，所以称为截止失真。

（2）饱和失真

图 2-6 所示为静态工作点太高的情况。由图中可见，当静态工作点太高时，放大器能对输入的负半周信号实施正常的放大；而当输入信号为正半周时，因 $v_{BE} = V_{BEQ} + v_i$ 太大了，使三极管进入饱和区，$i_C = \beta i_b$ 的关系将不成立，输出电流将不随输入电流而变化，输出电压也不随输入信号而变化，产生输出波形的失真。

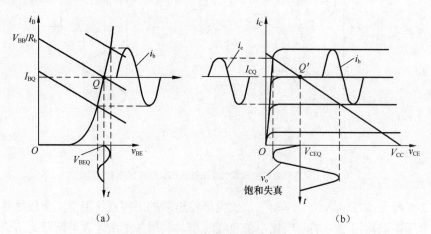

图 2-6 饱和失真的图解分析

这种失真是因静态工作点取得太高，输入正半周信号时，三极管进入饱和区而产生的失真，所以称为饱和失真。

在电压放大器工作时应防止饱和失真和截止失真的现象,当出现饱和失真或截止失真时,改变静态工作点的设置就可以消除失真。

在消除失真之前必须从输出信号来判断放大器产生了什么类型的失真,判断的方法如下。

对由 NPN 型三极管组成的电压放大器,当输出信号的负半周产生失真时,因共发射极电压放大器的输出和输入倒相,说明是输入信号为正半周时电路产生了失真。输入的正半周信号与静态工作点电压相加,将使放大器的工作点进入饱和区,所以这种情况的失真为饱和失真,消除的办法是降低静态工作点的数值。

当输出信号的正半周产生失真时,说明输入信号为负半周时电路产生了失真,输入负半周信号与静态工作点电压相减,将使放大器的工作点进入截止区,所以这种情况的失真为截止失真,消除的办法是提高电路静态工作点的数值。

注意:上述判断的方法仅适用于由 NPN 型三极管组成的放大器,对于由 PNP 型三极管组成的放大器,因电源的极性相反,所以结论刚好与 NPN 型的相反。

图解法能直观地分析出放大电路的工作过程,清晰地观察到波形失真的情况,且能够估算出波形不失真时输出电压的最大幅度,从而计算出放大器的动态范围 $V_{\text{P-P}}=2V_{\text{om}}$,但做图的过程比较麻烦,也不利于精确计算。该方法通常用于对在大信号下工作的放大电路进行分析,对于在小信号下工作的放大器,通常采用微变等效电路法来分析。

2.1.4 微变等效电路分析法

因放大电路中含有非线性元件三极管,前面介绍的各种分析法对非线性电路不适用,为了利用线性电路的分析法来分析电压放大器的问题,必须对三极管进行线性化处理。

对三极管进行的线性化处理就是将三极管的输入、输出特性线性化。工作在小信号下的放大器,在静态工作点附近因输入信号的幅度很小,可用直线对输入特性曲线进行线性化,经线性化后的三极管输入端等效于一个电阻 r_{be},输出端等效于一个强度为 βi_{b} 的受控电流源,三极管的直流模型如图 2-7 所示。图 2-7(a)所示为折线化的输入特性,图 2-7(b)所示为直流模型。

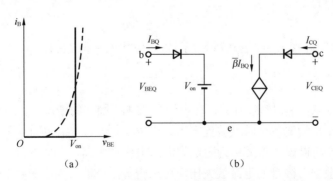

图 2-7 三极管的直流模型

将三极管线性化处理后,放大电路从非线性电路转化成线性电路,线性电路所有的分析方法在这里都适用。必须注意的是,因微变等效电路是在微变量的基础上推得的,所以微变等效电路分析法仅适用于对放大器的动态特性进行分析,不适用于放大器静态工作点的计算。放大器静态工作点的计算可利用直流电路分析法进行。

1. 放大器的静态分析

放大器静态分析的任务就是确定放大器的静态工作点 Q，即确定 I_{BQ}、I_{CQ} 和 V_{CEQ} 的值。

对放大器进行静态分析必须使用放大器的直流通路。因放大器静态工作点指的是，在输入信号为零时放大器所处的状态。当输入信号为零时，放大器各部分的电参数都保持不变，电容器两端的电路互不影响，相当于电容器断路，由此可得共发射极电压放大器的直流通路如图 2-8（b）所示，图 2-8（c）所示为交流等效电路。

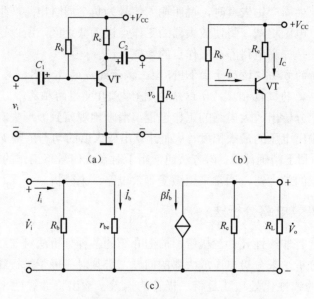

图 2-8　共射极放大电路和它的直流通路与交流等效电路

由图 2-8（b）可见，画放大器直流通路的方法很简单，只要将电容器从原电路中断开即可。

放大器直流通路是计算静态工作点的电路，电流 I_B、I_C 的参考方向如图 2-8（b）所示。根据节点电位法可得

$$V_{be} + I_B R_b = V_{CC}$$

工作在放大区的硅管 $V_{be}=V_{on}=0.7V$，将 V_{be} 的值代入可得 I_{BQ} 为

$$I_{BQ} = \frac{V_{CC} - 0.7}{R_b} \tag{2-5}$$

由式（2-5）可见，I_{BQ} 与 R_b 有关，在电源电压 V_{CC} 固定的情况下，改变 R_b 的值，I_{BQ} 也随之改变，所以 R_b 称为偏流电阻或偏置电阻。当 R_b 固定后，I_{BQ} 也固定了，因图 2-8 所示电路中 R_b 是固定的，所以该电路又称为固定偏流的电压放大器。

I_{BQ} 确定后，根据三极管的电流放大作用可求得 I_{CQ}，即

$$I_{CQ} = \beta I_{BQ} \tag{2-6}$$

由放大器的输出电路可得

$$V_{CEQ} + I_{CQ} R_c = V_{CC}$$

则

$$V_{CEQ} = V_{CC} - I_{CQ} R_c \tag{2-7}$$

式（2-5）、式（2-6）、式（2-7）就是计算共射极放大电路静态工作点的公式。

静态工作点是保证放大器正常工作的条件，实践中常用万用表测量放大器的静态工作点来判断该放大器的工作状态是否正常。

2．放大器的动态分析

放大器动态分析的主要任务是：计算放大器的动态参数，包括电压放大倍数 $\dot{A}_v$、输入电阻 r_i、输出电阻 r_o、通频带宽度 f_{bw} 等。本节先介绍前面的 3 个参数，通频带宽度在放大器的频响特性中介绍。

因动态分析是计算放大器在输入信号作用下的响应，所以计算动态分析的电路是放大器的微变等效电路，由原电路画微变等效电路的方法如下。

（1）先将电路中的三极管画成图 2-8（c）所示的微变等效电路。

（2）因电容对交流信号而言相当于短路，用导线将电容器短路。

（3）因直流电源对交流信号而言可等效成一个电容，所以直流电源对交流信号也是短路的，用导线将图中的 $+V_{CC}$ 点与接地点相连。

利用上面介绍的方法对原电路进行处理后，再整理电路，可将微变等效电路整理成便于计算的电路图，如图 2-8（c）所示。

根据微变等效电路可得计算电压放大倍数 $\dot{A}_v$、输入电阻 r_i 和输出电阻 r_o 的公式。

根据 $\dot{A}_v$ 的定义可得

$$\dot{A}_v = \frac{\dot{V}_o}{\dot{V}_i} = -\frac{\beta \dot{I}_b R'_L}{\dot{I}_b r_{be}} = -\beta \frac{R'_L}{r_{be}} \tag{2-8}$$

式中的 R'_L 由式（2-4）确定，因 V_o 的参考方向与 R'_L 上电流的参考方向非关联，所以用欧姆定律写 V_o 的表达式时有负号，该负号也说明输出电压和输入电压倒相，该结论在图解分析法中已得出。

由式（2-8）可见，要计算电压放大倍数的大小，还必须知道电阻 r_{be}。r_{be} 是三极管微变等效电路的输入电阻，计算 r_{be} 的电路如图 2-9 所示，计算 r_{be} 的公式为

$$r_{be} = r_{bb'} + (1 + \beta)\frac{26\text{mV}}{I_{EQ}\text{mA}} \tag{2-9}$$

式中的 $r_{bb'}$ 为三极管基极的体电阻，在题目没有给出 $r_{bb'}$ 的具体数值时，可取 $r_{bb'}$ 的值为 300Ω，I_{EQ} 是发射极的静态电流，该值为

$$I_{EQ} = I_{BQ} + I_{CQ} = (1 + \beta)I_{BQ} \tag{2-10}$$

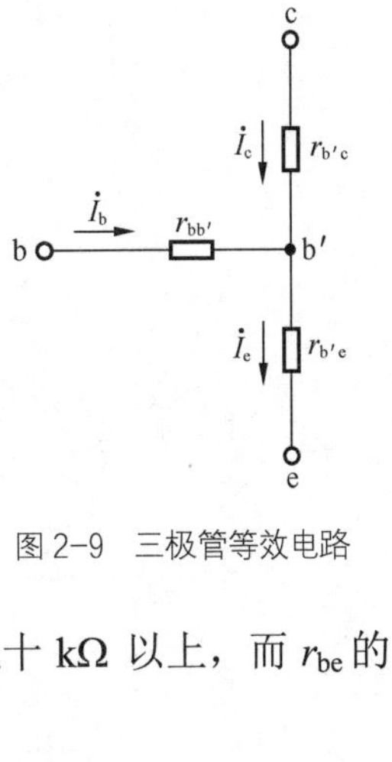

放大器的输入电阻 r_i 就是从放大器输入端往放大器内部看（图中输入端箭头所指的方向），除源后的等效电阻。除源的方法与前面介绍的一样，即电压源短路，电流源开路。由图 2-8 可见，放大器的输入电阻是 R_b 和 r_{be} 并联，即

$$r_i = R_b \| r_{be} \approx r_{be} \tag{2-11}$$

图 2-9 三极管等效电路

式（2-11）中 r_i 与 r_{be} 约等的理由是，R_b 是偏流电阻，它的值是几十 kΩ 以上，而 r_{be} 的值通常为 1kΩ 左右，两者在数值上相差悬殊，可以使用近似的条件。

放大器的输出电阻 r_o 就是从放大器输出端往放大器内部看（图 2-9 中输出端箭头所指的方向），除源后的等效电阻。受控电流源开路以后，该电阻就是 R_c，即

$$r_o = R_c \tag{2-12}$$

式（2-8）、式（2-11）、式（2-12）就是计算图 2-1 所示电路电压放大倍数 $\dot{A}_v$、输入电阻 r_i 和输出电阻 r_o 的公式。

当考虑信号源内阻对放大器电压放大倍数的影响作用时，放大器的电压放大倍数称为源电压放大倍数，用符号 $\dot{A}_{vs}$ 来表示，计算源电压放大倍数 $\dot{A}_{us}$ 的公式为

$$\dot{A}_{vs} = \frac{\dot{V}_o}{\dot{V}_s} = \frac{\dot{V}_i}{\dot{V}_s}\frac{\dot{V}_o}{\dot{V}_i} = P\dot{A}_v \tag{2-13}$$

式中的 P 为放大器的输入电阻与信号源内阻 R_s 所组成的串联分压电路的分压比，即

$$P = \frac{r_i}{R_s + r_i} \tag{2-14}$$

【例 2-1】 在图 2-1（b）所示电路中，已知 $V_{CC}=6V$，$R_b=150k\Omega$，$\beta=50$，$R_c=R_L=2k\Omega$，$R_s=200\Omega$，求：

（1）放大器的静态工作点 Q；

（2）计算电压放大倍数、输入电阻、输出电阻和源电压放大倍数的值；

（3）若将 R_b 改成 $50k\Omega$，再计算（1）、（2）的值。

解 （1）根据式（2-5）、式（2-6）、式（2-7）可得放大器的静态工作点 Q 的数值为

$$I_{BQ} = \frac{V_{CC} - V_{on}}{R_b} = \frac{6 - 0.7}{150} = 35\mu A$$

$$I_{CQ} = \beta I_{BQ} = 1.77mA$$

$$V_{CEQ} = V_{CC} - I_{CQ}R_c = 2.46V$$

（2）根据式（2-4）、式（2-7）、式（2-8）、式（2-11）、式（2-12）和式（2-13）可得

$$r_{be} = r_{bb'} + (1+\beta)\frac{26mV}{I_{EQ}mA} = 300 + 51 \cdot \frac{26}{1.8} \approx 1k\Omega$$

$$R'_L = R_c \parallel R_L = 1k\Omega$$

$$\dot{A}_v = \frac{\dot{V}_o}{\dot{V}_i} = -\beta\frac{R'_L}{r_{be}} = -50$$

$$r_i = R_b \parallel r_{be} \approx r_{be} = 1k\Omega$$

$$r_o = R_c = 2k\Omega$$

$$P = \frac{r_i}{R_s + r_i} = \frac{1\,000}{200 + 1\,000} = \frac{5}{6}$$

$$\dot{A}_{vs} = \frac{\dot{V}_o}{\dot{V}_s} = P\dot{A}_u = -41.7$$

（3）将 R_b=50kΩ的值代入解（1）的各式中，可得

$$I_{BQ} = \frac{V_{CC} - V_{on}}{R_b} = \frac{6 - 0.7}{50} \approx 100\mu A$$

$$I_{CQ} = \beta I_{BQ} = 5mA$$

$$V_{CEQ} = V_{CC} - I_{CQ}R_c = 6 - 5 \times 2 = -4V \tag{2-15}$$

式（2-15）的结果出现了负值，在图 2-1（b）所示的电路中，静态工作点 V_{CEQ} 的值不可能为负值（最小值约为0.2V）。出现负值的原因是管子工作在饱和区，当管子进入饱和区后，$I_{CQ}=\beta I_{BQ}$ 的关系不成立，把根据 $I_{CQ}=\beta I_{BQ}$ 所确定的 I_{CQ} 代入式（2-5）来计算 V_{CEQ} 就会得到错误的结果。

由此可得结论：进行放大器静态工作点计算时，若 V_{CEQ} 的结果为负数，说明三极管工作在饱和区。放大器工作在饱和区时不必进行动态分析的数值计算。

【**例 2-2**】　用万用表测得放大电路中 3 只三极管的直流电位如图 2-10 所示，请在圆圈中画出管子的类型。

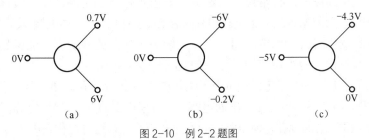

图 2-10　例 2-2 题图

解　图 2-10（a）中最低电位点是 0V，最高电位点是 6V，中间电位点是 0.7V，说明该三极管的电流是从 6V 点往 0.7V 点流，再流向 0V 电位点，所以 0.7V 点所在的管脚内部是 P 型半导体，另外两个管脚是 N 型半导体，说明该三极管是 NPN 硅管。在电路中 NPN 硅管发射极的电位最低，所以 0V 电位点是发射极 e，6V 点是集电极 c，0.7V 点是基极 b。

图 2-10（b）中最低电位点是 -6V，最高电位点是 0V，中间电位点是 -0.2V，说明该三极管的电流是从 0V 电位点往 -0.2V 点流，再流向 -6V 点，所以 -0.2V 点的管脚内部是 N 型半导体，另外两个管脚就是 P 型半导体，说明该三极管是 PNP 锗管。在电路中，PNP 锗管发射极的电位最高，所以 0V 电位点是发射极 e，-6V 点是集电极 c，-0.2V 点是基极 b。

图 2-10（c）中最低电位点是 -5V，最高电位点是 0V，中间电位点是 -4.3V，说明该三极管的电流是从 0V 电位点往 -4.3V 点流，再流向 -5V 点，与图 2-10（a）的情况一样，它是 NPN 硅管。在电路中 NPN 硅管发射极的电位最低，所以 -5V 点是发射极 c，-4.3V 点是基极 b。0V 电位点是集电极 c。

3 只三极管的类型和引脚排列如图 2-11 所示。

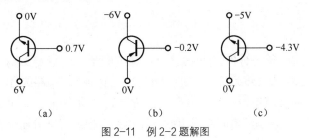

图 2-11　例 2-2 题解图

2.2 放大电路的分析

2.2.1 稳定工作点的必要性

图 2-1 所示的电压放大器的电路结构虽然简单，但静态工作点不稳定。静态工作点会随着温度的变化而变化。变化的过程是：当温度 T 上升时，本征半导体的本征激发现象加强，基极电流 I_{BQ} 将上升，引起集电极电流 I_{CQ} 也上升；集电极电流 I_{CQ} 上升，将引起三极管集电极-发射极间电压 V_{CEQ} 下降。这种变化的过程可用图 2-12 所示的流程图来表示。

$$T{\uparrow} \longrightarrow I_{BQ}{\uparrow} \longrightarrow I_{CQ}{\uparrow} \longrightarrow I_{CEQ}{\downarrow}$$

图 2-12　工作点变化的流程图

图 2-12 中的符号"↑"表示上升，符号"→"表示引起，符号"↓"表示下降。

由上面的讨论可见，随着温度的变化，放大器工作点的 3 个量都发生了变化。正确的设置是放大器正常工作的保证，在常温下已经调好静态工作点的电路，没有失真的现象，随着温度的上升，将引起基极电流 I_{BQ}、集电极电流 I_{CQ} 的上升和三极管集电极-发射极间电压 V_{CEQ} 的下降，这些量的变化将改变原电路的工作点，静态工作点的改变有可能引起输出波形的失真，使放大器进入不正常的工作状态，这种问题必须想办法解决。

解决放大器静态工作点不稳定问题的有效方法是自动跟踪修正。要实现自动跟踪修正的目的，必须有一个采集静态工作点变化情况的电路，并将采集到的变化信号送到输入端，对输入信号 I_{BQ} 进行调控，限制 I_{BQ} 的变化，使电路的静态工作点稳定，这种过程在电子技术中称为反馈。

反馈是一个控制过程，该过程将输出信号的一部分或全部回送到输入端，对输入信号进行调控，以达到改善电路性能的目的。

反馈到输入端的信号对输入信号调控的结果，可使放大器净输入信号增强或减弱，使放大器净输入信号增强的反馈称为正反馈，使放大器净输入信号减弱的反馈称为负反馈。

利用负反馈的措施可以稳定放大器的工作点。

2.2.2 静态工作点稳定的典型电路

1. 电路的组成

静态工作点稳定的典型电路如图 2-13 所示。图 2-13 与图 2-1 相比多了 R_{b2}、R_e 和 C_e 3 个元件，添加这 3 个元件的目的是为了利用 R_e 对直流电流的反馈作用来稳定静态工作点。其中 R_e 称为发射极电阻，C_e 称为发射极电容，因该电容可为交流信号提供电阻 R_e 旁边的通路，所以又称为旁路电容；R_{b2} 称为下偏流电阻，R_{b1} 则称为上偏流电阻，其他元件的称呼和作用与图 2-1 所示的电路相同。

2. 静态分析

由上一节的内容可知，静态分析的任务是确定电路的静态工作点 Q（I_{BQ}、I_{CQ}、V_{CEQ} 的值），计算所用的电路是直流通路,画直流通路的方法与前面介绍的相同,该电路的直流通路如图 2-14 所示。

图 2-14 中已标出各支路电流的参考方向，在 $I_1 \geqslant I_{BQ}$ 的条件下，I_{BQ} 可忽略，相当于三极管的基极与 B 点断开，上、下偏流电阻组成串联分压电路，根据串联分压公式可得 B 点的电位为

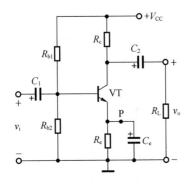

图 2-13　典型的静态工作点稳定电路

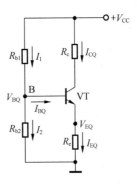

图 2-14　直流通路

$$V_B = \frac{R_{b2}}{R_{b1} + R_{b2}} V_{CC} \tag{2-16}$$

$$V_B = I_{EQ} R_e + V_{on}$$

$$I_{EQ} = \frac{V_B - V_{on}}{R_e} \approx I_{CQ} \tag{2-17}$$

式中，V_{on} 为三极管的导通电压，硅三极管取 0.7V，锗三极管取 0.2V。根据发射极和基极电流的关系可得

$$I_{BQ} = \frac{I_{CQ}}{\beta} \tag{2-18}$$

$$I_{EQ} R_e + V_{CEQ} + I_{CQ} R_c = V_{CC}$$

$$V_{CEQ} = V_{CC} - I_{CQ}(R_e + R_c) \tag{2-19}$$

式（2-16）、式（2-17）、式（2-18）、式（2-19）就是计算图 2-13 所示电路静态工作点的公式。

图 2-13 所示电路稳定工作点的流程图如图 2-15 所示。

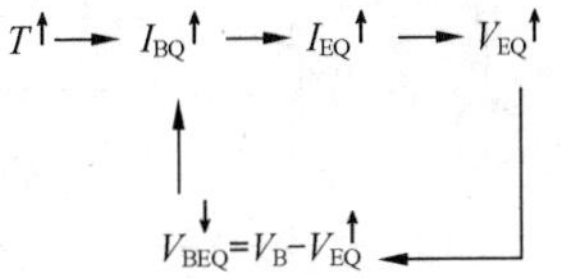

由稳定工作点的过程可见，该电路通过发射极电阻 R_e 将集电极电流 I_{CQ} 的变化情况取出来，利用 V_{EQ} 和 V_{BEQ} 相串联的关系回送到输入端，对净输入信号 V_{BEQ} 进行调控。这种调控作用可以实现在 I_{CQ} 上升时，引起 V_{BEQ} 下降，将 I_{CQ} 拉下来的目的，即负反馈的作用。后面会介绍该电路称为串联电流直流负反馈电路，R_e 又称为反馈电阻。

图 2-15　稳定工作点的流程图

3. 动态分析

放大器动态分析的任务就是计算电压放大倍数 $\dot{A}_v$、输入电阻 r_i、输出电阻 r_o。计算的电路是放大器的微变等效电路，考虑电容 C_e 对 R_e 的旁路作用，该电路的微变等效电路如图 2-16 所示。

由图 2-16 可见，反馈电阻 R_e 因 C_e 的旁路作用对交流信号没有作用，所以 R_e 通常又称为直流反馈电阻。该等效电路除了多一个电阻 R_{b2} 外，其他部分与图 2-8 完全相同，根据前面的公式可得

$$\dot{A}_v = \frac{\dot{V}_{\rm o}}{\dot{V}_{\rm i}} = -\beta \frac{R'_{\rm L}}{r_{\rm be}} \tag{2-20}$$

$$r_{\rm i} = R_{\rm b1} \| R_{\rm b2} \| r_{\rm be} \tag{2-21}$$

$$r_{\rm o} = R_{\rm c} \tag{2-22}$$

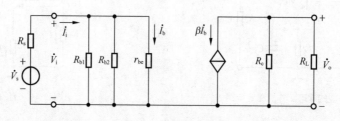

图 2-16　微变等效电路

实际的电路为了改善放大器的交流特性，通常将直流反馈电阻 $R_{\rm e}$ 分成 $R_{\rm e1}$ 和 $R_{\rm e2}$，旁路电容 $C_{\rm e}$ 并在 $R_{\rm e1}$ 两边，如图 2-17 所示。

该电路的 $R_{\rm e1}$ 对交、直流信号都有反馈作用，而 $R_{\rm e2}$ 仅对直流信号有反馈作用。该电路通常称为串联电流交直流负反馈放大器。

因图 2-17 电路与图 2-13 电路的直流通路完全相同，所以该电路的静态工作点与前面讨论的也相同。下面对该电路进行动态分析。

该电路的微变等效电路如图 2-18 所示。

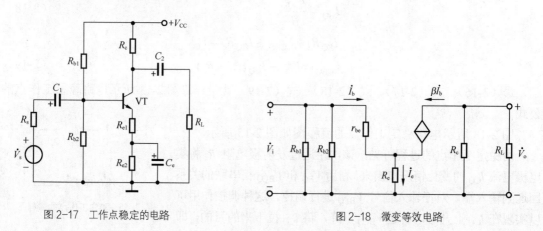

图 2-17　工作点稳定的电路　　　　　　　图 2-18　微变等效电路

根据图 2-18 所设的参考方向可得电压放大倍数为

$$\dot{A}_v = \frac{\dot{V}_{\rm o}}{\dot{V}_{\rm i}} = -\frac{\beta \dot{I}_{\rm b} R'_{\rm L}}{r_{\rm be} \dot{I}_{\rm b} + (1+\beta)R_{\rm e1} \dot{I}_{\rm b}} = -\beta \frac{R'_{\rm L}}{r_{\rm be} + (1+\beta)R_{\rm e1}} \tag{2-23}$$

与没有反馈的电路比较，电压放大倍数减小了，说明负反馈的作用使放大器的电压放大倍数下降。

计算输入电阻时，应注意对受控电流源的处理，将电阻 $R_{\rm e1}$ 的值扩大（$1+\beta$）倍后与 $r_{\rm be}$ 相串联，串联的总电阻再与 $R_{\rm b}$ 并联，即

$$r_{\rm i} = R_{\rm b} \| [r_{\rm be} + (1+\beta)R_{\rm e1}] \tag{2-24}$$

与没有反馈的电路比较，输入电阻提高了。

该放大器的输出电阻与没有反馈时的相同，等于集电极电阻 R_c。

综上所述，串联电流交流负反馈的作用使放大器的电压放大倍数下降，但输入电阻却提高了。放大器输入电阻提高对信号源的影响减小，并可提高放大电路的源电压放大倍数 $\dot{A}_{vs}$，总体来说使放大器的性能得到改善。

2.2.3 复合管放大电路

在实际应用中，为了进一步改善放大器的性能，通常用多只三极管构成复合管来取代基本放大电路中的一只三极管，组成复合管放大电路。

1. 复合管的组成

图 2-19（a）、（b）所示为两只同类的三极管组成的复合管，图 2-19（c）、（d）所示为两只不同类的三极管组成的复合管。

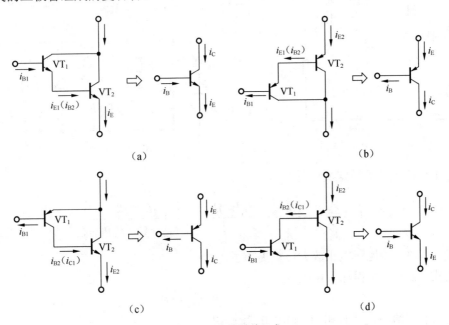

图 2-19 复合管的组成

三极管组成复合管的原则如下。

（1）在正确的外加电压下，每只管子的各极电流均有合适的通路。

（2）在正确的外加电压下，每只管子均要正常工作在放大区。为了实现这一目的，VT_1 管子的 c 极、e 极必须和 VT_2 管子的 b 极、c 极相连，相连时应保证 $V_{ce1}=V_{bc2}$。

（3）复合管在接法正确的前提下，其类型和引脚与三极管 VT_1 的类型和管脚相对应。

2. 复合管共发射极电路

复合管共发射极电路如图 2-20 所示。比较图 2-20 和图 2-1 可得，只要用复合管替代原电路中的三极管就可组成复合管放大电路。

设组成复合管内三极管 VT_1 和 VT_2 的电流放大系数分别为 β_1 和 β_2，对复合管放大电路进行静态分析时，首先要确定复合管的电流放大系数 β。确定 β 的过程如下：

$$I_{B2Q} = I_{E1Q} = (1+\beta_1)I_{B1Q}$$

$$I_{CQ} = I_{C1Q} + I_{C2Q} = \beta_1 I_{B1Q} + \beta_2 I_{B2Q} = \beta_1 I_{B1Q} + \beta_2(1+\beta_1)I_{B1Q}$$

$$= (\beta_1 + \beta_2 + \beta_1\beta_2)I_{B1Q} = \beta I_{BQ}$$

因为 $\beta_1\beta_2 \geqslant \beta_1 + \beta_2$，所以

$$\beta = \beta_1 + \beta_2 + \beta_1\beta_2 \approx \beta_1\beta_2 \qquad (2\text{-}25)$$

即复合管的电流放大系数等于组成它的三极管电流放大系数的乘积。

将复合管电流放大系数 β 代入前面计算静态工作点的公式就可计算复合管放大电路的静态工作点。

计算动态参数的微变等效电路如图 2-21 所示。

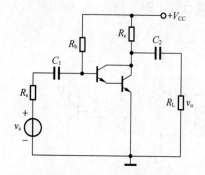

图 2-20　复合管共发射极电路

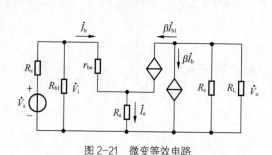

图 2-21　微变等效电路

根据电压放大倍数的定义可得

$$\dot{A}_v = \frac{\dot{V}_o}{\dot{V}_i} = -\frac{(\beta_1 \dot{I}_{b1} + \beta_2 \dot{I}_{b2})R'_L}{r_{be1} \dot{I}_{b1} + r_{be2} \dot{I}_{b2}} \approx -\frac{\beta_1\beta_2 R'_L}{r_{be1} + (1+\beta_1)r_{be2}} \qquad (2\text{-}26)$$

与式（2-23）相比，电压放大倍数提高了。

根据式（2-24）可得输入电阻为

$$r_i = [r_{be1} + (1+\beta_1)r_{be2}] \| R_b \qquad (2\text{-}27)$$

输入电阻与有交流负反馈时相同。输出电阻 $r_o = R_c$。

由上面的讨论可得，复合管放大器的电压放大倍数大，输入电阻也大，利用复合管可改善电路交流性能。现在市面上已有集成的复合管产品，称为达林顿管。

2.3　共集电极电路

前面讨论的电路公共端是发射极，所以称为共发射极电路。电压放大器的公共端也可以是集电极，以集电极为公共端的电压放大器称为共集电极电路。

1. 电路的组成

共集电极电路组成如图 2-22 所示。与图 2-1 所示电路比较，其差别在于集电极支路的电

阻、电容和输出电路都移到发射极。

2. 静态分析

计算静态工作点用的直流通路如图 2-23 所示。根据节点电位可得

$$I_{BQ}R_b + V_{on} + I_{EQ}R_e = V_{CC}$$

$$I_{BQ} = \frac{V_{CC} - V_{on}}{R_b + (1+\beta)R_e} \tag{2-28}$$

$$I_{CQ} = \beta I_{BQ} \tag{2-29}$$

$$V_{CEQ} = V_{CC} - I_{EQ}R_e \tag{2-30}$$

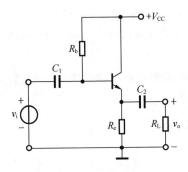

图 2-22 共集电极电路

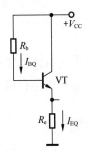

图 2-23 直流通路

上面 3 个式子是计算图 2-22 所示电路静态工作点的公式。

3. 动态分析

进行动态分析用的微变等效电路如图 2-24 所示。

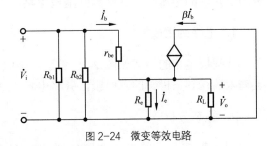

图 2-24 微变等效电路

计算动态参数的方法为

$$\dot{A}_v = \frac{\dot{V}_o}{\dot{V}_i} = \frac{\dot{I}_e R'_L}{\dot{I}_b r_{be} + \dot{I}_e R'_L} = \frac{(1+\beta)R'_L}{r_{be} + (1+\beta)R'_L} \approx 1 \tag{2-31}$$

式中的 R'_L 为

$$R'_L = R_e \| R_L = \frac{R_e R_L}{R_e + R_L} \tag{2-32}$$

由 A_v 的表达式可见，该电路的电压放大倍数约等于 1，说明该电路没有电压放大的作用，输出电压随着输入电压的变化而变化，所以该电路又称为电压跟随器。

由图 2-24 的微变等效电路可以清晰地看出该电路的公共端是集电极，所以称为共集电极电路。由图 2-22 电路可见，共集电极电路的输出信号从发射极输出，根据这个特点，该电路又称为射极输出器。共集电极电路的 3 种称呼，分别是根据电路的 3 个特点来命名的，它们是等效的，可以混用。

计算输入电阻时，对受控电流源进行处理，将电阻 R_e 的值扩大（$1+\beta$）倍可得

$$r_i = R_b \| [r_{be} + (1+\beta)R_e] \tag{2-33}$$

将电阻（$r_{be} + R_b \| R_s$）的值缩小（$1+\beta$）倍可得输出电阻为

$$r_o = R_e \| \frac{r_{be} + R_b \| R_s}{1+\beta} \tag{2-34}$$

式（2-31）、式（2-33）、式（2-34）就是计算共集电极电路动态参数的公式，与共发射极电路比较可得共集电极电路的特点是：电压放大倍数约等于 1，输入电阻大，输出电阻小。

共集电极电路虽然没有电压放大作用，但它的输入电阻大、输出电阻小的特点在电子技术中被广泛应用。

因共集电极电路的输入电阻大，所以共集电极电路对信号源的影响较小，用很小功率的信号源就可以带动它。根据这一特点，在电子技术中共集电极电路通常作为整机的输入电路。

因共集电极电路的输出电阻小，输出电阻小的电压源带负载的能力强。根据这一特点，在电子技术中共集电极电路通常作为整机的输出电路。

2.4 共基极电路

电压放大器除了可以用发射极或集电极作为公共端外，还可以用基极作为公共端。以基极为公共端的电压放大器称为共基极电路。

1．电路的组成

共基极电路的组成如图 2-25 所示。该电路的组成与图 2-13 所示的电路很相似，差别在于输入端移到三极管的发射极，旁路电容 C_e 移到基极下偏流电阻 R_{b2} 旁边，变成 C_b。

2．静态分析

用于静态分析的直流通路如图 2-26 所示。由图 2-26 可见，该电路与图 2-14 的电路完全相同，所以计算静态工作点的公式和方法与 2.2 节介绍的内容也完全相同，这里不再赘述。

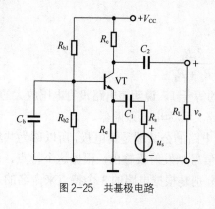

图 2-25　共基极电路

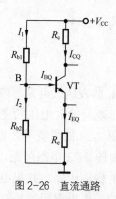

图 2-26　直流通路

3．动态分析

用于动态分析的微变等效电路如图 2-27 所示。

根据图2-27所示的参考方向可得电压放大倍数的表达式为

$$\dot{A}_v = \frac{\dot{V}_o}{\dot{V}_i} = \frac{-\beta \dot{I}_b R'_L}{-\dot{I}_b r_{be}} = \beta \frac{R'_L}{r_{be}} \quad (2\text{-}35)$$

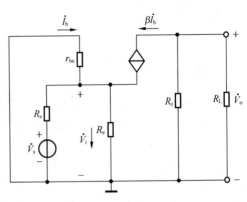

图 2-27　微变等效电路

由式（2-35）可见，共基极电路的电压放大倍数与共发射极电路的电压放大倍数值相等，但共基极电路输出信号与输入信号同相。

计算输入电阻 r_i，注意将受控电流源开路时，在发射极支路上计算 R_i，电阻 r_{be} 的值应减小 $(1+\beta)$ 倍后再与 R_e 并联，即

$$r_i = R_e \parallel \frac{r_{be}}{(1+\beta)} \quad (2\text{-}36)$$

与共发射极电路比较，输入电阻减小了。

计算输出电阻 r_o 的方法与共发射极电路相同，即

$$r_o = R_c \quad (2\text{-}37)$$

前面讨论的是 3 种基本组态的电压放大器，为了比较它们的特点，将计算电路动态参数的公式列成表 2-1。

表 2-1　　　　　　　　**3 种基本组态电压放大器动态参数计算公式表**

参　　数	共 发 射 极	共 基 极	共 集 电 极
$\dot{A}_v = \dfrac{\dot{V}_o}{\dot{V}_i}$	$-\beta\dfrac{R'_L}{r_{be}}$	$\beta\dfrac{R'_L}{r_{be}}$	$\dfrac{(1+\beta)R'_L}{r_{be}+(1+\beta)R'_L}$
R'_L	$R_c \parallel R_L$	$R_c \parallel R_L$	$R_e \parallel R_L$
r_i	$r_{be} \parallel R_b$	$R_e \parallel \dfrac{r_{be}}{(1+\beta)}$	$R_b \parallel [r_{be}+(1+\beta)R_e]$
r_o	R_c	R_c	$R_e \parallel \dfrac{r_{be}}{(1+\beta)}$

由表 2-1 所示的结果可观察到 3 种组态电压放大电路的特点是：共发射极电路的电压、电流、功率的增益都比较大，在电子电路中应用广泛。共基极电路因高频响应（后面讨论）好，主要应用在高频电路中。共集电极电路独特的优点是输入阻抗高，输出阻抗低，多用于多级放大器的输入和输出电路。

2.5　多级放大器

小信号放大电路的输入信号一般都是微弱信号。为了推动负载工作，输入信号必须经多

级放大，多级放大电路各级间的连接方式称为耦合。通常使用的耦合方式有阻容耦合、直接耦合和变压器耦合。

阻容耦合在分立元件多级放大器中广泛使用，在集成电路中多用直接耦合，变压器耦合现仅在高频电路中有用。

2.5.1 阻容耦合电压放大器

1. 电路的组成

阻容耦合多级放大器是利用电阻和电容组成的 RC 耦合电路实现放大器级间信号的传递，两级阻容耦合放大器的电路如图 2-28 所示。

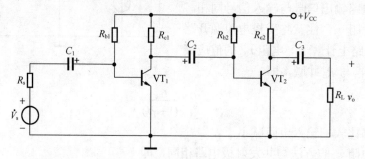

图 2-28　两级阻容耦合放大电路

由图 2-28 可见，将两个共发射极电路用电容相连就组成两级阻容耦合电压放大器，第一级放大器的输出端为第二级放大器的输入端。

2. 静态分析

因为阻容耦合放大器中的耦合电容不仅可以为级间信号的传递提供通路，而且还可以阻断两级的直流通路，使两级电路的静态工作点不互相影响。所以两级电路的静态工作点可分别计算，而不影响最终结果。

图 2-28 所示两级放大器的直流通路与图 2-7 完全相同，计算静态工作点的方法也相同，这里不再赘述。

3. 动态分析

两级阻容耦合放大器的微变等效电路如图 2-29 所示。

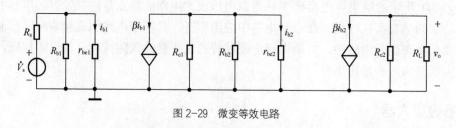

图 2-29　微变等效电路

由图 2-29 可见，第一级的输出电压 V_{o1} 就是第二级的输入电压 V_{i2}，根据电压放大倍数的

定义可得

$$\dot{A}_v = \frac{\dot{V}_o}{\dot{V}_i} = \frac{\dot{V}_{o1}}{\dot{V}_{i1}} \frac{\dot{V}_{o2}}{\dot{V}_{i2}} = \dot{A}_{v1} \dot{A}_{v2} \tag{2-38}$$

即两级阻容耦合电压放大器的电压放大倍数是两个电压放大器电压放大倍数的乘积。此结论可推广到计算更多级阻容耦合放大器的电压放大倍数。

由图 2-29 可见，输入电阻和输出电阻的值为

$$r_i = r_{be1} \tag{2-39}$$
$$r_o = R_{c2} \tag{2-40}$$

*2.5.2　共射-共基放大器

1. 电路的组成

由前面的讨论已知，共发射极电路的电压放大倍数较大，共基极电路的高频特性较好，将两个放大器组合起来可获得电压放大能力较强，又具有较好高频特性的共射-共基电路，该电路可作为彩色显示器或电视机的视频放大器。

共射-共基放大器的电路组成如图 2-30 所示。由图 2-30 可见，三极管 VT_1 为共射电路，三极管 VT_2 为共基电路。

2. 静态分析

静态分析所用的直流通路如图 2-31 所示。图 2-31 中已标出各支路电流的参考方向。在 $I_1 \geqslant I_{BQ1}$ 和 $I_3 \geqslant I_{BQ2}$ 的前提下，也可采用近似计算的方法计算两个三极管的静态工作点 Q_1 和 Q_2。

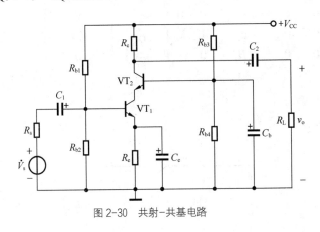

图 2-30　共射-共基电路

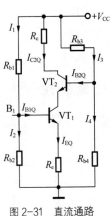

图 2-31　直流通路

$$V_{B1} = \frac{R_{b2}}{R_{b1} + R_{b2}} V_{CC}$$

$$V_{B2} = \frac{R_{b4}}{R_{b3} + R_{b4}} V_{CC}$$

$$I_{EQ1} = \frac{V_{B1} - V_{on1}}{R_e} \approx I_{CQ1} \approx I_{CQ2}$$

$$I_{BQ1} = \frac{I_{EQ1}}{\beta_1}$$

$$I_{BQ2} = \frac{I_{EQ2}}{\beta_2}$$

$$V_{CQ1} = V_{B2} - V_{on2}$$

$$V_{CQ2} = V_{CC} - I_{CQ2} R_c$$

计算此类问题的静态工作点时通常无须计算 V_{CEQ}，只需计算 V_{CQ} 即可。

利用支路电流法可对电路的静态工作点进行精确计算，计算的方法为

$$I_1 R_{b1} + V_{on1} + (1 + \beta_1) R_e I_{B1Q} = V_{CC}$$

$$(I_1 - I_{BQ1}) R_{b2} = V_{on1} + (1 + \beta_1) R_e I_{B1Q}$$

$$I_3 R_{b3} + V_{on2} + V_{CQ1} = V_{CC}$$

$$(I_3 - I_{BQ2}) R_{b4} = V_{on2} + V_{CQ1}$$

$$I_{CQ1} = I_{EQ2} = \beta_1 I_{BQ1} = (1 + \beta_2) I_{BQ2}$$

$$V_{CQ2} = V_{CC} - I_{CQ2} R_c$$

$$I_{CQ2} = \beta_2 I_{BQ2}$$

可将上面的方程组整理成矩阵

$$
\begin{pmatrix}
R_{b1} & (1+\beta_1)R_e & 0 & 0 & 0 & 0 & 0 \\
R_{b2} & -R_{b2}-(1+\beta_1)R_e & 0 & 0 & 0 & 0 & 0 \\
0 & 0 & R_{b3} & 1 & 0 & 0 & 0 \\
0 & 0 & R_{b4} & -1 & -R_{b4} & 0 & 0 \\
0 & \beta_1 & 0 & 0 & -(1+\beta_2) & 0 & 0 \\
0 & 0 & 0 & 0 & 0 & 1 & R_c \\
0 & 0 & 0 & 0 & -\beta_2 & 0 & 1
\end{pmatrix}
\begin{pmatrix}
I_1 \\
I_{BQ1} \\
I_3 \\
V_{CQ1} \\
I_{BQ2} \\
V_{CQ2} \\
I_{CQ2}
\end{pmatrix}
=
\begin{pmatrix}
V_{CC} - V_{on1} \\
V_{on1} \\
V_{CC} - V_{on2} \\
V_{on2} \\
0 \\
V_{CC} \\
0
\end{pmatrix}
$$

3．动态分析

进行动态分析的微变等效电路如图 2-32 所示。

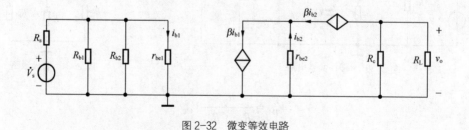

图 2-32　微变等效电路

根据电压放大倍数的定义可得

$$\dot{A}_{v1} = -\frac{\dot{I}_{b2} r_{be2}}{\dot{I}_{b1} r_{be1}}$$

$$\dot{A}_{v2} = \frac{\beta_2 \dot{I}_{b2} R'_L}{\dot{I}_{b2} r_{be2}}$$

$$\beta_1 \dot{I}_{b1} \approx \beta_2 \dot{I}_{b2}$$

$$\dot{A}_v = \frac{\dot{V}_o}{\dot{V}_i} = \dot{A}_{v1} \dot{A}_{v2} \approx -\frac{\beta_1 R'_L}{r_{be1}}$$

输入电阻和输出电阻为

$$r_i = R_{b1} \| R_{b2} \| r_{be1}$$

$$r_o = R_c$$

2.5.3 直接耦合电压放大器

1. 电路的组成

阻容耦合放大器是通过电容实现级间信号的耦合，因电容的容抗是频率的函数，所以阻容耦合放大器对低频信号的耦合作用较差，采用直接耦合放大器可解决这一问题。直接耦合放大器电路的组成如图 2-33 所示。

由图 2-33 可见，只要将阻容耦合放大器中的电容全部拿掉，用导线直接相连即可组成直接耦合放大器。

2. 静态分析

由前面的分析中已知，静态分析的任务是确定放大器在输入信号等于零时所处的状态。输入信号等于零，相当于信号源短路，计算静态工作点的直流通路如图 2-34 所示。

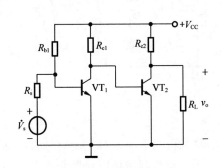

图 2-33 直接耦合放大电路

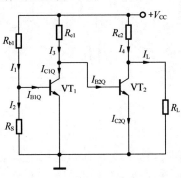

图 2-34 直流通路

根据节点电位法可得

$$\frac{V_{CC} - V_{on1}}{R_{b1}} = \frac{V_{on1}}{R_s} + I_{BQ1} \tag{2-41}$$

$$\frac{V_{CC} - V_{CQ1}}{R_{c1}} = I_{CQ1} + I_{BQ2} \tag{2-42}$$

$$\frac{V_{CC} - V_{CQ2}}{R_{c2}} = I_{CQ2} + \frac{V_{CQ2}}{R_L} \tag{2-43}$$

$$I_{CQ1} = \beta_1 I_{BQ1} \qquad\qquad (2\text{-}44)$$

$$I_{CQ2} = \beta_2 I_{BQ2} \qquad\qquad (2\text{-}45)$$

$$V_{CEQ1} = V_{on2} \qquad\qquad (2\text{-}46)$$

设 VT_1 和 VT_2 均为 β=50 的硅管，V_{CC}=12V，R_{b1}=200kΩ，R_S=20kΩ，$R_{c1}=R_{c2}$=5kΩ，$V_{on1}=V_{on2}$，计算静态工作点的过程为

由式（2-41）可得

$$I_{BQ1}=0.022\text{mA}$$

将式（2-44）和式（2-46）代入式（2-41）可得

$$I_{BQ2}=1.16\text{mA}$$

将式（2-45）代入式（2-43）可得

$$V_{CQ2} = \frac{R_L}{R_{c2} + R_L}(V_{CC} - I_{CQ2}R_{c2}) \qquad\qquad (2\text{-}47)$$

$$= \frac{5}{5+5}(12 - 56 \times 5) < 0$$

计算结果表明，两级直接耦合放大器因两级的静态工作点互相影响，使两级的静态工作点都不正常。第一级放大器，因 $V_{CEQ1}=V_{on2}$=0.7V，限制了该级放大器输出信号的幅度，使它工作在接近饱和的状态；第二级放大器因 I_{BQ2} 太大，将工作在饱和区，不能对输入信号实施正常的放大作用。解决这个问题的办法是：提高第二级三极管发射极的电位，使两级放大器都有合适的静态工作点，具体电路如图 2-35 所示。

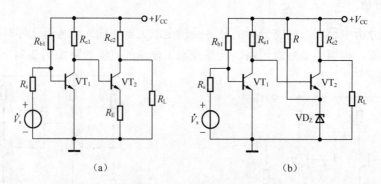

图 2-35　直接耦合放大器

图 2-35（a）所示电路用电阻来提高第二级放大器发射极的电位，对交流信号有反馈作用，使两级放大器的电压放大倍数下降。图 2-35（b）所示电路利用稳压管导通电阻很小，两端电压较大的特点代替电阻，即可以提高第二级放大器发射极的电位，对第二级放大器电压放大倍数的影响又很小。

3．零点漂移

若将直接耦合放大器的输入端短路，在输出端接记录仪可记录到缓慢的无规则的信号输出，这种现象称为零点漂移。

零点漂移是指放大器在无输入信号的情况下，却有缓慢的无规则信号输出的现象。产生零点漂移的原因很多，其中温度变化对零点漂移的影响最大，故零点漂移又称为温漂。

产生温漂的主要原因是：因温度变化而引起各级放大器静态工作点的变动，尤其是第一级的温漂，经后级电路放大后，在输出端将无法区分温漂信号和实际放大的信号，这样的放大器将没有使用的价值。解决直接耦合放大器温漂的问题，主要是解决第一级放大器温漂的问题，采用差动放大器能很好地解决放大器温漂的问题。

2.6 差动放大器

2.6.1 电路组成

1．电路组成

差动放大器又称差分放大电路。差动放大器可以有效地解决直接耦合放大器温度漂移的问题，典型的差动放大器电路如图 2-36 所示。

由图 2-36 可见，差动放大器电路结构的特点是：电路有两个输入端和两个输出端，v_{i1} 和 v_{i2} 分别为两个输入端的输入信号，v_{c1} 和 v_{c2} 分别为两个输出端的输出信号，电路的总输出信号 $v_o=v_{c1}-v_{c2}$。电路的供电电源有两个，V_{CC} 和$-V_{EE}$。电路的左右两边结构对称，结构对称要求元件特性与参数完全相同。

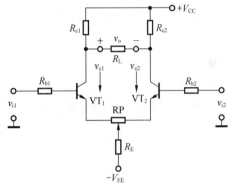

图 2-36 差动放大器

2．电路抑制温漂的原理

当电路处在静态，即输入端短路的情况下，由于电路的对称性，两管的集电极电流及集电极电位均相等，输出电压 $V_o=V_{c1}-V_{c2}=0$。

当温度变化引起两个三极管集电极电流发生变化时，两个三极管集电极电位也随着发生变化，两个三极管都产生温度漂移的现象。因电路的对称性，这种漂移是同向的，即同时增大或同时减小，且增量也相等。这些同向相等的增量在输出端因相减而互相抵消，使温度漂移得到完全抑制。

3．调零电位器 RP 的作用

差动放大器电路的结构要求左右两边电路完全对称，要实现它在实际上是不可能的。为了解决这个问题，可在电路中设置调零电位器 RP。该电位器的两端分别接两管的发射极，调节 RP 滑动端，可以改变两管的静态工作点，以解决两个三极管不可能完全对称的问题。

4．电路输入信号的 3 种类型

（1）差模输入信号

差模输入信号指的是：两个大小相等、极性相反的输入信号，即 $v_{i1}=-v_{i2}$。差动放大器对差模信号放大的过程是：

当 $v_{i1}>0$ 时，$v_{i2}<0$；大于零的 v_{i1} 信号，使 $v_{c1}<0$；小于零的 v_{i2} 信号，使 $v_{c2}>0$；根据 $v_o=v_{c1}-v_{c2}$ 可得，$v_o=-2v_{c1}$，因 $v_{c1}>v_{i1}$，$|v_o|=2|v_{c1}|$，所以差动放大器对差模信号有较大的放大

能力，这也是差动放大器"差动"名词的含义。

（2）共模输入信号

共模输入信号指的是：两个大小相等、极性相同的输入信号，即 $v_{i1}=v_{i2}$。差动放大器对共模信号放大的过程是：

当 $v_{i1}=v_{i2}>0$ 时，将出现 $v_{c1}=v_{c2}<0$ 的信号；当 $v_{i1}=v_{i2}<0$ 时，将出现 $v_{c1}=v_{c2}>0$ 的信号；根据 $v_o=v_{c1}-v_{c2}$ 可得，$v_o=0$，所以差动放大器对共模信号没有放大作用。

由上面的讨论可见，差模信号是有差别的信号，有差别的信号通常是有用的需要进一步放大的信号；共模信号是没有差别的信号，没有差别的信号通常可归并为需要抑制的温漂信号。差动放大器对差模信号有较强的放大能力，对共模信号却没有放大作用。差动放大器的这些特征，与实际应用的要求相适应，所以差动放大器在直接耦合放大器中被广泛使用。

（3）任意输入信号

任意输入信号指的是两个大小和极性都不相同的输入信号。

根据信号分析的理论，任意信号可以分解成一对差模信号 v_d 和一对共模信号 v_c 的线性组合，即

$$v_{i1} = v_c + v_d$$
$$v_{i2} = v_c - v_d$$

（2-48）

根据式（2-48）可得差模信号 v_d 和共模信号 v_c 分别为

$$v_d = \frac{v_{i1} - v_{i2}}{2}$$
$$v_c = \frac{v_{i1} + v_{i2}}{2}$$

（2-49）

【例 2-3】 任意输入信号 $v_{i1} = -6\text{mV}$，$v_{i2} = 2\text{mV}$，将该信号分解成差模信号和共模信号。

解 根据式（2-49）可得

$$v_d = \frac{v_{i1} - v_{i2}}{2} = \frac{-6-2}{2} = -4\text{mV}$$

$$v_c = \frac{v_{i1} + v_{i2}}{2} = \frac{-6+2}{2} = -2\text{mV}$$

综上所述，无论差动放大器的输入是何种类型，都可以认为差动放大器是在差模信号和共模信号驱动下工作，因差动放大器对差模信号有放大作用，对共模信号没有放大作用，所以求出差动放大器对差模信号的放大倍数，即为差动放大器对任意信号的放大倍数。

5. 反馈电阻 R_e 的作用

R_e 为两个三极管发射极的公共电阻，在图 2-13 所示电路的讨论中已知，该电阻是直流反馈电阻，利用该电阻直流反馈的作用，可稳定两个三极管的静态工作点，R_e 的值越大，静态工作点越稳定。为了消除 R_e 对交流信号的反馈作用，在图 2-13 所示的电路中，R_e 的旁边并有旁路电容 C_e。在差动放大器中，R_e 对输入信号的影响可分两种情况来讨论。

（1）R_e 对差模输入信号的影响

差动放大器在差模输入信号的激励下，因差模输入信号 $v_{i1}=-v_{i2}$，将使两个三极管的电流产生异向的变化，在两管对称性足够好的情况下，R_e 上将流过等值反向的电流，这两个信号电流在 R_e 上的压降为零，即 R_e 对差模信号的作用为零，没有反馈的作用，相当于短路。

（2）R_e对共模输入信号的影响

差动放大器在共模输入信号的激励下，因共模输入信号 $v_{i1}=v_{i2}$，将使两个三极管的电流产生同向的变化。在两管对称性足够好的情况下，R_e 上将流过等值同向的电流，这两个信号电流在 R_e 上的压降为 $2I_{EQ1}R_e$，即 R_e 对共模信号的作用与 R_e 成比例，R_e 越大，共模信号的放大倍数将下降得越多，反映了 R_e 对共模信号的抑制作用越强，所以 R_e 又称为共模反馈电阻。

6．负电源 V_{EE} 的作用

共模反馈电阻 R_e 越大，对共模信号的抑制作用越强，但在直流电源 V_{CC} 值一定的情况下，两个三极管 V_{CEQ} 的值就越小，这会影响放大器的动态范围。为了解决这个问题，接入负电源 V_{EE}，以补偿 R_e 上的直流压降，将三极管发射极的电位拉低，使放大器既可选用较大的 R_e，又有合适的静态工作点。通常，负电源 V_{EE} 和正电源 V_{CC} 的值相等。

2.6.2　静态分析

因电路中没有电容元件，根据静态工作点的定义，只要将图 2-36 所示的电路输入端 v_{i1} 短路接地，就可得到图 2-37 所示的计算静态工作点所用的直流通路。图 2-37 中的箭头标出各支路电流的参考方向。

在图 2-37 中，电路的供电电源有两个，V_{CC} 和 $-V_{EE}$。电路的左右两边结构对称，结构对称要求元件特性与参数完全相同，由此可得，三极管 VT_1 和 VT_2 在同一直流电源供电的情况下，具有相同的静态工作点，所以只要计算单管的静态工作点即可。

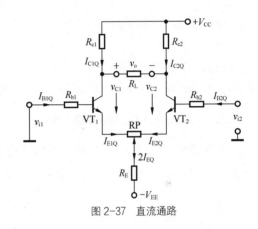

图 2-37　直流通路

在 VT_1 管的输入端，根据 KVL 可得

$$I_{BQ1}R_{b1} + V_{on1} + I_{EQ1}\frac{RP}{2} + 2I_{EQ1}R_e - V_{EE} = 0 \tag{2-50}$$

式中的 RP 为调零电位器，计算静态工作点时，将 RP 的滑动端调在中点，所以，式（2-50）中用 RP/2。R_e 上的电流为 $I_{EQ1}+I_{EQ2}=2I_{EQ1}$。由式（2-50）可得

$$I_{BQ1} = I_{BQ2} = \frac{V_{EE} - V_{on1}}{R_{b1} + (1+\beta)\left(\dfrac{RP}{2} + 2R_e\right)} \tag{2-51}$$

$$I_{CQ1} = I_{CQ2} = \beta I_{BQ1} \tag{2-52}$$

$$V_{CQ1} = V_{CQ2} = V_{CC} - I_{CQ1}R_{c1} \tag{2-53}$$

式（2-51），式（2-52）和式（2-53）就是计算差动放大器静态工作点的公式。

2.6.3　动态分析

因差动放大器的任何输入信号都可以分解成一对差模信号 v_d 和一对共模信号 v_c 的线性组合，所以对差动放大器进行动态分析要分差模输入和共模输入两种情况。为了讨论和比较的

方便，设调零电位器 RP 的值为零，即电路完全对称，没有必要接调零电位器。

1. 差模输入的动态分析

因差模信号 $v_{i1} = -v_{i2}$，所以差模信号在发射极电阻 R_e 上所激励的电压大小相等、相位相反，互相抵消，相当于 R_e 对差模信号没有作用。根据这个特点，可得差动放大器对差模输入信号的微变等效电路如图 2-38 所示。

根据电压放大倍数的定义可得，差动放大器差模电压放大倍数 $\dot{A}_{vd}$ 的表达式为

$$\dot{A}_{vd} = \frac{\dot{V}_o}{\dot{V}_i} = \frac{\dot{V}_{CO1} - (-\dot{V}_{CO2})}{\dot{V}_{i1} - (-\dot{V}_{i2})} = \frac{\dot{V}_{CO1}}{\dot{V}_{i1}} = -\beta \frac{R_L'}{R_{b1} + r_{be1}} \tag{2-54}$$

式中的 $R_L' = R_{c1} \| (R_L / 2)$。将式（2-54）与式（2-8）比较可得，图 2-36 所示差动放大器的电压增益与单边电路的电压增益相同。根据图 2-38 可得输入电阻为

$$r_i = 2[R_{b1} + r_{be1}] \tag{2-55}$$

根据图 2-38 可得输出电阻为

$$r_o = 2R_c \tag{2-56}$$

将式（2-55）和式（2-56）与式（2-9）和式（2-10）比较可得，图 2-36 所示差动放大器的输入电阻或输出电阻是单边电路输入电阻或输出电阻的两倍。

2. 对共模输入信号的动态分析

因共模信号 $v_{i1} = v_{i2}$，R_e 对差模信号没有作用，但对共模信号的作用却是 $2R_e$。根据这个特点，可得共模信号输入时的微变等效电路如图 2-39 所示。

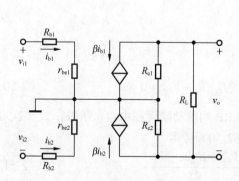

图 2-38　微变等效电路

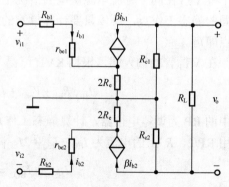

图 2-39　共模输入的微变等效电路

与图 2-38 比较可得，两种输入信号微变等效电路的差别仅在共模抑制电阻 R_e 上。

共模信号对差动放大器的作用，相当于差动放大器的两个输入端并联输入同一个信号，根据共模信号的这个特点和电压放大倍数的定义可得，差动放大器共模电压放大倍数 $\dot{A}_{vc}$ 的表达式为

$$\dot{A}_{vc} = \frac{\Delta \dot{V}_{oc}}{\dot{V}_{ic}} \approx 0 \tag{2-57}$$

式（2-57）说明图 2-36 所示的差动放大器对共模信号的增益很小，即对共模信号有很强

的抑制作用。

根据图 2-39 和电阻折算的原则，可得输入电阻为

$$r_i = 2[R_{b1} + r_{be1} + 2(1+\beta)R_e] \approx 4(1+\beta)R_e \tag{2-58}$$

将上两式与式（2-24）比较可得，差动放大器对共模信号的输入电阻和交流电流负反馈电路的输入电阻相等。

根据图 2-39 可得输出电阻为

$$r_o = 2R_c \tag{2-59}$$

综上所述，图 2-36 所示的差动放大器在电路完全对称的情况下，差模电压增益与共发射极电压放大器的增益相同，共模输入电阻和交流电流负反馈电路的输入电阻相等。由此可见，差动放大器是用成倍的元件来换取抑制温漂的能力的。

2.6.4 差动放大器输入、输出的 4 种组态

差动放大器显著的特点是结构对称，有两个输入和两个输出。两个输入、两个输出可组成 4 种的输入-输出组态。这 4 种组态分别是：双端输入、双端输出；双端输入、单端输出；单端输入、双端输出；单端输入、单端输出。下面来讨论这些组态电路分析的特点。

1. 双端输入、双端输出

图 2-36 所示的电路就是双端输入、双端输出的情况，所以上面讨论的各种结论适用于双端输入、双端输出的电路。

双端输入、双端输出差动放大器适用于输入、输出均不能接地的场合。

2. 双端输入、单端输出

双端输入、单端输出的差动放大器如图 2-40 所示。

该电路与图 2-36 所示电路除输出端从双端输出改成单端输出外，其他的部分均相同。由于输出端的改动不影响电路的静态工作点，所以计算该电路静态工作点的方法与 2.6.2 小节的内容相同，这里不再赘述。

分析图 2-40 所示电路的差模电压放大倍数，所用的微变等效电路如图 2-41 所示。

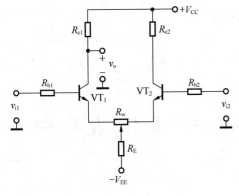

图 2-40　双端输入-单端输出

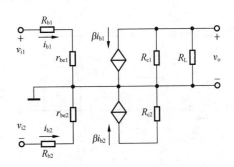

图 2-41　差模输入微变等效电路

根据图 2-41 和式（2-54）可得

$$\dot{A}_{vd} = \frac{\dot{V}_o}{\dot{V}_i} = -\frac{\beta R'_L}{2(R_{b1} + r_{be1})} \tag{2-60}$$

式中的 $R'_L = R_c \| R_L$。由图 2-41 可得，计算输入电阻 r_i 的公式与式（2-55）相同，计算输出电阻 r_o 的公式为

$$r_o = R_c \tag{2-61}$$

与式（2-56）比较，输出电阻减小了一半。

分析图 2-40 所示电路的共模电压放大倍数所用的微变等效电路如图 2-42 所示。

由图 2-42 和式（2-57）可得

$$\dot{A}_{vc} = \frac{\dot{V}_o}{\dot{V}_i} = -\beta \frac{R'_L}{R_{b1} + r_{be1} + 2(1+\beta)R_e} \tag{2-62}$$

式（2-62）与式（2-60）比较可得，单端输出的差动放大器对共模信号的增益比对差模信号的增益小很多。为了描述差动放大器对共模信号抑制能力的大小，引入技术指标共模抑制比 K_{CMR}。

共模抑制比的定义是：放大电路对差模信号的电压增益与对共模信号的电压增益比的绝对值，即

$$K_{CMR} = \left| \frac{A_{vd}}{A_{vc}} \right| \tag{2-63}$$

由式（2-63）可见，差模电压增益越大，共模电压增益越小，电路抑制共模的能力越强，放大器的性能越好。共模抑制比有时也用分贝数来表示，即

$$K_{CMR} = 20\lg \left| \frac{A_{vd}}{A_{vc}} \right| dB \tag{2-64}$$

式（2-64）也适用于双端输入、双端输出的差动放大器，当双端输入、双端输出的差动放大器电路完全对称时，共模抑制比为∞。

双端输入、单端输出差动放大器适用于将双端输入信号转换成单端输出的场合。

3. 单端输入、双端输出

单端输入、双端输出的差动放大电路如图 2-43 所示。

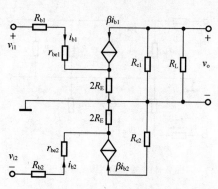
图 2-42　共模输入微变等效电路

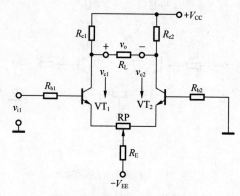
图 2-43　单端输入-双端输出

这种情况等效于双端输入、双端输出差动放大器在任意输入信号 $v_{i1}=v_1$，$v_{i2}=0$ 激励下响应的情况。只要将任意输入信号 $v_{i1}=v_1$，$v_{i2}=0$ 分解成一对差模信号和一对共模信号，就可以利用前面介绍的方法和公式对该电路进行分析计算。

单端输入、双端输出差动放大器适用于将单端输入转换成双端输出或负载不允许接地的场合。

4．单端输入、单端输出

综合利用单端输入、双端输出和双端输入、单端输出的特点，就可以对单端输入、单端输出的电路进行分析计算。

单端输入、单端输出差动放大器适用于输入、输出均要接地的场合。利用该电路还可获得输出与输入同相或反相的信号。

【例2-4】 在如图 2-44 所示的电路中，已知 $R_b=100\Omega$，$R_c=4.7k\Omega$，$R_1=5.6k\Omega$，$R_2=3k\Omega$，$R_e=1.2k\Omega$，RP=200Ω，$\beta_1=\beta_2=\beta_3=50$，$r_{ce3}=200k\Omega$，$V_{CC}=V_{EE}=9V$。试求：电路的静态工作点，差模电压放大倍数 A_{vd}，共模电压放大倍数 A_{vc}，共模抑制比 K_{CMR}，差模输入电阻 r_{id} 和输出电阻 r_o。若输入电压 $v_i=50mV$，输出电压 v_o 等于多少？

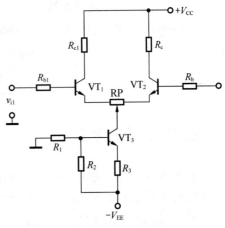

图2-44 例2-4题图

解 由前面的讨论可知，在差动放大器中，共模抑制电阻 R_e 的值越大，抑制温漂的效果越好。在集成电路中，因制作大电阻的 R_e 比较困难，所以通常用前面所介绍的工作点稳定的放大器为电流源来替代共模抑制电阻 R_e 的作用，图 2-44 中的三极管 VT_3 等元件所组成的电路，就是为差动放大电路提供静态工作点电流的电流源电路。要对差动放大器进行静态工作点的分析，必须先计算三极管 VT_3 的静态工作点。根据分压公式可得，三极管 VT_3 基极的电位 V_B 约等于

$$V_B = -\frac{R_1}{R_1+R_2}V_{EE} \approx -6V$$

$$I_{e3Q} = \frac{V_B - V_{0n} - (-V_{EE})}{R_e} = \frac{3-0.7}{1.2k\Omega}$$

$$\approx 2mA \approx I_{C3Q} = 2I_{e1Q} \approx 2I_{C1Q}$$

$$I_{C1Q} = I_{C2Q} = 1mA$$

$$\frac{V_{CC} - V_{C2Q}}{R_{c2}} = I_{C2Q} + \frac{V_{C2Q}}{R_L}$$

$$V_{C2Q} = 3.2V$$

$$r_{be1} = 300 + (1+\beta)\frac{26}{I_{eQ}} = 1.6k\Omega$$

该电路是单端输入、单端输出的放大器，根据式（2-60）和式（2-62）可得

$$\dot{A}_{vd} = \frac{\dot{V}_o}{\dot{V}_i} = -\frac{\beta R'_L}{2\left[R_{b1} + r_{be1} + (1+\beta)\dfrac{RP}{2}\right]} \approx -12$$

$$\dot{A}_{vc} = \frac{\dot{V}_o}{\dot{V}_i} = -\beta\frac{R'_L}{R_{b1} + r_{be1} + 2(1+\beta)\left(r_{ce3} + \dfrac{RP}{2}\right)} \approx -1.6\times10^{-5}$$

$$K_{CMR} = \left|\frac{A_{vd}}{A_{vc}}\right| = \frac{12}{1.6\times10^{-5}} \approx 10^6$$

$$r_{id} = 2\left[R_{b1} + r_{be1} + (1+\beta)\frac{RP}{2}\right] \approx 13.6\text{k}\Omega$$

$$r_o = R_c = 4.7\text{k}\Omega$$

当 v_i=50mV 时，根据任意信号的分解法则可得 v_d=v_c=25mV，即 v_{d1}=$-v_{d2}$=25mV，则 v_{id}=50mV。

$$v_{od} = A_{vd}v_{id} = -600\text{mV}$$

$$v_{oc} = A_{vc}v_{ic} \approx 0\text{mV}$$

$$v_o = v_{od} + v_{oc} \approx -600\text{mV}$$

2.7 放大器的频响特性

在前面所讨论的问题中，将放大电路中电容等电抗元件的作用均忽略。实际的情况是，当输入信号的频率发生变化时，由于放大器电路中存在着电容等电抗元件，不但放大器电压放大倍数的数值将发生变化，而且输出信号和输入信号的相位差也将发生变化，描述这种变化关系的函数称为放大器的频率响应，也称为放大器的频响特性。放大器的频响特性是放大电路的动态特性，属于放大器动态分析要研究的内容。

在研究放大器频响特性问题的时候，因放大电路中三极管 PN 结的电容效应不能忽略，所以，前面所介绍的三极管微变等效电路不能用。在研究频响特性问题的场合必须使用三极管高频等效模型。

2.7.1 三极管高频等效模型

三极管低频等效模型，即三极管微变等效电路不考虑三极管结电容的作用，将三极管的输入端等效成一个电阻 r_{be}，输出端等效成一个受控电流源 βi_b。在高频电路中，三极管结电容的效应不能忽略，三极管内部有两个 PN 结，存在着两个结电容，考虑结电容效应后的三极管等效电路模型称为三极管高频等效模型，又称为混合π参数模型。

三极管混合π参数模型的电路如图 2-45 所示。由图 2-45 可见，在低频小信号微变等效电路的基础上，考虑发射结电容 C_π 和集电结电容 C_μ 的作用，就可得到三极管混合π参数模型电路。图 2-45 中的 $r_{bb'}$ 是三极管基极体电阻，$r_{b'e}$

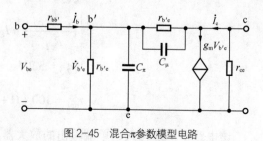

图 2-45 混合π参数模型电路

是发射结电阻，$r_{b'c}$ 是集电结电阻，r_{ce} 是三极管集电极和发射极之间的电阻。

在三极管混合 π 参数模型中，因 C_π 和 C_μ 的存在，使 $\dot{I}_b$ 和 $\dot{I}_c$ 的大小和相角均与频率有关，即 $\dot{\beta}$ 是频率的函数。又因为 $\dot{I}_b$ 随 C_π 的变化而变化，所以不能用 $\dot{I}_c = \beta \dot{I}_b$ 的关系来描述受控电流源与激励源的关系。在这种情况下，因输入端是 RC 混连短路，该电路的输出信号是 $v_{b'e}$，所以，要用 $\dot{I}_c = g_m \dot{V}_{b'e}$ 的关系来描述受控电流源与激励源的关系。式中的 g_m 称为跨导，它是描述输入电压对输出电流控制作用大小的物理量，即

$$g_m = \frac{di_c}{dv_{b'e}}\bigg|_{v_{ce}=\text{const}} \tag{2-65}$$

在低频的情况下，g_m 的表达式可写成

$$g_m = \frac{di_c}{dv_{b'e}}\bigg|_{v_{ce}=\text{const}} = \frac{\beta_0 di_b}{dv_{b'e}} \approx \frac{\beta_0}{r_{b'e}} = \frac{I_{EQ}\text{mA}}{26\text{mV}} \tag{2-66}$$

在图 2-45 所示的电路中，r_{ce} 通常比与它并联的负载电阻 R_L 大很多，可忽略；$r_{b'c}$ 通常也比 C_μ 的容抗大很多，也可忽略。由此可得简化的混合 π 参数模型电路如图 2-46 所示。

在图 2-46 中，因 C_μ 跨接在输入和输出之间，给分析计算带来麻烦。为了解决这一问题，必须对 C_μ 进行单向化处理。单向化处理的办法是：将 C_μ 等效成一个并接在 b'-e 间的电容 C'_μ，和一个并接在 c-e 极间的电容 C''_μ，如图 2-47 所示。

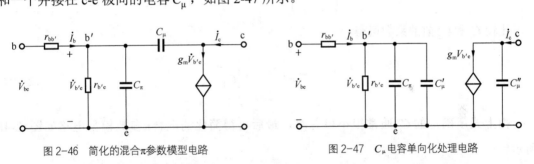

图 2-46 简化的混合 π 参数模型电路　　　　图 2-47 C_μ 电容单向化处理电路

等效电容 C'_μ 和 C''_μ 与原电容 C_μ 的关系可利用密勒定理推得，推导的过程如下。

在图 2-46 中流过电容 C_μ 的电流应等于流过图 2-47 中电容 C'_μ 的电流，即

$$\dot{I}_{C_\mu} = \frac{\dot{V}_{b'e} - \dot{V}_{ce}}{\frac{1}{j\omega C_\mu}} = \frac{\dot{V}_{b'e}\left(1 - \frac{\dot{V}_{ce}}{\dot{V}_{b'e}}\right)}{\frac{1}{j\omega C_\mu}} = \frac{\dot{V}_{b'e}(1 - \dot{A}'_v)}{\frac{1}{j\omega C_\mu}}$$

$$= \frac{\dot{V}_{b'e}}{\frac{1}{j\omega(1 - \dot{A}'_v)C_\mu}} = \frac{\dot{V}_{b'e}}{\frac{1}{j\omega C'_\mu}}$$

比较 C_μ 和 C'_μ 前的系数可得

$$C'_\mu = (1 - \dot{A}'_v)C_\mu \tag{2-67}$$

式中的 $\dot{A}_v'$ 为

$$\dot{A}_v' = \frac{\dot{V}_{ce}}{\dot{V}_{b'e}} = -\frac{g_m \dot{V}_{b'e} R_c}{\dot{V}_{b'e}} = -g_m R_c \qquad (2\text{-}68)$$

$\dot{A}_v'$ 是电路处在中频时的电压放大倍数。根据图 2-47 可得，并接在输入端 b'-e 两端的总电容为

$$C_\pi' = C_\pi + C_\mu' \qquad (2\text{-}69)$$

同理可得 C_μ'' 为

$$\dot{I}_{C_\mu} = \frac{\dot{V}_{b'e} - \dot{V}_{ce}}{\dfrac{1}{j\omega C_\mu}} = \frac{\dot{V}_{ce}\left(\dfrac{\dot{V}_{b'e}}{\dot{V}_{ce}} - 1\right)}{\dfrac{1}{j\omega C_\mu}} = \frac{\dot{V}_{ce}\left(\dfrac{1}{\dot{A}_v'} - 1\right)}{\dfrac{1}{j\omega C_\mu}}$$

$$= \frac{\dot{V}_{ce}}{\dfrac{1}{j\omega\left(\dfrac{1}{\dot{A}_v'} - 1\right)C_\mu}} = \frac{\dot{V}_{ce}}{\dfrac{1}{j\omega C_\mu''}}$$

比较 C_μ 和 C_μ'' 前的系数可得

$$C_\mu'' = \left(\frac{1}{\dot{A}_v'} - 1\right)C_\mu \qquad (2\text{-}70)$$

由上式所确定的 C_μ'' 通常很小可忽略，最后可得简化的混合π参数模型电路如图 2-48 所示。

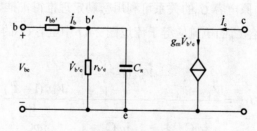

图 2-48　简化的混合π参数模型电路

2.7.2　三极管电流放大倍数 $\dot{\beta}$ 的频率响应

根据三极管电流放大倍数的定义和图 2-48 可得

$$\dot{\beta} = \frac{\dot{I}_c}{\dot{I}_b} = \frac{\dot{I}_c}{\dot{I}_{r_{b'e}} + \dot{I}_{C_\pi}} = \frac{g_m \dot{V}_{b'e}}{\dot{V}_{b'e}\left(\dfrac{1}{r_{b'e}} + j\omega C_\pi'\right)}$$

$$= \frac{g_{\mathrm{m}} r_{\mathrm{b'e}}}{1 + \mathrm{j} \omega r_{\mathrm{be}} C'_\pi} = \frac{\beta_0}{1 + \mathrm{j} \omega r_{\mathrm{be}} C'_\pi} = \frac{\beta_0}{1 + \mathrm{j} \dfrac{f}{f_\beta}} \qquad (2\text{-}71)$$

式（2-71）的形式与低通滤波器电压放大倍数的形式相同，说明电流放大倍数 $\dot{\beta}$ 的频率响应与低通电路相类似，式中的 f_β 称为共射截止频率，它是描述三极管电流放大倍数下降到原值的 $\dfrac{1}{\sqrt{2}}$ 时所对应的频率，即

$$f_\beta = \frac{1}{2\pi \, r_{\mathrm{b'e}} C'_\pi} \qquad (2\text{-}72)$$

$\dot{\beta}$ 的幅频特性和相频特性为

$$20\lg |\dot{\beta}| = 20\lg \beta_0 - 20\lg \sqrt{1 + \left(\frac{f}{f_\beta}\right)^2} \qquad (2\text{-}73)$$

$$\varphi = -\mathrm{arctg} \frac{f}{f_\beta} \qquad (2\text{-}74)$$

如图 2-49 所示，图中的 f_{T} 是指三极管的 $|\dot{\beta}|$ 下降到没有电流放大作用，即 1dB 或 0dB 时所对应的频率，f_{T} 称为三极管的特征频率。根据 f_{T} 的定义可得

$$0 = 20\lg \beta_0 - 20\lg \sqrt{1 + \left(\frac{f}{f_\beta}\right)^2}$$

因 $f_{\mathrm{T}} \gg f_\beta$，所以

$$f_{\mathrm{T}} \approx \beta_0 f_\beta \qquad (2\text{-}75)$$

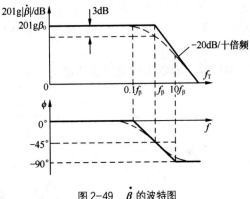

图 2-49 $\dot{\beta}$ 的波特图

式（2-75）描述了 f_{T} 和 f_β 的关系。当 $f > f_{\mathrm{T}}$ 时，三极管电流放大系数将小于 1，说明此时三极管已失去电流放大作用，所以，三极管不能在这么高的频率下工作。f_{T} 的值在三极管手册上可以查到，利用 f_{T} 的值，可近似计算出发射结电容 C_π 的值。

$$f_{\mathrm{T}} \approx \frac{g_{\mathrm{m}}}{2\pi \, r_{\mathrm{b'e}} C_\pi} \qquad (2\text{-}76)$$

在三极管的手册上也可以查到三极管共基电流放大倍数 $\dot{\alpha}$，因为三极管共基电流放大倍数 $\dot{\alpha}$ 和共发电流放大倍数 $\dot{\beta}$ 的关系为

$$\dot{\alpha} = \frac{\dot{\beta}}{1 + \dot{\beta}} = \frac{\dfrac{\beta_0}{1 + \mathrm{j}\dfrac{f}{f_\beta}}}{1 + \dfrac{\beta_0}{1 + \mathrm{j}\dfrac{f}{f_\beta}}} = \frac{\beta_0}{1 + \beta_0 + \mathrm{j}\dfrac{f}{f_\beta}}$$

$$= \frac{\dfrac{\beta_0}{1+\beta_0}}{1+j\dfrac{f}{(1+\beta_0)f_\beta}} = \frac{\alpha_0}{1+j\dfrac{f}{f_\alpha}} \tag{2-77}$$

式中的 f_α 称为共基截止频率，它是描述三极管共基电流放大倍数下降到原来的 $\dfrac{1}{\sqrt{2}}$ 时的频率。

由式（2-77）可得共基截止频率 f_α 和共发截止频率 f_β 的关系为

$$f_\alpha = (1+\beta_0)f_\beta \approx f_T \tag{2-78}$$

式（2-78）说明共基截止频率 f_α 比共发截止频率 f_β 大得多，这就是共基电路高频特性好，可用来做宽频带放大器的原因。

2.7.3　单管共射放大电路的频响特性

放大器频响特性是放大器的动态特性，分析放大器动态特性的电路是放大器的微变等效电路。在讨论放大器频响特性时，必须用混合 π 参数模型替代三极管的微变等效电路模型，考虑到耦合电容和结电容的作用，图 2-1 所示的单管共射放大电路混合 π 参数模型的等效电路如图 2-50 所示。

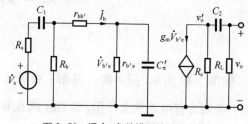

图 2-50　混合 π 参数模型的等效电路

根据放大器电压放大倍数的定义可得

$$\dot{A}_v = \frac{\dot{V}_o}{\dot{V}_i} = \frac{\dot{V}_{b'e}}{\dot{V}_i}\frac{\dot{V}'_o}{\dot{V}_{b'e}}\frac{\dot{V}_o}{\dot{V}'_o} \tag{2-79}$$

式中的

$$\dot{A}_{vm} = \frac{\dot{V}'_o}{\dot{V}_{b'e}} = -\frac{g_m\dot{V}_{b'e}R_c}{\dot{V}_{b'e}} = -g_mR_c \tag{2-80}$$

称为单管中频电压放大倍数。

高频信号对单管共射电压放大器的影响，主要是 C'_π 对高频信号的衰减作用，当 C'_π 的容抗比 $r_{b'e}$ 小较多时，$r_{b'e}$ 的作用可忽略，电路的电压放大倍数与式（2-79）中的 $\dfrac{\dot{V}_{b'e}}{\dot{V}_i}$ 项有关，从图 2-50 可知，该项就是低通滤波器的电压放大倍数，推导可得电路的高频电压放大倍数 $\dot{A}_{vH}$ 为

$$\dot{A}_{vH} = \frac{1}{1+j\dfrac{f}{f_H}}\dot{A}'_{vm} \tag{2-81}$$

式中的 $\dot{A}'_{vm} = -g_mR'_L$，$R'_L = R_c \| R_L$。

低频信号对单管共射电压放大器的影响，主要是耦合电容 C_2 对低频信号的衰减作用，该作用与式（2-79）中的 $\dfrac{\dot{V}_o}{\dot{V}_o'}$ 项有关，从图 2-50 可得，该项就是高通滤波器的电压放大倍数，

推导可得低频电压放大倍数 $\dot{A}_{vL}$ 为

$$\dot{A}_{vL} = \dot{A}_{vm}'' \frac{j\dfrac{f}{f_L}}{1+j\dfrac{f}{f_L}} \tag{2-82}$$

式中的 $\dot{A}_{vm}'' = P\dot{A}_{vm}$，$P = \dfrac{r_{b'e}}{r_{be}}$，将式（2-80）、式（2-81）、式（2-82）代入式（2-79）可得共

发电路的频响特性为

$$\dot{A}_v = \frac{\dot{V}_o}{\dot{V}_i} = \frac{1}{1+j\dfrac{f}{f_H}}\dot{A}_{vm}\frac{j\dfrac{f}{f_L}}{1+j\dfrac{f}{f_L}} \tag{2-83}$$

由式（2-83）可见，在讨论单管放大器频响特性问题时，可将单管放大器看成是低通电路、中频放大器、高通电路组成的三级直接耦合放大器，利用多级放大器电压放大倍数等于各个单级放大器电压放大倍数乘积的关系，将低通电路、中频放大器和高通电路电压放大倍数的表达式相乘，即可得到放大器电压放大倍数的表达式（2-83）。

将式（2-83）写成幅频特性的表达式为

$$20\lg|\dot{A}_v| = 20\lg|\dot{A}_{vm}| - 20\lg\sqrt{1+\left(\frac{f}{f_H}\right)^2} - 20\lg\sqrt{1+\left(\frac{f_L}{f}\right)^2} \tag{2-84}$$

具体讨论时，可分高频和低频两种情况。在高频信号激励下，因 $f \gg f_L$，式（2-84）的最后一项约等于 0，幅频特性与相频特性的表达式为

$$20\lg|\dot{A}_{vm}| = 20\lg|\dot{A}_{vm}| - 20\lg\sqrt{1+\left(\frac{f}{f_H}\right)^2} \tag{2-85}$$

$$\varphi = -\pi - \operatorname{arctg}\frac{f}{f_H} \tag{2-86}$$

在低频信号激励下，因 $f \ll f_H$，式（2-84）的第二项约等于 0，幅频特性与相频特性的表达式为

$$20\lg|\dot{A}_{vL}| = 20\lg|\dot{A}_{vm}| - 20\lg\sqrt{1+\left(\frac{f_L}{f}\right)^2} \tag{2-87}$$

$$\varphi = -\pi + \operatorname{arctg}\frac{f}{f_L} \tag{2-88}$$

在 $f_L \ll f \ll f_H$ 的中频段，式（2-84）中的第二项和第三项均约等于零，幅频特性与相频特性的表达式为

$$20\lg|\dot{A}_{vL}| = 20\lg|\dot{A}_{vm}| \tag{2-89}$$

$$\varphi = -\pi \tag{2-90}$$

综合利用以上 6 式可得单管共发电路频响特性的波特图如图 2-51 所示。

由图 2-51 可见，f_H 和 f_L 分别对应于放大器的增益下降了 3dB 时的上、下限截止频率，f_H 和 f_L 的表达式均可表示成 $\dfrac{1}{2\pi\tau}$ 的形式，式中的 τ 为 RC 电路的时间常数。放大器上、下限截止频率 f_H 和 f_L 的差称为放大器的通频带宽度 f_{bW}，即

$$f_{bW} = f_H - f_L \tag{2-91}$$

通频带宽度是表征放大电路对不同频率输入信号的响应能力，是放大电路的技术指标之一。

【例 2-5】 图 2-52 所示电路中的 $V_{CC}=15V$，$R_b=320k\Omega$，$R_s=38k\Omega$，$R_c=R_L=3.2k\Omega$，$C=1\mu F$，三极管的 $V_{BEQ}=0.7V$，$r_{bb'}=100\Omega$，$\beta=100$，$f_T=150MHz$，$C_\mu=4pF$，试估算电路的截止频率 f_H、f_L 和通频带宽度 f_{bw}。

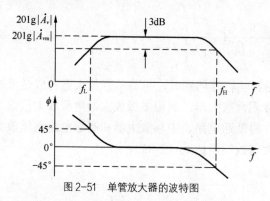

图 2-51 单管放大器的波特图

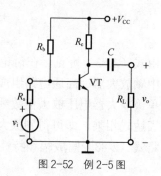

图 2-52 例 2-5 图

解 因电路的截止频率 f_H 和 f_L 与 $r_{b'e}$ 有关，所以要先计算 $r_{b'e}$；又因为 $r_{b'e}$ 与电路的静态工作点有关，所以要先计算电路的静态工作点。根据静态工作点的定义可得计算静态工作点所用的直流通路如图 2-53 所示。

$$I_{BQ} = \frac{V_{CC} - V_{BEQ}}{R_b} - \frac{V_{BEQ}}{R_s} = 0.026mA$$

$$I_{CQ} = \beta I_{BQ} = 2.6mA$$

$$V_{CEQ} = V_{CC} - I_{CQ}R_c = 6.68V$$

静态工作点合理，三极管工作在放大区。

$$r_{be} = r_{bb'} + r_{b'e} = r_{bb'} + (1+\beta)\frac{26mV}{I_{EQ}mA}$$

由上式可得

$$r_{b'e} = (1+\beta)\frac{26}{I_{EQ}} = \frac{26}{I_{BQ}} = 1k\Omega$$

根据式（2-66）可得

$$g_m = \frac{\beta_0}{r_{b'e}} = \frac{I_{EQ}mA}{26mV} = 0.1mA/mV = 100mA/V$$

根据式（2-76）可得

$$C_\pi = \frac{g_m}{2\pi\, r_{b'e} f_T} = 106\text{pF}$$

根据式（2-67）和式（2-68）可得

$$C_\mu' = (1 + g_m R_L') C_\mu = 68\text{pF}$$

根据式（2-69）可得

$$C_\pi' = C_\pi + C_\mu' = 174\text{pF}$$

计算截止频率 f_H 和 f_L 的混合 π 参数模型等效电路如图 2-54 所示。

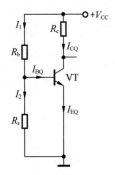

图 2-53 直流通路

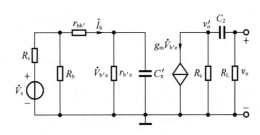

图 2-54 混合π参数模型等效电路

截止频率 f_H 取决于 C_π'，与 C_π' 相关的输入电路及用戴维南定理处理后的等效电路如图 2-55 所示。

图 2-55 中的 R_s'' 为

$$R_s'' = r_{bb'} \parallel r_{b'e} = 90\Omega$$

根据图 2-55（b），可得截止频率 f_H 为

$$f_H = \frac{1}{2\pi\, R_s C_\pi'} \approx 10\text{MHz}$$

考虑信号源内阻作用时的上限截止频率为

$$f_H = \frac{1}{2\pi\, R_s' C_\pi'} \approx 240\text{kHz}$$

式中的 R_s' 为

$$R_s' = (R_s \parallel R_b) + (r_{bb'} \parallel r_{b'e}) \approx R_s = 38\text{k}\Omega$$

截止频率 f_L 取决于耦合电容 C，与 C 相关的输出电路及用戴维南定理处理后的等效电路如图 2-56 所示。

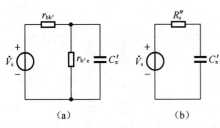

（a）　　　　　　　　（b）

图 2-55 输入端等效电路

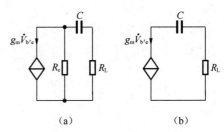

（a）　　　　　　　　（b）

图 2-56 输出端等效电路

根据计算 f_L 的公式可得

$$f_{\mathrm{L}} = \frac{1}{2\pi\, R_{\mathrm{L}}' C} \approx 24\mathrm{Hz}$$

式中的 $R_{\mathrm{L}}' = R_{\mathrm{c}} + R_{\mathrm{L}}$。根据计算 f_{bw} 的公式可得

$$f_{\mathrm{bw}} = f_{\mathrm{H}} - f_{\mathrm{L}} \approx f_{\mathrm{H}} = 240\mathrm{kHz}$$

*【例 2-6】 图 2-57 所示电路中的 $V_{\mathrm{CC}} = 15\mathrm{V}$，$R_{\mathrm{b1}} = 110\mathrm{k\Omega}$，$R_{\mathrm{b2}} = 33\mathrm{k\Omega}$，$R_{\mathrm{s}} = 1\mathrm{k\Omega}$，$R_{\mathrm{c}} = 4\mathrm{k\Omega}$，$R_{\mathrm{L}} = 2.7\mathrm{k\Omega}$，$R_{\mathrm{e}} = 1.8\mathrm{k\Omega}$，$C_1 = 30\mu\mathrm{F}$，$C_2 = 1\mu\mathrm{F}$，$C_{\mathrm{e}} = 50\mu\mathrm{F}$，三极管的 $V_{\mathrm{BEQ}} = 0.7\mathrm{V}$，$r_{\mathrm{b'b}} = 100\Omega$，$\beta = 80$，$f_{\beta} = 0.5\mathrm{MHz}$，$C_{\mu} = 4\mathrm{pF}$，试估算电路的截止频率 f_{H}、f_{L} 和通频带宽度 f_{bw}，并画出波特图。

解 要计算电路的截止频率 f_{H} 和 f_{L} 必须先计算 $r_{\mathrm{b'e}}$；因 $r_{\mathrm{b'e}}$ 与电路的静态工作点有关，所以，要先计算电路的静态工作点，利用 2-2-2 节所介绍的方法可计算电路的静态工作点 Q。

$$V_{\mathrm{B}} = \frac{R_{\mathrm{b2}}}{R_{\mathrm{b1}} + R_{\mathrm{b2}}} V_{\mathrm{CC}} = 3.5\mathrm{V}$$

$$I_{\mathrm{CQ}} \approx I_{\mathrm{EQ}} = \frac{V_{\mathrm{B}} - V_{\mathrm{E}}}{R_{\mathrm{e}}} \approx 1.5\mathrm{mA}$$

$$V_{\mathrm{CEQ}} = V_{\mathrm{CC}} - I_{\mathrm{CQ}}(R_{\mathrm{c}} + R_{\mathrm{e}}) = 6.3\mathrm{V}$$

工作点合理，放大器工作在放大区，根据 $r_{\mathrm{b'e}}$ 的计算公式可得

$$r_{\mathrm{b'e}} = \frac{26}{I_{\mathrm{EQ}}} = 1.38\mathrm{k\Omega}$$

根据式（2-66）可得

$$g_{\mathrm{m}} = \frac{I_{\mathrm{EQ}}\mathrm{mA}}{26\mathrm{mV}} = 0.0577\mathrm{mA/mV} = 57.7\mathrm{mA/V}$$

根据式（2-72）可得

$$C_{\pi}' = \frac{1}{2\pi\, r_{\mathrm{b'e}} f_{\beta}} = 230\mathrm{pF}$$

根据式（2-67）和式（2-68）可得

$$C_{\mu}' = (1 + g_{\mathrm{m}} R_{\mathrm{L}}') C_{\mu} = 40\mathrm{pF}$$

根据式（2-69）可得

$$C_{\pi}' = C_{\pi} + C_{\mu}' \approx 270\mathrm{pF}$$

计算截止频率 f_{H} 和 f_{L} 的混合 π 参数模型等效电路如图 2-58 所示。

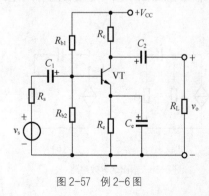

图 2-57　例 2-6 图

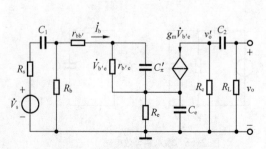

图 2-58　混合 π 参数模型等效电路

因 C_e 的容量较大，它对高频信号的容抗很小，相当于短路。图 2-57 所示电路对高频信号的影响主要是 C'_π。与上例一样，截止频率 f_H 取决于 C'_π，与 C'_π 相关的输入电路及用戴维南定理处理后的等效电路如图 2-59 所示。

图中的 R_s 为

$$R''_s = (r_{bb'} + R_s \| R_{b1} \| R_{b2}) \| r_{b'e} \approx 580\Omega$$

根据图 2-59（b）可得考虑信号源内阻作用时的上限截止频率 f_H 为

$$f_H = \frac{1}{2\pi \ R''_s C'_\pi} \approx 1\text{MHz}$$

截止频率 f_L 取决于耦合电容 C_1、C_2 和旁路电容 C_e 的作用。当频率下降时，C_e 的容抗将增大；当 C_e 的容抗大于 R_e 的情况下，与这些元件相关的电路如图 2-60 所示。

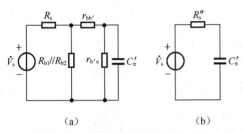

(a)　　　　　　(b)

图 2-59　高频信号作用下的等效电路

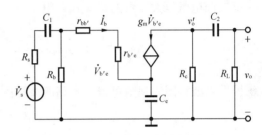

图 2-60　低频信号作用下的等效电路

因 C_e 同时出现在输入和输出电路中，给计算带来麻烦。为了简化计算，必须对 C_e 进行单向化处理，处理的方法与 2.2.3 小节所介绍的电阻 R_e 折算的方法相同。对 C_e 进行单向化处理后的等效电路如图 2-61 所示。

图 2-61 中的 C'_e 是 C_e 折算到基极回路的电容，因发射极回路的电流是基极电流的（$1+\beta$）倍，所以电容 C_e 从发射极回路折算到基极回路，电流缩小到 $1/1+\beta$，电容的值要扩大（$1+\beta$）倍，即 $C'_e = (1+\beta)C_e$。

同理可求得 C_e 折算到集电极回路的电容 $C''_e \approx C_e$。一般地，在通常情况下 $R_b \geqslant r_{be}$ 可忽略，再利用电容串联的规律和电流源、电压源等效变换的规则处理电路，处理得到的结果如图 2-62 所示。

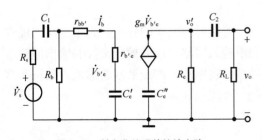

图 2-61　单向化处理的等效电路

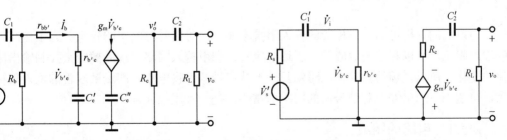

图 2-62　例 2-5 等效电路

图中的 $C'_1 = \dfrac{C_1 C'_e}{C_1 + C'_e}$，　$C'_2 = \dfrac{C_2 C'''_e}{C_2 + C''_e}$，　$R'_s = R_s + r_{bb'}$。根据计算 f_L 的公式可得

$$f_{L1} = \frac{1}{2\pi \ R'_s C'_1} \approx 2.3\text{Hz}$$

$$f_{\mathrm{L}_2} = \frac{1}{2\pi R_L' C_2'} \approx 24\mathrm{Hz}$$

因 $f_{L2} \geqslant f_{L1}$，所以该电路的下限截止频率为 $f_{L2}=24\mathrm{Hz}$。根据计算通频带宽度的公式可得

$$f_{\mathrm{bw}} = f_{\mathrm{H}} - f_{\mathrm{L}} \approx f_{\mathrm{H}} = 1\mathrm{MHz}$$

要做出波特图，必须先计算出放大器的 A_{vm}，计算 A_{vm} 的等效电路如图 2-63 所示。根据电压放大倍数的定义式可得

$$\dot{A}_{vm} = \frac{\dot{V}_{\mathrm{o}}}{\dot{V}_{\mathrm{i}}} = -\frac{\beta R_L'}{r_{\mathrm{be}}} \approx -88$$

根据源电压放大倍数的定义式可得

$$\dot{A}_{vsm} = \frac{\dot{V}_{\mathrm{o}}}{\dot{V}_{\mathrm{s}}} = -P\frac{\beta R_L'}{r_{\mathrm{be}}} \approx -50$$

根据做波特图的规则可得该电路的波特图如图 2-64 所示。

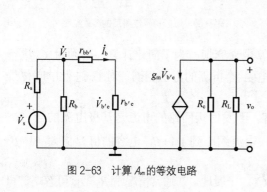

图 2-63　计算 A_{vm} 的等效电路

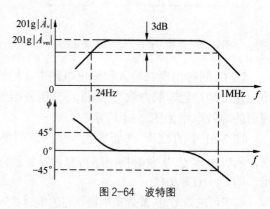

图 2-64　波特图

2.8　场效应管基本放大电路

由前面的分析可知，三极管的输入阻抗不够高，对信号源的影响较大。为了提高三极管的输入阻抗，可以利用场效应管。因场效应管是利用输入回路电场的效应来控制输出回路电流的变化，所以，场效应管在电路中几乎不从信号源吸收电流，即场效应管的输入阻抗非常大，可达 $10^7 \sim 10^{12}\Omega$，对信号源的影响非常小，是一种压控元件。

2.8.1　电路的组成

场效应管放大电路与三极管放大电路一样，也有共源、共栅和共漏 3 种组态。下面以 N 沟道 MOS 管为例，来讨论场效应管放大电路。

1. 电路的组成

N 沟道 MOS 管共源电压放大器的电路组成如图 2-65 所示。

由图 2-65 可见，该电路的结构与工作点稳定的三极管电压放大器很相似。图中的 R_{g1} 和 R_{g2} 为偏置电阻，它们的作用与三极管电路中的 R_{b1} 和 R_{b2} 相同，是为电路提供合适的静态工作点；R_{g3} 的作用是提高电路的输入阻抗；R_d、R_s 和 C_s 的作用与三极管电路中的 R_c、R_e 和 C_e 的作用相同。

2．静态分析

对三极管放大电路进行静态分析的目的是计算电路的静态工作点 Q（I_{BQ}、I_{CQ}、V_{CEO}）。对场效应管放大电路进行静态分析的目的也是计算电路的静态工作点 Q，由于场效应管是压控元件，所以静态工作点 Q 为 V_{GSQ}、I_{DQ} 和 V_{DSQ}。计算静态工作点所用的直流通路如图 2-66 所示。

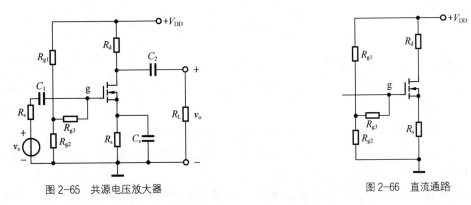

图 2-65　共源电压放大器　　　　　　　　　图 2-66　直流通路

因场效应管栅-源之间的电阻很大，可当开路处理，根据电路分析的知识，可得计算电路静态工作点的公式为

$$V_g = \frac{R_{g2}}{R_{g1} + R_{g2}} V_{DD} \qquad (2\text{-}92)$$

$$I_{DQ} = I_{DO} \left(\frac{V_{gsQ}}{V_{gs(th)}} - 1 \right)^2 \qquad (2\text{-}93)$$

$$V_{SQ} = I_{DQ} R_s \qquad (2\text{-}94)$$

$$V_{DSQ} = V_{DD} - I_{DQ}(R_D + R_s) \qquad (2\text{-}95)$$

$$V_{GSQ} = V_{GQ} - V_{SQ} \qquad (2\text{-}96)$$

联立上面 5 个方程式可求得静态工作点 Q（V_{GSQ}、I_{DQ} 和 V_{DSQ}）。

3．动态分析

与三极管放大电路一样，对场效应管放大电路进行动态分析的目的，主要也是计算电路的电压放大倍数、输入电阻和输出电阻。

进行动态分析所用的电路也是微变等效电路，场效应管微变等效电路的模型如图 2-67 所示。

图 2-67（a）所示为低频模型，用于低频小信号的分析；图 2-67（b）所示为高频模型，用于高频信号和频响特性的分析。

场效应管共源电压放大器的微变等效电路如图 2-68 所示。

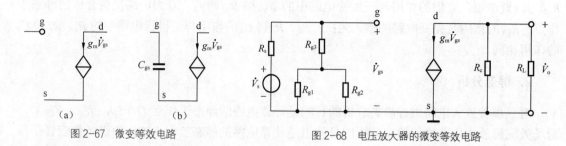

图 2-67 微变等效电路　　　　图 2-68　电压放大器的微变等效电路

根据图 2-68 可得电压放大倍数为

$$\dot{A}_v = \frac{\dot{V}_o}{\dot{V}_i} = -\frac{g_m \dot{V}_{gs} R'_L}{\dot{V}_{gs}} = -g_m R'_L \tag{2-97}$$

输入电阻和输出电阻分别为

$$r_i = R_{g3} + R_{g1} \parallel R_{g2} \tag{2-98}$$

$$r_o = R_d \tag{2-99}$$

由式（2-98）可见，电阻 R_{g3} 的作用是提高电路的输入电阻。

利用图 2-67（b）所示的电路也可讨论场效应管放大器的频响特性，讨论的方法与三极管放大电路讨论的方法相同，留作习题供大家练习。

因共漏放大器等效于共集电极放大器，共栅放大器等效于共基极放大器，所以这两个电路的分析方法分别与共集电极放大器和共基极放大器讨论问题的方法相同，这里不再赘述。

对于结型场效应管和耗尽型的 MOS 管，因在栅-源之间不加电压时，管子内部就有导电沟道的存在，所以可采用自给栅偏压的方法来组成场效应管电压放大器。下面以 N 沟道结型场效应管为例，来讨论自给栅偏压场效应管的电压放大器。

自给栅偏压场效应管电压放大器的电路组成如图 2-69 所示。该电路产生偏压的原理是：在静态时，由于场效应管的栅极电流为零，所以电阻 R_g 上的电流也为零，栅极电位 V_{gQ} 也等于零，但场效应管的漏极电流 I_{dQ} 不等于零，I_{dQ} 在源极电阻 R_s 上的电压值 $V_s = I_{dQ} R_s$ 大于零，使的栅-源电压 V_{gs} 小于零，该电压即为栅极的偏置电压 V_{gsQ}，即栅偏压是由 $I_{dQ} R_s$ 自给产生的。根据这一特点，可得计算自给栅偏压场效应管电压放大器静态工作点的公式为

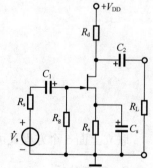

图 2-69 自给栅偏压电路

$$V_{gsQ} = -I_{dQ} R_s \tag{2-100}$$

$$I_{dQ} = I_{DSS} \left(1 - \frac{v_{gs}}{V_{gs(off)}}\right)^2 \tag{2-101}$$

$$V_{dsQ} = V_{DD} - I_{dQ}(R_d + R_s) \tag{2-102}$$

2.8.2 场效应管与三极管的比较

场效应管的栅 g、源极 s、漏极 d 对应于三极管的基极 b、发射极 e、集电极 c，它们的作用类似。场效应管和三极管的主要差别如下。

（1）场效应管用栅-源电压 v_{gs} 控制漏极电流 i_d，栅极基本不取电流；而三极管工作时基极总要索取一定的电流。因此，要求输入电阻高的电路应选用场效应管；因三极管的电压放大倍数比场效应管大，在信号源可以提供一定电流的情况下，通常选用三极管。

（2）场效应管只有多子参与导电；三极管内既有多子又有少子参与导电，而少子数目受温度、辐射等因素的影响较大，因而场效应管比三极管的温度稳定性好，抗辐射能力强。所以在环境条件变化很大的情况下通常选用场效应管。

（3）场效应管的噪声系数很小，所以低噪声放大器的输入级和要求信噪比较高的电路通常选用场效应管或特制的低噪声三极管。

（4）场效应管的漏极与源极可以互换使用，互换后特性变化不大；而三极管的发射极与集电极互换后特性差异很大，因此只在特殊需要时才互换。

（5）场效应管比三极管的种类多，特别是耗尽型 MOS 管，栅-源电压 v_{gs} 可正、可负、可为零，均能控制漏极电流，因而在组成电路时场效应管比三极管有更大的灵活性。

（6）场效应管和三极管均可用于放大电路和开关电路，它们构成了品种繁多的集成电路。但由于场效应管集成工艺更简单，且具有耗电省、工作电源电压范围宽等优点，因此场效应管被广泛用在集成电路的制造中。

2.9 功率放大电路

功率放大电路简称功放，是一类能量转换电路，能够实现功率放大。在电子线路中，功率放大电路通常作为多级放大电路的末级或末前级电路，用以驱动输出端负载工作。功率放大电路广泛应用于日常生活和工农业生产等许多领域的各种电子设备中，如使扬声器发声，驱动电动机运转，或使自动控制系统中的某些执行电路按照预定指令发出特定动作。下面对功率放大电路进行简单介绍。

2.9.1 概述

功率放大电路的根本目的是为了尽可能高效率地输出足够大的功率。和前面介绍的小信号放大电路相比，两者的基本工作原理都是相同的，都是利用三极管的放大作用，在输入信号的控制下，将直流电源提供的部分能量通过合适的输出负载匹配电路转换为有用的输出信号能量。但小信号放大电路的目的是输出足够大的电压，因为两种电路的目的不同，在性能要求、工作状态和组成结构及设计等方面存在很多不同。

1. 功率放大电路的性能要求

功率放大电路的性能要求是在保证安全工作的前提下，高效率地输出失真在可接受范围内的所需功率，其性能特点如下。

（1）输出功率大。功率放大电路的主要任务就是向输出负载提供足够大的功率，因此，最大输出功率是其重要的技术指标之一。为了获得较大功率输出，根据功率的定义，需要有足够大的动态电压和动态电流。在实际电路中，常在放大电路与负载之间接入匹配网络实现阻抗匹配。

（2）效率高。效率是功率放大电路的另一个重要性能指标。效率是指负载从集电极获得的交流信号输出功率和直流电源提供的直流功率的比值。在同样大小的直流电源作用下，效率越低意味着直流电源的能量浪费越多，功率放大电路的能量转换能力越差。

（3）失真小。三极管应工作在大信号状态，这样会出现非线性失真，而且很容易接近三极管的极限状态，设计时需要控制失真在允许范围内，且考虑到功率管的极限参数，如集电极最大允许管耗 P_{CM}、集电极击穿电压 $V_{(BR)CEO}$ 和集电极最大允许电流 I_{CM} 等，使其满足安全工作条件。

2. 功率放大电路的工作状态

在功率放大电路中，根据选择的静态工作点的不同，可以使功率管工作在不同的工作状态。按照集电极电流导通角的大小不同，功率放大电路有甲类、乙类、甲乙类和丙类4种基本的工作状态。在输入正弦信号的激励下，如果功率管在整个信号周期内都导通的，导通角为180°，称为甲类工作状态；如果只在半个周期内导通的，导通角为90°，称为乙类工作状态；介于甲类和乙类之间，即导通周期小于整个周期大于半个周期的，导通角小于180°大于90°，称为甲乙类工作状态；如果在小于半个周期内导通的，称为丙类工作状态。功率放大电路在不同工作状态下的集电极电流波形示意图如图 2-70 所示。

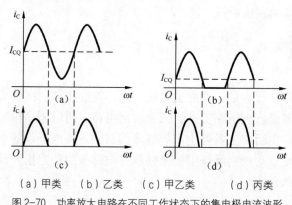

（a）甲类　　（b）乙类　　（c）甲乙类　　（d）丙类

图 2-70　功率放大电路在不同工作状态下的集电极电流波形

3. 功率放大电路的组成

根据功率放大电路的性能特点，即高效输出足够大的功率，在构成实际电路时，对直流电路而言，要求给整个电路提供能量来源的直流电源应全部加到功率管两端，避免在管外电路中无谓损耗直流功率。对交流通路而言，输入的交流信号能全部加到功率管的输入端，且输出端的阻抗和外接负载的阻抗相匹配，以达到最大功率输出。满足上述要求的电路组成方式很多，本节只简单介绍甲类和乙类功率放大电路。

2.9.2　甲类功率放大电路

图 2-71（a）所示电路为在 2.1 节中介绍的电容耦合共发射极电压放大电路，现将它作为

功率放大电路来分析。图 2-71（b）所示为其输出特性曲线、输出信号的波形以及交直流负载线。

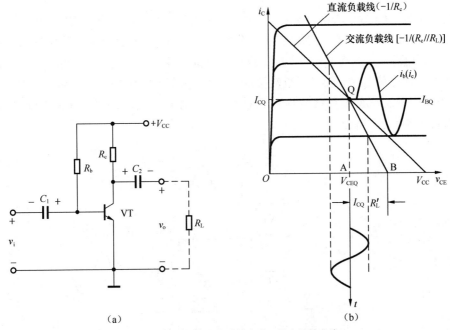

（a） （b）

图 2-71 电容耦合甲类功放电路及输出特性曲线

电容耦合共发射极电压放大电路作为功率放大电路来使用时，主要考察其输出功率和效率，输出功率与静态工作点的位置以及负载电阻的大小有关。直流电源 V_{CC} 提供的功率为负载获得的功率和集电极耗散功率的总和，而输出有用功率等于输出端集电极交流信号的电压与电流的乘积。由图 2-71（b）可见，如果静态工作点 Q 的位置选择在负载线的中点时，则输出信号电压和电流的振幅基本可达到最大值 V_{cm} 和 I_{cm}，即 $V_{cm} \approx \dfrac{V_{CC}}{2}$，$I_{cm} \approx \dfrac{V_{CEQ}}{R'_L}$，其中 $R'_L = \dfrac{R_c R_L}{R_c + R_L}$。由此计算获得直流电源提供的功率 $P_D = V_{CC} I_{CQ}$，输出交流功率 $P_O = \dfrac{V_{cm} I_{cm}}{2}$，则相应的集电极效率为 $\eta = \dfrac{P_O}{P_D} = 25\%$。

根据上述计算可知，以电阻作为负载的电容耦合共发射极功率放大电路的最大效率仅仅能达到 25%，大部分直流功率无谓消耗在负载电阻 R'_L 上。要提高功放电路的能量转换效率就必须减小管外直流损耗。实际应用时，甲类功放通常采用耦合变压器作为其输出负载，理想变压器的直流电阻相当于零，不仅避免了损耗直流功率也可起到阻抗变换的作用，称为甲类变压器耦合功率放大电路，但其最大效率也仅能达到 50%。

2.9.3 乙类推挽功率放大电路

功率放大电路处于乙类工作状态时，单个功率管只在正弦交流信号的半个周期内导通，组成电路必须同时采用两个功率管，分别在半个周期内轮流导通，才能在输出端获得完整的正弦波信号。

1. OCL 互补推挽功率放大电路

无输出电容（Output Capacitorless）互补推挽功率放大电路简称为 OCL 电路，其电路原理如图 2-72 所示。图中 VT_1 为 NPN 型三极管，VT_2 为 PNP 型三极管，是两个特性配对的异型功率管。正电源 V_{CC} 为 VT_1 提供静态偏置，负电源$-V_{CC}$ 为 VT_2 提供静态偏置。正负电源同时供电使输入端无信号时，相当于直流接地，为零电位，VT_1 和 VT_2 分别为两个射随器，PNP 和 NPN 互补对称，因此发射极的静态电位也为零，发射结为零偏置，静态工作点 Q 在截止区，功率管工作在乙类状态。

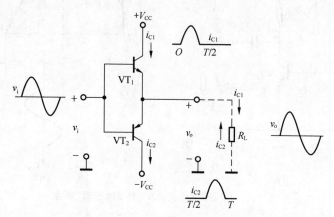

图 2-72　OCL 互补推挽功率放大电路

当输入交流信号 v_i 时，在 v_i 的正半周，VT_1 导通，VT_2 截止，电流 i_{C1} 的通路如图 2-72 所示，通过 VT_1 管流经负载电阻 R_L 再流入地，输出电压为 v_o 的正半周；在 v_i 的负半周，VT_2 导通，VT_1 截止，电流 i_{C2} 的通路如图 2-72 所示，自地流过负载电阻 R_L 再经 VT_2 管流入负电源$-V_{CC}$，输出电压为 v_o 的负半周。可见，在输入信号的一个周期内，两个三极管轮流导通，电流 i_{C1} 和 i_{C2} 以相反方向流过负载电阻 R_L，在 R_L 上合成了一个完整的输出交流正弦信号 v_o。

OCL 电路采用两个正负电源 V_{CC} 提供能量，加到一对异型管保证发射结零偏置，因此，也可称为双电源互补推挽功率放大电路。只有直流信号输入时，两个三极管都处于截止状态，所以电路没有直流功率损耗，其最大效率可达到 78.5%，比甲类工作时的效率要高。

2. OTL 互补推挽功率放大电路

无输出变压器（Output Transformerless）互补推挽功率放大电路简称为 OTL 电路，其原理电路如图 2-73 所示。图中 VT_1 为 NPN 型三极管，VT_2 为 PNP 型三极管，是两个特性配对的异型功率管。两管输出 O 端的静态电位为 $V_{CC}/2$，C 为一个大容量电容和负载电阻 R_L 串联，因此直流时电容 C 两端的电压被充到 $V_{CC}/2$，而交流时 C 相当于短路。

当输入交流信号 v_i 时，OTL 电路的工作原理与 OCL 电路类似，在 v_i 的正半周，VT_1 导通，VT_2 截止，电流 i_{C1} 的通路如图 2-73 所示，电源 V_{CC} 通过 VT_1 管给负载电阻 R_L 提供电流 i_{C1}，同时电容被充电；在 v_i 的负半周，VT_2 导通，VT_1 截止，电流 i_{C2} 的通路如图 2-73 所示，电容 C 通过 VT_2 管放电为负载电阻 R_L 提供电流 i_{C2}。可见，在输入信号的一个周期内，电流

i_{C1} 和 i_{C2} 以正反方向流过负载电阻 R_L，和 OCL 电路类似，同样在 R_L 上合成了一个完整的输出交流正弦信号 v_O。

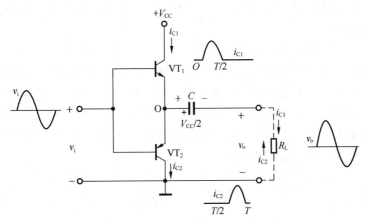

图 2-73　OTL 互补推挽功率放大电路

OTL 电路采用单个电源 V_{CC} 提供能量，因此也可称为单电源互补推挽功率放大电路，由于电容 C 的存在，相当于采用两个电源 $V_{CC}/2$ 和 $-V_{CC}/2$ 的双电源供电电路。

本 章 小 结

模拟电子技术课程所研究的主要问题之一是放大电路，组成放大电路的核心器件是三极管或场效应管。三极管有 NPN 型和 PNP 型两种，场效应管有 N 沟道结型、P 沟道结型、N 沟道增强型、P 沟道增强型、N 沟道耗尽型和 P 沟道耗尽型 6 种。

三极管有 3 个工作区，分别是截止区、放大区和饱和区。场效应管也有 3 个工作区，分别是截止区、恒流区和可变电阻区。作为放大器的三极管必须工作在放大区，作为放大器的场效应管必须工作在恒流区，为三极管或场效应管设置合适的工作点就会使三极管或场效应管工作在放大区或恒流区。工作在放大区的三极管偏置电压的特征是：发射结正向偏置，集电结反向偏置。

因放大器是四端网络，而三极管或场效应管均只有 3 个引脚，要将 3 个引脚的器件接成四端网络，必须将一个脚作为公共脚。以发射极为公共脚的放大器称为共发射极电压放大器，以集电极为公共脚的放大器称为共集电极电压放大器，以基极为公共脚的放大器称为共基极电路。同理场效应管放大器也有共源极、共漏极和共栅极电压放大器。

对放大器进行的分析主要可分为静态分析和动态分析。静态分析的任务是计算电路的静态工作点 Q。对于三极管放大电路，静态工作点由 I_{BQ}、I_{CQ} 和 V_{CEQ} 3 个量组成；对于场效应管放大电路，静态工作点由 V_{gsQ}、I_{dQ} 和 V_{dsQ} 3 个量组成。

计算工作点数值的电路是放大器的直流通路，根据电容阻直流的特性，可将放大器原电路画成直流通路。画出直流通路后，根据电路分析的方法即可计算放大器的静态工作点。

对放大器进行动态分析的主要任务是计算电压放大倍数、输入电阻、输出电阻。进行动态分析所用的电路是放大器的微变等效电路，画放大器微变等效电路的方法是：先将三极管或场效应管画成微变等效模型，然后根据电容和电源通交流的特性，将原电路整理成便于计算的微变等效电路。

放大器的动态特性除了上述的 3 个参量外，还有频响特性。放大器频响特性的分析主要用于计算放大器的通带截止频率和做波特图，分析时所用的微变等效电路与上述微变等效电路的差别是电容的容抗作用不能忽略。在这种情况下，三极管和场效应管的微变等效模型必须用混合 π 参数模型。

设置功率放大电路的根本目的是为了尽可能高效率地输出足够大的功率。与小信号放大电路相比，两者的基本工作原理是相同的，但小信号放大电路的目的是输出足够大的电压，因此，两者在性能要求、工作状态和组成结构等方面存在很多不同。在功率放大电路中，按照集电极电流导通角的大小不同，功率放大电路有甲类、乙类等基本的工作状态。甲类功率放大电路的最大效率仅能达到 50%，而乙类互补推挽功率放大电路，一般采用 OCL 和 OTL 电路的形式，其最大效率可达到 78.5%。

习　题

2.1　在图 2-74 所示电路中，已知 $V_{CC}=5V$，$R_b=150k\Omega$，$\beta=50$，$R_c=1.5k\Omega$，$R_L=3k\Omega$，$R_s=200\Omega$，求：

（1）放大器的静态工作点 Q；

（2）计算电压放大倍数、输入电阻、输出电阻和源电压放大倍数的值；

（3）若 R_b 改成 $50k\Omega$，再计算（1）、（2）的值。

2.2　已知图 2-74 所示电路中的三极管 $V_{CC}=6V$，$\beta=50$，$r_{be}=1k\Omega$，用万用表测得三极管的管压降为 3V，请估算基极电阻 R_b 的值，用毫伏表测得 v_i 和 v_o 的有效值分别为 15mV 和 600mV，则负载电阻 R_L 的值为多少？

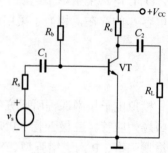

图 2-74　题 2.1 图

2.3　在图 2-75 所示电路中，已知 $V_{CC}=15V$，$R_b=320k\Omega$，$\beta=100$，$R_c=3.2k\Omega$，$R_L=6.8k\Omega$，$R_s=38k\Omega$，$r_{bb'}=200\Omega$，求：

（1）放大器的静态工作点 Q；

（2）计算电压放大倍数、输入电阻、输出电阻和源电压放大倍数的值。

2.4　在图 2-76 所示电路中，已知 $V_{CC}=12V$，$R_{b1}=73k\Omega$，$R_{b2}=47k\Omega$，$\beta=50$，$R_c=R_L=2k\Omega$，$R_e=2k\Omega$，$r_{bb'}=200\Omega$，求：

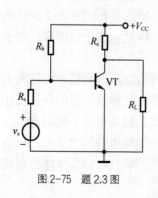

图 2-75　题 2.3 图

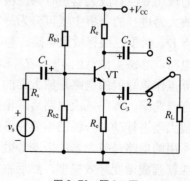

图 2-76　题 2.4 图

（1）放大器的静态工作点 Q；

（2）分别计算开关 S 位于"1"和"2"位置时的电压放大倍数、输入电阻和输出电阻的值。

2.5　在图 2-77 所示各电路中，已知三极管发射结正向导通电压为 $V_{be}=0.7V$，$\beta=100$，$v_{bc}=0$ 时为临界放大（饱和）状态。分别判断各电路中三极管的工作状态（放大、饱和或截止），并求解各电路中的电流 I_b 和 I_c。

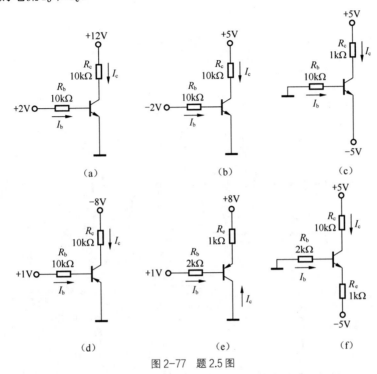

图 2-77　题 2.5 图

2.6　电路如图 2-78 所示，已知三极管发射结正向导通电压为 $V_{be}=0.7V$，$\beta=200$，回答下列问题：

（1）判断三极管的工作状态（放大、饱和或截止）；

（2）若三极管不是工作在放大区，则说明能否通过调节电阻 R_b、R_c 和 R_e（增大或者减小）使之处于放大状态；若能，则说明如何调节？设在调节某一电阻时其他两个电阻不变。

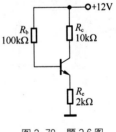

图 2-78　题 2.6 图

2.7　在图 2-79 所示各电路中分别改正一处错误，使它们有可能放大正弦波信号 v_i；设所有电容对交流信号均可视为短路。

2.8　画出图 2-80 所示各电路的直流通路和交流通路。设所有电容对交流信号均可视为短路。

2.9　图 2-81（a）所示电路中，已知三极管发射结正向导通电压为 $V_{be}=0.7V$，$\beta=100$，$v_{bc}=0$ 时为临界放大（饱和）状态，输出特性如图 2-81（b）所示。

（1）用作图法在图 2-81（b）中确定静态工作点 V_{CEQ} 和 I_{CQ}；

（2）在图 2-81（b）中画出交流负载线，确定最大不失真输出电压有效值 V_{om}；

（3）当输入信号不断增大时，输出电压首先出现何种失真？

（4）分别说明 R_b 减小、R_c 增大、R_L 增大 3 种情况下 Q 点在图 2-81（b）中的变化和 V_{om}

的变化。

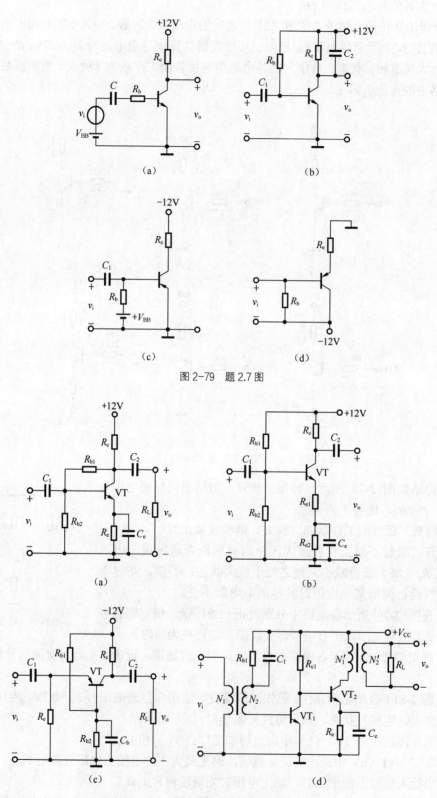

图 2-79 题 2.7 图

图 2-80 题 2.8 图

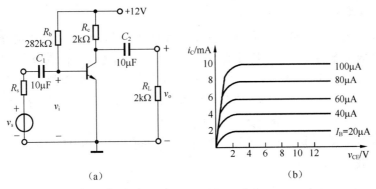

图 2-81 题 2.9 图

2.10 电路如图 2-81（a）所示，已知三极管的发射结正向导通电压为 $V_{be}=0.7V$，$\beta=100$，$r_{bb'}=100\Omega$，$R_s=1k\Omega$。

（1）求解动态参数 $\dot{A}_v = \dfrac{\dot{V}_o}{\dot{V}_i}$、$\dot{A}_{vs} = \dfrac{\dot{V}_o}{\dot{V}_s}$、$R_i$、$R_o$。

（2）当 R_s、R_b、R_c、R_L 分别单独增大时，$\dot{A}_v$、$\dot{A}_{vs}$、R_i、R_o 分别如何变化？假设参数变化时三极管始终处于放大状态。

2.11 电路如图 2-82 所示，已知三极管的 $V_{be}=0.7V$，$\beta=300$，$r_{bb'}=200\Omega$。

（1）当开关 S 位于 1 位置时，求解静态工作点 I_{BQ}、I_{CQ} 和 V_{CEQ}；

（2）分别求解开关 S 位于 1、2、3 位置时的电压放大倍数 $\dot{A}_v$，比较这 3 个电压放大倍数，并说明发射极电阻是如何影响电压放大倍数的。

2.12 电路如图 2-83 所示，已知三极管 $V_{be}=0.7V$，$\beta=250$，$r_{bb'}=300\Omega$。

（1）求解静态工作点 I_{BQ}、I_{CQ} 和 V_{CEQ}；

（2）求解静态工作点 $\dot{A}_v$、R_i 和 R_o。

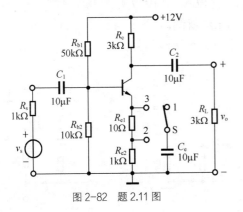

图 2-82 题 2.11 图

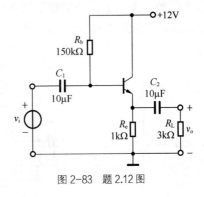

图 2-83 题 2.12 图

2.13 电路如图 2-84 所示，已知三极管 $V_{be}=0.7V$，$\beta=200$，$r_{bb'}=200\Omega$。

（1）求解静态工作点 I_{BQ}、I_{CQ} 和 V_{CEQ}；

（2）求解静态工作点 $\dot{A}_v$、R_i 和 R_o。

2.14 在括号内填入合适的答案。

在输入电压幅值保持不变的条件下，测量放大电路的输出电压幅度和相位随频率变化的情况，可以得到放大器的（　　）特性曲线，该曲线又称为（　　）。放大器在高频信号激励下，电压放大倍数下降的原因是（　　）。在低频信号激励下电压放大倍数下降的原因是（　　）。当放大器的电压放大倍数下降到中频电压放大倍数的 0.707 时所对应的频率分别称为（　　）或（　　），两频率的差称为放大器的（　　）。

2.15 在图 2-74 所示电路中，已知三极管的 C_μ=6pF，f_T=50MHz，$r_{bb'}$=100Ω，β_0=100，试画出该电路的波特图。

2.16 已知某放大电路的波特图如图 2-85 所示，试写出 $\dot{A}_v$ 的表达式。

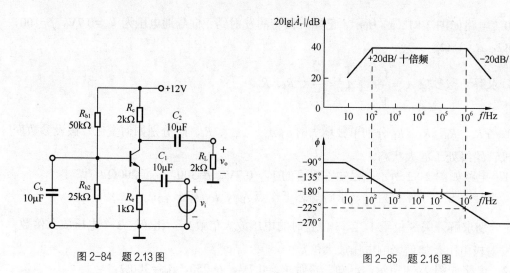

图 2-84 题 2.13 图　　　　　　　图 2-85 题 2.16 图

2.17 已知某放大器的电压放大倍数为 $\dot{A}_v = \dfrac{-10\mathrm{j}f}{\left(1+\mathrm{j}\dfrac{f}{20}\right)\left(1+\mathrm{j}\dfrac{f}{10^6}\right)}$，试求出该电路的中频电压放大倍数、上限截止频率和下限截止频率，并画出波特图。

2.18 判断图 2-86 所示各电路是否有可能正常放大正弦波信号。

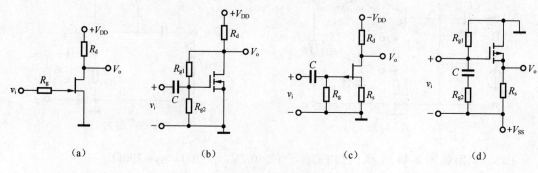

（a）　　　　　　（b）　　　　　　（c）　　　　　　（d）

图 2-86 题 2.18 图

2.19 在图 2-87（a）所示电路中，结型场效应管的转移特性如图 2-87（b）所示。填空：

由图 2-87（a）得到 $V_{GS}=$_____，对应图 2-87（b）查到 $I_D \approx$_____，所以 $V_{DS} \approx$ _____。

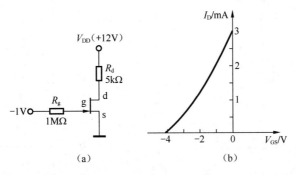

图 2-87 题 2.19 图

2.20 在图 2-88（a）所示电路中，MOS 管的输出特性如图 2-88（b）所示。分析当 v_i 分别为 3V、8V、12V 时 MOS 管的工作区域（可变电阻区、恒流区或截止区）。

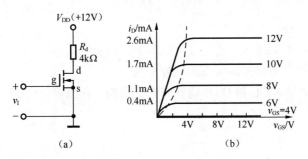

图 2-88 题 2.20 图

2.21 电路如图 2-89（a）所示，MOS 管的转移特性如图 2-89（b）所示。求解电路的 Q 点、$\dot{A}_v$、R_i 和 R_o。

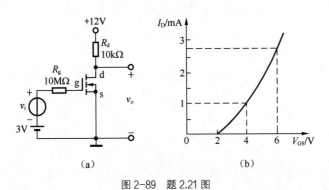

图 2-89 题 2.21 图

2.22 电路如图 2-90 所示，MOS 管的转移特性如图 2-89（b）所示。求解电路的 Q 点、$\dot{A}_v$、R_i 和 R_o。

2.23 电路如图 2-91 所示，MOS 管的转移特性如图 2-89（b）所示。求解电路的 Q 点、

$\dot{A}_v$、R_i 和 R_o。

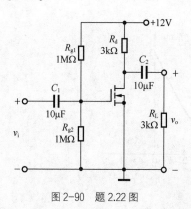

图 2-90　题 2.22 图

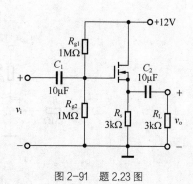

图 2-91　题 2.23 图

2.24　电路如图 2-90 所示，MOS 管的转移特性如图 2-89（b）所示。$C_{gs}=3pF$，$C_{gd}=2pF$，$C_{ds}=0.1pF$。

（1）估算下限截止频率 f_L 和上限截止频率 f_H；

（2）写出 $\dot{A}_v$ 的表达式。

2.25　简述功率放大电路和小信号放大电路的异同点。

2.26　简述功率放大电路工作状态的划分原则。

2.27　分别简述乙类 OCL 和 OTL 功率放大电路的工作原理。

第 3 章 集成运算放大器

3.1 概述

集成运算放大电路是一种高电压放大倍数、高输入电阻和低输出电阻的多级直接耦合放大电路，因其最初多用于模拟信号的运算，所以被称为集成运算放大电路，简称集成运放。随着集成电路技术的不断发展，集成运放的性能不断改善，种类也越来越多，现在集成运放的应用已远远超出了信号运算的范围，在电子技术的许多领域都有广泛的应用。

3.1.1 集成运放电路的特点

前面介绍的电路都是由三极管、场效应管、电阻、电容等器件根据不同的连接方式组成的，这种电路称为分立电路。随着电子技术的发展，目前的半导体器件制造工艺可实现将分立元件组成的完整电路制作在同一块硅片上而组成集成电路。

集成电路有双极型三极管集成电路、单极型场效应管集成电路、模拟集成电路、数字集成电路等。模拟集成电路主要有集成运放电路、集成功放电路、集成稳压电源电路等。集成电路还有小规模、中规模、大规模和超大规模之分。目前，超大规模的集成电路能在几十平方毫米的硅片上集成几百万个元器件。根据半导体制作工艺的特点，集成运放电路具有如下特点。

（1）因为硅片上不可能制作大电容，所以集成运放的耦合方式均采用直接耦合，在需要大容量电容和高阻值电阻的场合，采用外接法。

（2）因为集成电路内部相邻的元件具有良好的对称性，它们在受到各种因素影响时变化的趋势相同，为了消除这些变化的影响，在集成电路中大量采用差动放大器作用输入电路。

（3）因为在硅片上制作三极管比制作电阻还容易，所以在集成电路中大量采用恒流源电路作为放大器的偏置电路，在需要大电阻的场合也是采用外接法。

（4）集成电路内部放大器所用的三极管通常采用复合管结构来改善性能。

3.1.2 集成运放电路的组成框图

集成运放电路的组成框图如图 3-1 所示，其中图 3-1（a）所示为集成运放的简化原理框图，图 3-1（b）所示为其符号，图 3-1（c）所示为其外形图。图 3-1（c）中的左图为圆壳式集成电路，右图为双列直插式集成电路。

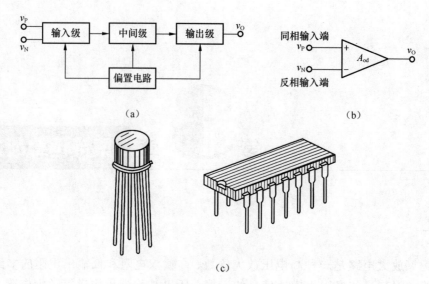

图 3-1　集成运算放大电路

由图 3-1（a）可见，集成运放电路由输入级、中间级、输出级和偏置电路 4 个部分组成。

（1）输入级

集成运放的输入级又称为前置级，它通常是由一个高性能的双端输入差动放大器组成。一般要求该放大器的输入电阻高，差模电压放大倍数大，共模抑制比大，静态电流小。集成运放输入级性能的好坏，直接影响集成运放的性能参数。

（2）中间级

中间级是整个集成运放的主放大器，其性能的好坏，直接影响集成运放的放大倍数，在集成运放中，通常采用复合管的共发射极电路作为中间级电路。

（3）输出级

输出级电路直接影响集成运放输出信号的动态范围和带负载的能力，为了提高集成运放输出信号的动态范围和带负载的能力，输出级通常采用互补对称的输出电路（参阅第10 章）。

（4）偏置电路

偏置电路用于设置集成运放内部各级电路的静态工作点，通常采用恒流源电路，为集成运放内部的各级电路提供合适又稳定的静态工作点电流。

3.2　电流源电路

在集成电路的制作工艺中，在硅片上制作各种类型的三极管比制作电阻容易得多，所占用的硅片面积也小得多，所以集成电路中的三极管除了作放大管外，还被大量地用作恒流源或有源负载，为放大管提供合适的静态工作点及提高放大器的放大倍数。下面先来介绍集成电路中的恒流源和有源负载电路。

3.2.1 基本电流源电路

1. 镜像电流源电路

图 3-2 所示为典型的镜像电流源电路。

该电路的工作原理是：在电路完全对称的情况下，电阻 R 上的电流 I_R 可作为电路的基准电流，根据节点电位法可得该电流的表达式为

$$I_R = \frac{V_{cc} - V_{BE}}{R} = I_C + 2I_b = I_C + 2\frac{I_C}{\beta}$$

在 $\beta \gg 2$ 的条件下，移项整理可得

$$I_C = \frac{\beta}{\beta + 2} I_R \approx I_R = \frac{V_{cc} - V_{BE}}{R} \tag{3-1}$$

由式（3-1）可见，当 V_{CC} 和 R 的数值确定之后，三极管 VT_0 的集电极电流有确定的值 I_R。因电路的对称性，三极管 VT_1 集电极的电流与三极管 VT_0 集电极电流成镜像关系，也随着有确定的值 I_C。

镜像电流源电路的结构简单，应用广阔，但存在着 I_C 大时，电阻 R 上的功耗也大的缺点。改进的方法是在两三极管的发射极上增加电阻 R_e，使镜像电流的关系变成比例关系，组成比例电流源电路。

2. 比例电流源电路

比例电流源电路如图 3-3 所示。

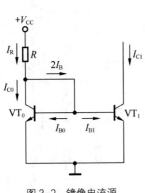

图 3-2　镜像电流源

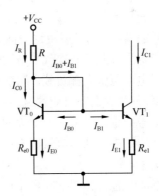

图 3-3　比例电流源

该电路的工作原理是：由电路的结构可知

$$V_{BE0} + I_{E0}R_{e0} = V_{BE1} + I_{E1}R_{e1} \tag{3-2}$$

根据三极管的电流方程 $I_E \approx I_S e^{\frac{V_{BE}}{V_T}}$ 可得

$$V_{BE} \approx V_T \ln \frac{I_E}{I_S}$$

根据 VT_0 和 VT_1 的对称性可得

$$V_{BE0} - V_{BE1} \approx V_T\left(\ln\frac{I_{E0}}{I_S} - \ln\frac{I_{E1}}{I_S}\right) = V_T\ln\frac{I_{E0}}{I_{E1}}$$

将上式代入式（3-2）可得

$$I_{E1}R_{e1} \approx I_{E0}R_{e0} + V_T\ln\frac{I_{E0}}{I_{E1}}$$

当 $\beta \gg 2$ 时，有 $I_{C0}\approx I_{E0}\approx I_R$，$I_{C1}\approx I_{E1}$，将这些关系代入上式可得

$$I_{C1} \approx \frac{R_{e0}}{R_{e1}}I_R + \frac{V_T}{R_{e1}}\ln\frac{I_R}{I_{C1}}$$

在一定的范围内，$I_R\approx I_{C1}$，上式中的对数项可忽略，则

$$I_{C1} \approx \frac{R_{e0}}{R_{e1}}I_R \approx \frac{R_{e0}(V_{cc} - V_{BE0})}{R_{e1}(R + R_{e0})} \tag{3-3}$$

与式（3-1）相比，在相同 I_{C1} 的情况下，可以用较大的 R，以减少 I_R 的值，降低 R 的功耗。同时，R_{e0} 和 R_{e1} 是两个三极管的发射极电阻，引入电流负反馈，使两三极管的输出电流更加稳定。

*3.2.2 以电流源为有源负载的放大器

由前面章节的知识已知，共发射极或共源极放大电路的开路电压放大倍数 $A_{vo} = -\beta\dfrac{R_c}{r_{be}}$ 或

$A_{vo} = -g_mR_d$。由电压放大倍数的表达式可见，放大器的电压放大倍数与 R_c 或 R_d 成正比。要提高放大器的电压放大倍数，在 β 和 g_m 保持不变的情况下，必须加大 R_c 或 R_d 的阻值。

R_c 或 R_d 变大了，要保持三极管的静态工作点不变，电路的直流供电电压也必须提高，这将引起集成电路功耗的增加。为了解决这一问题，在集成电路中，采用电流源为有源负载取代 R_c 或 R_d。

利用电流源做有源负载，可实现在电源电压不变的情况下，使放大器既可获得合适的静态工作点电流。对交流信号而言，又可得到很大的等效电阻 r_{ce} 或 r_{ds} 来替代 R_c 或 R_d。利用电流源为有源负载的差动放大电路如图 3-4 所示。

图 3-4 中的三极管 VT_1 和 VT_2 组成差动放大器；VT_3、VT_4 和 VT_5 组成电流源电路，差动放大器提供合适的静态工作点电流；VT_6 和 VT_7 组成差动放大器

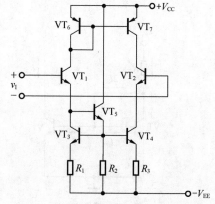

图 3-4 利用电流源为有源负载的放大器

的有源负载，该电路既可使差动放大器获得合适的静态工作点电流，又可使交流信号有很大的等效电阻 r_{ce}，可替代原电路中的 R_c，获得很大的电压放大倍数。

3.3 集成运放原理电路和理想运放的参数

3.3.1 集成运放原理电路分析

根据前面的分析已知，集成运放内部电路由输入级、中间级，输出级和偏置电路 4 部分

组成。图 3-5 所示为简化的集成运放电路原理图，图中虚线将其划分成 4 个组成部分。

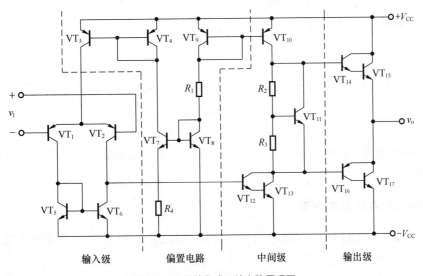

图 3-5 简化的集成运放电路原理图

图 3-5 中的三极管 VT_1、VT_2、VT_3 和 VT_4 组成双端输入单端输出的差动放大器。为了提高差动放大器的输入电阻和改善频响特性，VT_1 和 VT_3、VT_2 和 VT_4 分别组成共集-共基电路。VT_5、VT_6 和 VT_7 组成电流源电路为差动放大器提供合适的静态工作点。VT_{16} 和 VT_{17} 组成中间级复合管共发射极放大器；VT_8 和 VT_9、VT_{12} 和 VT_{13} 分别为差动放大和中间级放大器的有源负载；VT_{11} 和 VT_{12} 是电流源电路，为有源负载提供合适的工作电流；VT_{14}、VT_{18} 和 VT_{19} 组成互补对称输出电路，VT_{15} 用来消除输出电路的交越失真。

运算放大器的内部电路结构虽然较复杂，但使用者无须去深入地研究它，只需将它视为一个能够完成某种特定功能的 IC。

3.3.2 集成运放的主要参数

正确使用集成运放的前提是了解集成运放参数的意义，集成运放的主要参数如下。

1. 输入失调电压 V_{IO}（输入补偿电压）

一个理想集成运放，当输入电压为零时，输出电压也应该等于零。由于实际的差动输入电路不可能做到完全对称，所以在输入电压为零时，集成运放的输出有一个微小的电压值。该电压值反映了集成运放差动输入电路的不对称程度，在输入端加补偿电压，可消除这个微小的输出电压。在输入端所加的补偿电压就称为输入失调电压，该电压的值一般为几毫伏。输入失调电压的值越小，集成运放的性能越好。

2. 输入失调电流 I_{IO}（输入补偿电流）

集成运放在输入电压为零时，流入放大器两个输入端的静态基极电流之差称为输入失调电流 I_{IO}。即

$$I_{IO} = | I_{BP} - I_{BN} | \tag{3-4}$$

该值反映了输入级差动电路的不对称程度。输入失调电流 I_{IO} 流过信号源内阻时，会产生一定的输入电压，而破坏了放大器的平衡，使放大器的输出电压不等于零。一般运放的输入失调电流 I_{IO} 都很小。

3．输入偏置电流 I_{IB}

输入电压为零时，两个输入端静态电流的平均值称为运放的输入偏置电流，即

$$I_{IB} = \frac{I_{BN} + I_{BP}}{2} \tag{3-5}$$

输入偏置电流是集成运放的一个重要指标，I_{IB} 愈小，说明集成运放受信号源内阻变化的影响也愈小。

4．开环差模电压放大倍数 A_{od}

开环差模电压放大倍数 A_{od} 指的是运放在没有外接反馈电路时本身的差模电压放大倍数，即

$$A_{od} = \frac{\Delta V_o}{\Delta(V_+ - V_-)} \tag{3-6}$$

开环差模电压放大倍数 A_{od} 愈高，所构成的运放电路愈稳定，运算的精度也愈高。A_{vo} 一般可达 $10^4 \sim 10^7$ 或 $80 \sim 140$dB。

5．最大输出电压 V_{opp}（输出峰-峰电压）

最大输出电压是指输出不失真时的最大输出电压值。

6．最大共模输入电压 V_{ICmax}

由于运放在工作时，输入信号可分解为差模信号和共模信号。运放对差模信号有放大作用，对共模信号有抑制作用，但这种抑制作用有一定的范围，这个范围的最大值就是 V_{ICmax}。运放工作时，共模输入信号若超出此范围，运放内部管子工作的状态将不正常，抑制共模信号的能力将显著下降，甚至造成器件损坏。

7．共模抑制比 K_{CMR}

集成运放开环差模电压放大倍数与开环共模电压放大倍数之比就是集成运放的共模抑制比 K_{CMR}。K_{CMR} 常用分贝来表示。

以上所介绍的仅是集成运放的几个主要技术参数，集成运放还有差模输入电阻、输出电阻、温度漂移、静态功耗等参数，使用时可从手册上查到，这里不再赘述。

3.4　理想集成运放的参数和工作区

利用集成运放，引入各种不同的反馈，就可以构成具有不同功能的实用电路。在分析各种实用电路时，通常都将集成运放的性能指标理想化。性能指标理想化的运放称为理想运放，下面来介绍理想运放的性能指标。

3.4.1 理想运放的性能指标

理想集成运放的主要参数包括：

（1）开环差模增益（放大倍数）$A_{od}=\infty$；

（2）差模输入电阻 $R_{Id}=\infty$；

（3）输出电阻 $R_o=0$；

（4）共模抑制比 $K_{CMR}=\infty$；

（5）上限截止频率 $f_H=\infty$。

实际上，集成运放的技术指标均为有限值，理想化后必然带来分析误差。但是，在一般的分析计算中，这些误差都是允许的。而且，随着新型运放的不断出现，实际运放的性能指标越来越接近理想运放，分析计算的误差也就越来越小。因此，在运放电路的分析计算中，只有在进行误差分析时，才考虑实际运放的有限增益、带宽、共模抑制比、输入电阻、失调因素等所带来的影响。

尽管集成运放的应用电路多种多样，但就其工作区域来说却只有线性区和非线性区两个。在电路中，集成运放不是工作在线性区，就是工作在非线性区。下面来讨论运放处在不同工作区的基本特点，这些特点是分析集成运放应用电路的基础。

3.4.2 理想运放在不同工作区的特征

1．理想运放在线性工作区的特点

设集成运放同相输入端和反相输入端的电位分别为 v_p 和 v_N，电流分别为 I_p 和 I_N，当集成运放工作在线性区时，输出电压与输入差模电压呈线性关系，即

$$v_o = A_{od}(u_p - u_N) \tag{3-7}$$

由于 v_o 为有限值，对于理想运放 $A_{od}=\infty$，因而净输入电压 $v_p-v_N=0$，即

$$v_p = v_N \tag{3-8}$$

式（3-8）说明，运放的两个输入端没有短路，却具有与短路相同的特征，这种情况称为两个输入端"虚短路"，简称"虚短"。

注意："虚短"与短路是不同的两个概念，不能简单替代。

因为理想运放的输入电阻为无穷大，所以流入理想运放两个输入端的输入电流 I_p 和 I_N 也为零，即

$$I_p = I_N = 0 \tag{3-9}$$

式（3-9）说明集成运放的两个输入端没有断路，却具有与断路相同的特征，这种情况称为两个输入端"虚断路"，简称"虚断"。

注意："虚断"与断路也是不同的两个概念，不能简单地替代。

对于工作在线性区的运放，"虚短"和"虚断"是非常重要的两个概念，这两个概念是分析运放电路输入信号和输出信号关系的基本公式。

2．理想运放工作在非线性区的特征

在理想运放组成的电路中，若理想运放工作在开环状态（即没有引入反馈）或正反馈的

状态下，因运放电路的 A_{od} 或 A_v 等于 ∞，所以，当两个输入端之间有无穷小的输入电压时，根据电压放大倍数的定义，运放的输出电压 v_o 也将是 ∞。∞ 的电压值超出了运放输出的线性范围，使运放电路进入非线性工作区。

工作在非线性工作区的运放，输出电压不是正向的最大电压 V_{oM}，就是负向的最大电压 $-V_{oM}$。输出电压与输入电压之间的关系曲线 $v_o=f(v_I)$ 称为运放的电压传输特性曲线，该曲线如图 3-6 所示。

由图 3-6 可见，理想运放工作在非线性区的两个特点如下。

（1）输出电压 v_o 只有两种可能的情况。当 $v_P-v_N>0$ 时，输出 v_o 为 $+V_{oM}$；当 $v_P-v_N<0$ 时，输出 v_o 为 $-V_{oM}$。

（2）由于理想运放的差模输入电阻为无穷大，故净输入电流为零，即 $I_P=I_N=0$。由此可见，理想运放仍具有"虚断"的特点，但其净输入电压不再为零，而是取决于电路的输入信号。

对于工作在非线性区的运放应用电路，上述两个特点是分析其输入信号和输出信号关系的基本出发点。

3. 集成运放工作在线性区的电路特征

对于理想运放，因 $A_{od}=\infty$，当两个输入端之间有无穷小的输入电压时，运放的输出电压将为 ∞，超出了运放输出的线性范围，使运放工作在非线性区。为了使运放工作在线性区，必须想办法减少运放的 A_{od} 或 A_v 的值。在电路中引入负反馈，将 ∞ 的 A_{od} 变成有限值的 A_v，即可实现减少放大器 A_v 的目的，使集成运放工作在线性区。

根据上面的分析可得集成运放工作在线性区的特征是：在电路中引入负反馈。该特征也是判断集成运放是否工作的线性区的重要依据。

对于单个的集成运放，通过无源的反馈网络将集成运放的输出端与反相输入端相连，即可在电路引入负反馈，使运放工作在线性工作区，如图 3-7 所示。

图 3-6　电压传输特性曲线　　　　　　图 3-7　在运放电路中引入反馈

分析工作在线性区运放的输入信号和输出信号之间的关系时，所用的概念就是"虚短"和"虚断"的概念和关系式。

3.5　基本运算电路

集成运放的应用首先表现在它能构成各种运算电路，并因此而得名。在运算电路中，以输入电压作为自变量，以输出电压作为函数，当输入电压变化时，输出电压将按一定的数学规律变化，即输出电压反映了对输入电压某种运算的结果。因此，集成运放必须工作在线性工作区，在深度负反馈的条件下，利用反馈网络能够实现各种数学运算。这些数学运算包括比例、加、减、积分、微分、对数、指数等。

注意：在运算电路中，无论是输入电压，还是输出电压，均是对"地"而言的。

3.5.1 比例运算电路

1. 反相比例运算电路

（1）电路的组成

反相比例运算电路的组成如图 3-8 所示。由图 3-8 可见，输入电压 v_i 通过电阻 R_1 加在运放的反相输入端。R_f 是沟通输出和输入的通道，是电路的反馈网络。

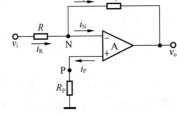

因该网络的两个端子分别与输出和输入端子接在一起，根据反馈组态的判别方法，可得该电路的反馈组态：电压并联负反馈。

图 3-8 反相比例运算电路

同相输入端所接的电阻 R_P 称为电路的平衡电阻，该电阻等于从运放的同相输入端往外看除源以后的等效电阻，为了保证运放电路工作在平衡的状态下，R_P 的值应等于从运放的反相输入端往外看除源以后的等效电阻 R_N，即

$$R_P = R_N \tag{3-10}$$

式（3-10）是选择平衡电阻的基本关系式，对任何形式的运放电路均适用，但不同形式的运算放大器 R_P 和 R_N 的组态不相同，在本电路中 $R_N=R_1\|R_f=R_P$。

（2）电压放大倍数

由上面的分析可知，反相比例运算放大器是属于电压并联负反馈放大器，这里讨论的电压放大倍数是指电路的闭环源电压放大倍数，即 A_{vsf}。今后为了叙述方便，将其简称为电压放大倍数，用符号 A_v 来表示。

因反相比例运算电路带有负反馈网络，所以集成运放工作在线性工作区。利用"虚断"和"虚短"的概念可分析输出电压和输入电压的关系。根据"虚断"的概念可得

$$i_P = i_N = 0 \tag{3-11}$$

将"虚断"的关系代入基尔霍夫电流定律可得

$$i_R = i_f \tag{3-12}$$

根据"虚短"的概念可得

$$v_- = v_+ = 0 \tag{3-13}$$

式（3-13）的关系说明运放的反相输入端没有接地，却因同相输入端接地，使反相输入端也具有与"地"相同的电位，反相输入端的这种状态称为"虚地"。

注意"虚地"和接地是不同的两个概念，"虚地"的特征是电位与地相同，但不接地，它是"虚短"在同相输入端的电位为零时的特例。

利用"虚地"的概念可得

$$v_i = i_R R_1 \tag{3-14}$$

$$v_o = -i_f R_f \qquad (3\text{-}15)$$

所以，电压放大倍数 A_v 为

$$A_v = \frac{v_o}{v_i} = -\frac{i_f R_f}{i_R R_1} = -\frac{R_f}{R_1} \qquad (3\text{-}16)$$

式（3-16）说明输出电压和输入电压的大小成比例关系，且位相相反（式中的负号说明输出电压和输入电压位相相反），这也是反相比例运算放大器名称的由来。

反相比例运算放大器因引入电压负反馈，且反馈深度 $1+AF=\infty$，所以该电路的输出电阻 r_o 为

$$r_o = 0 \qquad (3\text{-}17)$$

式（3-17）说明反相比例运算放大器带负载的能力很大，带负载和不带负载时的运算关系保持不变。

根据"虚地"的概念可得反相比例运算电路的输入电阻 r_i 为

$$r_i = R_1 \qquad (3\text{-}18)$$

由式（3-18）可见，虽然理想运放的输入电阻为无穷大，由于引入并联负反馈后，电路的输入电阻减少了，变成 R_1，要提高反相比例运算放大器的输入电阻，需加大电阻 R_1 的值。R_1 的值越大，R_f 的值也必须加大，电路的噪声也越大，稳定性越差。

2．同相比例运算电路

（1）电路的组成

同相比例运算电路的组成如图 3-9 所示。

由图 3-9 可见，输入电压 v_i 通过电阻 R_P 加在运放的同相输入端。R_f 是沟通输出和输入的通道，是电路的反馈网络。

因该网络的一个端子与输出端子接在一起，另一个端子没有与输入端子接在一起，根据反馈组态的判别方法，可得该电路的反馈组态是：电压串联负反馈。电压反馈可稳定输出电压，该电路稳定输出电压的流程图如图 3-10 所示。

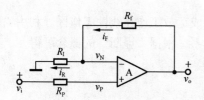

图 3-9　同相比例运算电路

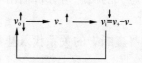

图 3-10　稳定输出电压的流程图

（2）电压放大倍数

由上面的分析可知，同相比例运算放大器是属于电压串联负反馈放大器。利用"虚断"和"虚短"的概念可分析输出电压和输入电压的关系。根据"虚断"的概念可得

$$i_P = i_N = 0 \qquad (3\text{-}19)$$

根据"虚短"的概念可得

$$v_- = \frac{R_1}{R_1 + R_f} v_o = v_+ = v_i \qquad (3\text{-}20)$$

根据电压放大倍数的表达式可得

$$A_v = \frac{v_o}{v_i} = 1 + \frac{R_f}{R_1} \qquad (3\text{-}21)$$

式（3-21）说明输出电压和输入电压的大小成比例关系，且位相相同，这也是同相比例运算放大器名称的由来。

为了电路的对称性和平衡电阻的调试方便，同相比例运算放大器通常还接成如图 3-11 所示的形式。因该电路的 v_+ 为

$$v_+ = \frac{R}{R_P + R} v_i = P v_i$$

式中的 P 为串联电路的分压比，所以该电路的电压放大倍数为

$$A_v = \frac{R}{R_P + R} \left(1 + \frac{R_f}{R_1} \right) = P \left(1 + \frac{R_f}{R_1} \right) \qquad (3\text{-}22)$$

由式（3-22）可见，两种形式的同相比例运算电路，电压放大倍数的公式仅相差一个分压比 P。

3. 电压跟随器

在图 3-9 所示电路中，若令 $R_f=0$，则电路变成如图 3-12（a）所示的形式，图 3-12（b）所示为 $R_1=\infty$ 的特例。

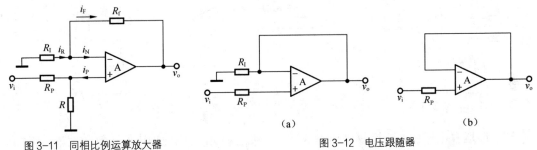

图 3-11 同相比例运算放大器   图 3-12 电压跟随器

根据式（3-20）可得

$$A_v = 1 + \frac{R_f}{R_1} = 1 \qquad (3\text{-}23)$$

式（3-23）说明图 3-12 所示电路的电压放大倍数等于 1，输出电压随着输入电压的变化而变化，具有这种特征的电路称为电压跟随器。

根据深度负反馈放大器的分析方法也可得到式（3-20）的结论。下面为具体分析的方法。

设电路各电流的参考方向如图 3-9 所示，根据反馈网络单向化处理的原则和反馈系数的定义式可得

$$F = \frac{X_F}{X_O} = \frac{V_F}{V_O} = F_{vv} = \frac{\dfrac{R_1}{R_1 + R_f} V_O}{V_O} = \frac{R_1}{R_1 + R_f}$$

$$A_v = A_{vvf} = \frac{1}{F_{vv}} = 1 + \frac{R_f}{R_1}$$

与式（3-26）的结论相同。

【例 3-1】 图 3-13 所示为同相比例运算电路，已知 $A_V=10$，且 $R_1=R_2$。

（1）求 R_3 和 R_4 与 R_1 的关系。

（2）当输入电压 $v_i=2\text{mV}$ 时，R_1 的接地点因虚焊而开路，求输出电压 v_o 的值。

解 根据式（3-22）和式（3-10）可得

$$A_v = \frac{R_4}{R_2+R_4}\left(1+\frac{R_3}{R_1}\right)=10 \tag{3-24}$$

$$R_P = R_2 \| R_4 = R_N = R_1 \| R_3 \tag{3-25}$$

已知 $R_1=R_2$，根据式（3-25）可得，$R_3=R_4$。将结果代入式（3-24）可得

$$R_3=R_4=10R_1$$

当 R_1 的接地点断开时，相当于式（3-24）中的 $R_1=\infty$，电路变成电压跟随器。根据电压跟随器输出电压与输入电压相等的特征可得

$$v_o = v_+ = Pv_i = \frac{R_4}{R_2+R_4}v_i = \frac{10}{11}v_i \approx 1.8\text{mV}$$

【例 3-2】 图 3-14 所示为比例运算电路，已知 $A_v=-33$，且 $R_1=10\text{k}\Omega$，$R_2=R_4=100\text{k}\Omega$。求 R_5 和 R_6 的阻值。

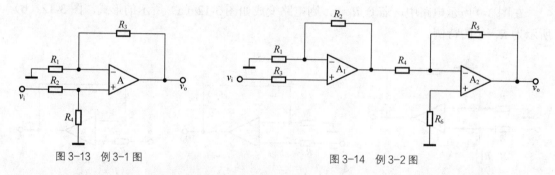

图 3-13 例 3-1 图　　　　图 3-14 例 3-2 图

解 该运算电路由两级运算电路组成，第一级运放 A_1 组成同相比例运算放大器，第二级 A_2 组成反相比例运算放大器，根据多级放大器电压放大倍数的公式可得

$$A_v = \frac{v_o}{v_i} = \frac{v_{o1}}{v_i}\frac{v_o}{v_{o1}} = A_{v1}A_{v2} = \left(1+\frac{R_2}{R_1}\right)\left(-\frac{R_5}{R_4}\right) = -\frac{11}{100}R_5 = -33$$

$$R_5 = 300\text{k}\Omega$$

根据 $R_p=R_N$ 的关系可得 R_6 的值为

$$R_6 = R_4 \| R_5 = 75\text{k}\Omega$$

3.5.2 加减运算电路

1. 反相求和电路

（1）电路的组成

反相求和电路的组成如图 3-15 所示。由图中可见，增加反相比例运算放大器的输入端，即构成反相求和电路。

（2）输出电压与输入电压的关系

根据基尔霍夫电流定律和"虚地"的概念可得

$$\frac{v_{i1}}{R_1} + \frac{v_{i2}}{R_2} = -\frac{v_o}{R_f}$$

移项整理可得

$$v_o = -R_f \left(\frac{v_{i1}}{R_1} + \frac{v_{i2}}{R_2} \right) \tag{3-26}$$

在 $R_1=R_2=R$ 的情况下可得

$$v_o = -\frac{R_f}{R}(v_{i1} + v_{i2}) \tag{3-27}$$

由式（3-27）可见，图 3-15 所示电路的输出电压与输入电压的和成正比，且反相，所以该电路称为反相求和电路。

2. 同相求和电路

（1）电路的组成

同相求和电路的组成如图 3-16 所示。由图中可见，增加同相比例运算放大器的输入端，即可构成同相求和电路。

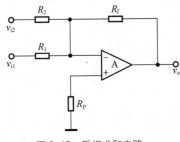

图 3-15　反相求和电路

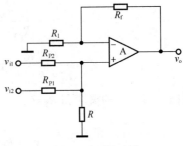

图 3-16　同相求和电路

（2）输出电压与输入电压的关系

根据叠加定理和分压公式可得

$$v_+ = \frac{R_{P2} \parallel R}{R_{P1} + R_{P2} \parallel R} v_{i1} + \frac{R_{P1} \parallel R}{R_{P2} + R_{P1} \parallel R} v_{i2}$$

$$v_- = \frac{R_1}{R_1 + R_f} v_o$$

根据"虚短"的概念可得

$$\frac{R_{P2} \parallel R}{R_{P1} + R_{P2} \parallel R} v_{i1} + \frac{R_{P1} \parallel R}{R_{P2} + R_{P1} \parallel R} v_{i2} = \frac{R_1}{R_1 + R_f} v_o$$

移项整理可得

$$v_o = \frac{R_1 + R_f}{R_1} \left(\frac{R_{P2} \parallel R}{R_{P1} + R_{P2} \parallel R} v_{i1} + \frac{R_{P1} \parallel R}{R_{P2} + R_{P1} \parallel R} v_{i2} \right)$$

$$= \frac{(R_1 + R_f)R_f}{R_1 R_f} (R_{P1} \parallel R_{P2} \parallel R) \left(\frac{v_{i1}}{R_{P1}} + \frac{v_{i2}}{R_{P2}} \right)$$

将 $R_P=R_N$ 的条件代入可得：

$$v_o = R_f \left(\frac{v_{i1}}{R_{P1}} + \frac{v_{i2}}{R_{P2}} \right) \tag{3-28}$$

在 $R_{P1}=R_{P2}=R$ 的情况下可得

$$v_o = \frac{R_f}{R}(v_{i1} + v_{i2}) \tag{3-29}$$

由式（3-32）可见，图 3-16 所示电路的输出电压与输入电压的和成正比的关系，所以该电路称为同相求和电路。

3. 加减运算电路

（1）电路的组成

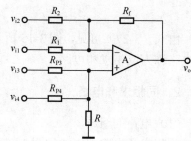

加减运算电路的组成如图 3-17 所示。由图中可见，将反相比例运算电路和同相比例运算电路组合起来，即可构成加减运算电路。

（2）输出电压与输入电压的关系

根据叠加定理和分压公式可得

图 3-17　加减运算电路

$$v_+ = \frac{R_{P4} \parallel R}{R_{P3} + R_{P4} \parallel R} v_{i3} + \frac{R_{P3} \parallel R}{R_{P4} + R_{P3} \parallel R} v_{i4}$$

$$v_- = \frac{R_2 \parallel R_f}{R_1 + R_2 \parallel R_f} v_{i1} + \frac{R_1 \parallel R_f}{R_2 + R_1 \parallel R_f} v_{i2} + \frac{R_1 \parallel R_2}{R_f + R_1 \parallel R_2} v_o$$

根据"虚短"的概念和 $R_P=R_N$ 的条件可得

$$v_o = R_f \left(\frac{v_{i3}}{R_{P3}} + \frac{v_{i4}}{R_{P4}} - \frac{v_{i1}}{R_1} - \frac{v_{i2}}{R_{P2}} \right) \tag{3-30}$$

在 $R_1=R_2=R_{P3}=R_{P4}=R$ 的情况下可得

$$v_o = \frac{R_f}{R}(v_{i3} + v_{i4} - v_{i1} - v_{i2}) \tag{3-31}$$

由式（3-31）可见，图 3-17 所示电路的输出电压与输入电压的和、差成正比的关系，所以该电路称为加减运算电路。

【**例 3-3**】　设计一个满足 $v_o = 10v_{i1} + 5v_{i2} - 4v_{i3}$ 的运算电路。

解　运算电路的设计除了考虑输出和输入之间的函数关系外，还应考虑平衡电阻的设置。反相求和电路的平衡电阻较同向求和电路更容易设置，所以在设计运算电路时，通常使用反相求和电路，且利用两级反求和电路相串联的方法来实现加减的运算关系。根据这一思路，所设计的电路如图 3-18 所示。

选择反馈电阻 R_4 和 R_7 为 100kΩ，根据运算的关系式可得 R_1 为 10kΩ，R_2 为 20kΩ，R_5 为 100kΩ，R_4 为 25kΩ。将这些关系代入反向求和电路的公式（3-26）可得

$$v_o = -v_{o1} - 4v_{i3} = 10v_{i1} + 5v_{i2} - 4v_{i3}$$

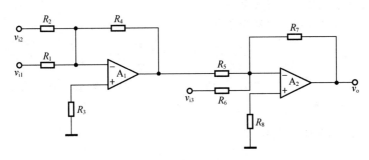

图 3-18 例 3-3 图

根据平衡电阻的关系式可得

$$R_3 = R_1 \parallel R_2 \parallel R_4 = 6.25\text{k}\Omega$$

$$R_8 = R_5 \parallel R_6 \parallel R_7 = 1.667\text{k}\Omega$$

3.5.3 积分和微分运算电路

1. 积分运算电路

（1）电路的组成

积分运算电路的组成如图 3-19 所示。由图中可见，将反相比例运算电路中的反馈电阻 R_f 换成电容 C，即构成积分运算电路。

（2）输出电压与输入电压的关系

根据"虚断""虚短"的概念和电容电压的关系式可得

$$v_o = -v_c = -\frac{1}{C}\int i_c \mathrm{d}t = -\frac{1}{RC}\int v_i \mathrm{d}t \tag{3-32}$$

由式（3-32）可见，图 3-19 所示电路的输出电压与输入电压的积分成正比的关系，所以该电路称为积分运算电路。

2. 微分运算电路

（1）电路的组成

微分运算电路的组成如图 3-20 所示。由图中可见，将反相比例运算电路中的输入电阻 R 换成电容 C，即构成微分运算电路。

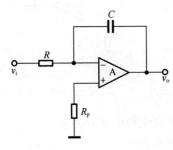

图 3-19 积分运算电路

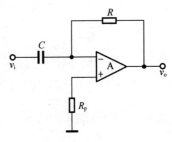

图 3-20 微分运算电路

（2）输出电压与输入电压的关系

根据"虚断"和"虚短"的概念和电容器电流的关系式可得

$$v_o = -v_R = -RC\frac{dv_i}{dt} \qquad (3\text{-}33)$$

由式（3-33）可见，图 3-20 所示电路的输出电压与输入电压的微分成正比的关系，所以该电路称为微分运算电路。

3.5.4 对数和指数运算电路

1. 对数运算电路

（1）电路的组成

对数运算电路的组成如图 3-21 所示。由图中可见，将反相比例运算电路中的反馈电阻 R_f 换成二极管 VD 即构成对数运算电路。

（2）输出电压与输入电压的关系

根据半导体的基础知识可知，二极管在正向偏置的情况下，二极管内的电流和电压的关系为

$$i_D \approx I_S e^{\frac{v_D}{V_T}} \qquad (3\text{-}34)$$

将上式取对数并整理可得

$$v_D = V_T \ln\frac{i_D}{I_S} \qquad (3\text{-}35)$$

根据"虚断"和"虚短"的概念可得

$$v_o = -v_D = -V_T \ln\frac{v_i}{RI_S} \qquad (3\text{-}36)$$

由式（3-36）可见，图 3-21 所示电路的输出电压与输入电压的对数成正比的关系，所以该电路称为对数运算电路。

因二极管的动态范围较小，运算的精度不够高，实用的对数运算电路是用三极管替代二极管。用三极管组成的对数运算电路如图 3-22 所示。

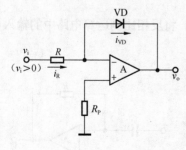

图 3-21　对数运算电路

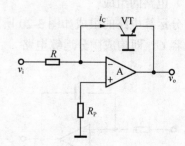

图 3-22　用三极管组成的对数运算电路

根据半导体的基础知识可知，工作在放大区的三极管电流和电压的关系为

$$i_C \approx I_S e^{\frac{v_{BE}}{V_T}} \qquad (3\text{-}37)$$

根据"虚断"和"虚短"的概念可得

$$v_o = -v_{BE} = -V_T \ln \frac{v_i}{RI_S} \qquad (3-38)$$

结论与式（3-36）相同，但动态范围较大，运算的精度较高。

2. 指数运算电路

（1）电路的组成

指数运算电路的组成如图 3-23 所示。由图中可见，将反相比例运算电路中的输入电阻 R 换成二极管 VD，即构成指数运算电路。

（2）输出电压与输入电压的关系

根据"虚断"和"虚短"的概念和二极管电流和电压的关系式（3-34）可得

$$v_o = -v_R = -RI_S e^{\frac{v_D}{V_T}} \qquad (3-39)$$

由式（3-39）可见，图 3-23 所示电路的输出电压与输入电压的指数成正比的关系，所以该电路称为指数运算电路。

与对数运算电路一样，为了扩大输入信号的动态范围和提高运算精度，用三极管替代二极管组成指数电路，如图 3-24 所示。图 3-24 所示电路输出和输入电压之间的关系也是式（3-39）。

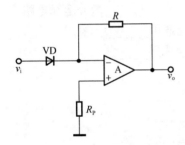

图 3-23　指数运算电路

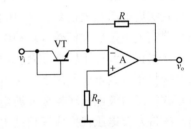

图 3-24　用三极管组成的指数运算电路

本 章 小 结

本章介绍了各种的运算电路。组成运算电路的核心器件是集成运算放大器，集成运算放大器有两个输入端和一个输出端。信号从反相输入端输入的，输出信号与输入信号反相；信号从同相输入端输入的，输出信号与输入信号同相。

满足理想化条件的集成运放应具有无限大的差模输入电阻、趋于零的输出电阻、无限大的差模电压增益和共模抑制比、无限大的频带宽度以及趋于零的失调和漂移。虽然实际集成运放不可能具有上述理想特性，但是在低频工作时，它的特性是接近理想条件的。

分析运算电路所用的主要概念是"虚短""虚断"和电阻平衡，这些概念的表达式为

$$v_+ = v_-$$

$$i_+ = i_- = 0$$

$$R_P = R_N$$

分析的方法与第 1 章和第 2 章所介绍的方法相同。利用上述的关系和第 1 章所介绍的方法，可讨论各种运算放大器输出电压和输入电压的关系。主要的运算放大器有反相比例运算放大器、同相比例运算放大器、电压跟随器、反相加法器、同相加法器、加减电路、积分电路、微分电路、对数电路、指数电路等。

利用上述的关系式和第 2 章所介绍的分析方法，可以讨论各种有源滤波器的频响特性曲线，求出有源滤波器的通带截止频率，画出有源滤波器的波特图。

习　题

3.1　判断下列说法的正、误，在括号内画"√"表示正确，画"×"表示错误。

（1）运算电路中集成运放一般工作在线性区。（　　　）

（2）反相比例运算电路输入电阻很大（　　　），输出电阻很小（　　　）。

（3）虚短是指集成运放两个输入端短路（　　　），虚断是指集成运放两个输入端开路（　　　）。

（4）同相比例运算电路中集成运放的共模输入电压为零。（　　　）

3.2　现有 6 种运算电路如下，请选择正确的答案，用 A、B、C 等填空。

A．反相比例运算电路　　　B．同相比例运算电路　　　C．求和运算电路

D．加减运算电路　　　　　E．积分运算电路　　　　　F．微分运算电路

（1）欲实现电压放大倍数 $A_v = -100$ 的放大电路，应选用_____。

（2）欲实现电压放大倍数 $A_v = +100$ 的放大电路，应选用_____。

（3）欲将正弦波电压转换成余弦电压，应选用_____。

（4）欲将正弦波电压叠加上一个直流电压，应选用_____。

（5）欲将三角波电压转换成方波电压，应选用_____。

（6）欲将方波电压转换成三角波电压，应选用_____。

（7）欲实现两个信号之差，应选用_____。

3.3　在括号内填入合适的答案

（1）理想运算放大器的差模电压放大倍数等于（　　　），差模输入电阻等于（　　　），输出电阻等于（　　　），共模抑制比等于（　　　）；当输入信号从运算放大器的反相输入端输入时，输出信号与输入信号（　　　），已知某运算放大器的输出信号与输入信号同相，说明该运算放大器的输入信号从（　　　）输入端输入。

（2）理想运算放大器有（　　　）和（　　　）两个工作区，工作在线性工作区的运算放大器必须引入（　　　），分析工作在线性工作区的理想运放电路所用的公式是（　　　）、和（　　　），"虚地"是（　　　）在运算放大器（　　　）接地的情况下的特例。

（3）利用（　　　）可实现将输入的正弦波信号移相 90° 的目的；要实现正弦波信号与直流信号相叠加的目的，可选用（　　　）；要实现将输入的正弦波信号转换成两倍频的正弦波信号，可选用（　　　）；要将输入的方波信号转换成三角波信号，可选用（　　　）；要将输入的方波信号转换成尖波信号输出，可选用（　　　）。

（4）要滤掉低频的干扰信号，可选用（　　　）；要从输入信号中取出 20kHz～40kHz 的信号，应选用（　　　）；要将输入信号中 20kHz～40kHz 的信号滤掉，应选用（　　　）；为了获

得输入信号中的低频信号，应选用（　　）。

（5）（　　）比例运算电路中的集成运放（　　）为"虚地"端，（　　）比例运算放大电路中的集成运放两输入端的电位（　　），称为（　　）。

3.4　填空

（1）理想集成运放的 $A_{od}=$＿＿＿＿，$r_{id}=$＿＿＿＿，$r_{od}=$＿＿＿＿，$K_{CMR}=$＿＿＿＿。

（2）＿＿＿＿比例运算电路中集成运放反相输入端为虚地。

（3）＿＿＿＿运算电路可实现函数 $Y=aX_1+bX_2+cX_3$（a、b、c 均大于零）。

（4）＿＿＿＿运算电路可实现函数 $Y=aX_1+bX_2+cX_3$（a、b、c 均小于零）。

3.5　设计一个比例运算电路，要求比例系数为-100，输入电阻为 10kΩ。

3.6　电路如图 3-25 所示，已知：当输入电压 $v_i=100$mV 时，要求输出电压 $v_o=-5$V。试求解 R_f 和 R_2 的阻值。

3.7　电路如图 3-26 所示，集成运放输出电压的最大幅值为±14V。求输入电压 v_i 分别为 100mV 和 2V 时，输出电压 v_o 的值。

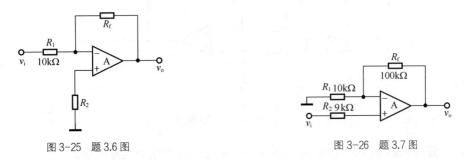

图 3-25　题 3.6 图　　　　　图 3-26　题 3.7 图

3.8　已知集成运放为理想运放，试分别求出图 3-25 和图 3-26 所示电路的输入电阻、输出电阻和集成运放的共模输入电压，并分析哪个电路对集成运放的共模抑制比要求更高。

3.9　试用两个理想集成运放实现一个电压放大倍数为 100、输入电阻为 100kΩ 的运算电路。要求所采用电阻的最大阻值为 500kΩ。

3.10　试用理想集成运放实现一个电压放大倍数为 100、输入电阻趋于无穷大的运算电路。要求所采用电阻的最大阻值为 200kΩ。

3.11　求解图 3-27 所示各电路输出电压与输入电压的运算关系。

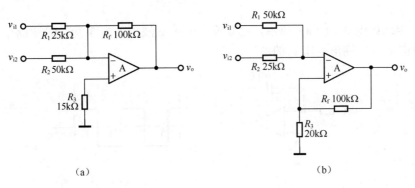

（a）　　　　　　　　（b）

图 3-27　题 3.11 图

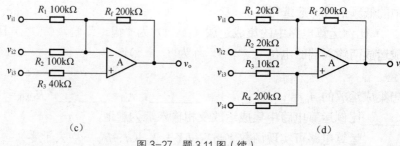

图 3-27　题 3.11 图（续）

3.12　测量电阻的电桥电路如图 3-28 所示，已知集成运放 A 具有理想特性。

（1）写出输出电压 v_o 与被测电阻 R_2 及参考电阻 R 的关系式。

（2）若被测电阻 R_2 相对于参考电阻 R 的变化量为 2%（即 $R_2=1.02R$）时 $V_o=24mV$，则 R 的阻值为多少？

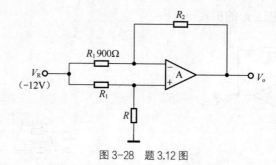

图 3-28　题 3.12 图

3.13　分别求解图 3-29 所示两电路输出电压与输入电压的运算关系。

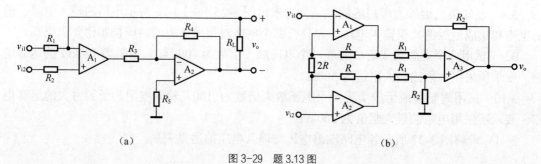

图 3-29　题 3.13 图

3.14　电路如图 3-30（a）所示，已知输入电压 v_i 波形如图 3-30（b）所示，当 $t=0$ 时，$v_o=5V$。对应 v_i 画出输出电压 v_o 的波形。

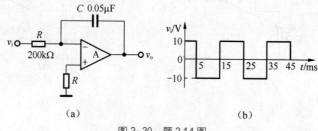

图 3-30　题 3.14 图

3.15 分别求解图 3-31 所示各电路的运算关系。

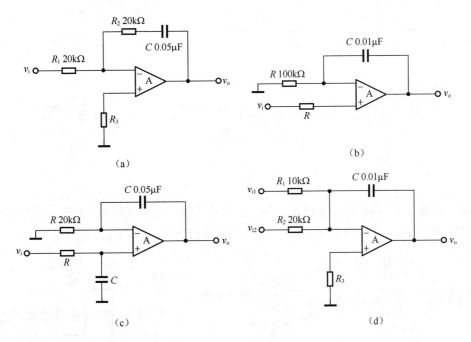

图 3-31 题 3.15 图

3.16 电路如图 3-32 所示，设电容两端电压的初始值为零。

（1）求解 v_o 与 v_i 的运算关系。

（2）设 $t=0$ 时刻开关处于位置 1，当 $t=2s$ 时，突然转换到位置 2，$t=4s$ 时，又快速回到 1，试画出 v_o 的波形，并求出 $v_o=0V$ 的时间。

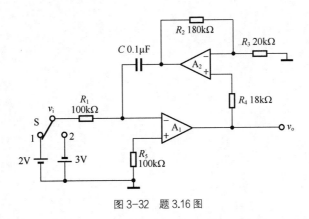

图 3-32 题 3.16 图

3.17 请用两种方法实现一个三输入的运算电路，该电路输出电压与输入电压的运算关系为 $v_o = 5\int(4v_{i1} - 2v_{i2} - 2v_{i3})dt$。要求对应于每个输入信号，电路的输入电阻不小于 100kΩ。

3.18 在图 3-33 所示各电路中，集成运放输出电压的最大值为 ±12V。试画出各电路的电压传输特性。

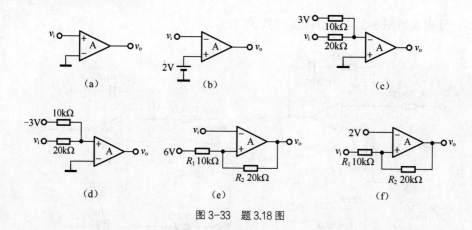

图 3-33　题 3.18 图

3.19　在图 3-34（a）所示电路中，集成运放输出电压的最大值为±12V，输入电压波形如图 3-34（b）所示。当 $t=0$ 时 $v_{o1}=0V$。分别画出输出电压 v_{o1} 和 v_{o2} 的波形。

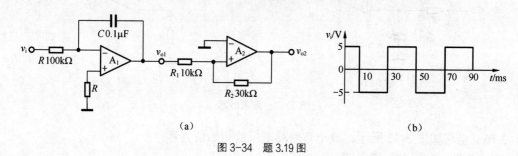

图 3-34　题 3.19 图

第 **4** 章　正弦波振荡电路

正弦波振荡电路是应用最为广泛的一类电子线路。本章首先介绍正弦波振荡电路的基本原理，包括其振荡条件、组成、分类及分析方法，然后介绍几种常用的振荡电路，如 LC 振荡电路、RC 振荡电路和石英晶体振荡电路。学习本章后应掌握振荡电路的工作原理，了解振荡电路的组成和分类，并能判断和分析各种不同的振荡电路能否起振。

4.1　概述

振荡电路是不需要外加输入激励信号，就能够自动地将直流能量转换为按特定频率和幅度变化的交流信号的一种电路。如果按振荡电路的输出波形进行分类，可以分为非正弦波振荡电路和正弦波振荡电路两大类。在本章内容中只考虑正弦波振荡电路，它是通信系统的重要组成电路，也广泛应用在其他领域中。例如，在通信系统的发送端作为无线电发射机的载波信号源，在超外差式接收机的接收端作为本振信号使用，也可以作为正弦波信号源使用在电子测量仪器、自动控制、医疗设备等系统中。

4.2　正弦波振荡电路的基本原理

正弦波振荡电路的特点在于没有输入信号的情况下，也可以在输出端产生交流输出信号，那么电路在没有输入信号时如何产生输出信号呢？小信号放大电路和功率放大电路都是在输入信号控制下，把直流能量转换为按输入信号规律变化的输出信号，而振荡电路本质上也是放大器，在电源接通的起始时刻，电路本身产生的自激振荡信号被不断放大和反馈，满足一定条件时，达到平衡状态，稳定地输出特定频率的正弦波信号，所以振荡电路虽然没有外加输入信号，但正是通过从输出端反馈回的正反馈信号作为输入信号。

4.2.1　正弦波振荡电路的振荡条件

振荡条件是指振荡电路能够产生稳定的正弦波振荡所必须满足的基本条件，包括起振条件、平衡条件和稳定条件。

1. 起振条件

起振条件是指振荡电路在接通电源后，从无到有建立起振荡的条件。下面以图 4-1 所示的闭合环路来讨论正弦波振荡电路需满足的起振条件。
图中 $\dot{u}_i$ 表示放大电路的输入电压，$\dot{u}_o$ 表示放大电路的输出电压，$\dot{u}_f$ 表示输出端反馈回输入端的反馈电压。

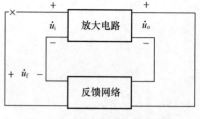

图 4-1 反馈振荡电路的方框图

如果在标 "×" 处把环路断开，则开环增益为

$$\dot{A} = \frac{\dot{u}_o}{\dot{u}_i} = A(\omega)\mathrm{e}^{\mathrm{j}\varphi_A(\omega)} \tag{4-1}$$

反馈网络的反馈系数为

$$\dot{F} = \frac{\dot{u}_f}{\dot{u}_o} = F(\omega)\mathrm{e}^{\mathrm{j}\varphi_F(\omega)} \tag{4-2}$$

而环路增益为

$$\dot{T} = \frac{\dot{u}_f}{\dot{u}_i} = \frac{\dot{u}_o}{\dot{u}_i} \cdot \frac{\dot{u}_f}{\dot{u}_o} = A(\omega)F(\omega)\mathrm{e}^{\mathrm{j}[\varphi_A(\omega)+\varphi_F(\omega)]} = T(\omega)\mathrm{e}^{\mathrm{j}\varphi_T(\omega)} \tag{4-3}$$

在电源刚接通时，电路中存在多种频率分量的较小的电扰动信号，由于选频网络的存在，只有接近于选频回路谐振频率的分量才能被不断地进行放大和反馈，这样输出电压的幅度会不断增大，所需的输入电压由反馈电压提供，没有输入信号也能产生输出信号。如果在某个特定频率 ω_g 上满足 $|\dot{u}_f| > |\dot{u}_i|$ 且 $\dot{u}_f$ 与 $\dot{u}_o$ 同相，即

$$T(\omega_g) = A(\omega_g)F(\omega_g) > 1 \tag{4-4}$$

$$\varphi_T(\omega_g) = \varphi_A(\omega_g) + \varphi_F(\omega_g) = 2n\pi, \quad n = 0,1,2,\cdots \tag{4-5}$$

则用反馈电压 $\dot{u}_f$ 代替输入电压 $\dot{u}_i$，在图 4-1 所示的闭合环路中就能从无到有建立起振荡信号，所以式（4-4）和式（4-5）就是正弦波振荡电路的起振条件。因为环路增益为复数，所以起振条件包括振幅起振条件式（4-4）和相位起振条件式（4-5）。

2. 平衡条件

振荡电路起振时，三极管工作在线性放大区，随着电压的不断增大，当增大到一定的数值时三极管进入非线性工作区，根据三极管的工作特性，这时环路增益会随着振荡电压振幅的增大而下降，所以振荡电压的振幅不可能无限制地增大。当振荡电路的输出电压振幅不再变化而维持等幅输出时，振荡电路便进入平衡状态，这时输出的是等幅持续振荡信号，满足这种工作状态的条件即为平衡条件，这要求反馈电压 $\dot{u}_f$ 和输入电压 $\dot{u}_i$ 的幅度相同且相位一致，即

$$T(\omega_g) = A(\omega_g)F(\omega_g) = 1 \tag{4-6}$$

$$\varphi_T(\omega_g) = \varphi_A(\omega_g) + \varphi_F(\omega_g) = 2n\pi, \quad n = 0,1,2,\cdots \tag{4-7}$$

式（4-6）和式（4-7）分别是振荡电路的振幅平衡条件和相位平衡条件。

3. 稳定条件

振荡电路进入平衡状态后，可能因为受到电路内部的噪声或外界环境的不稳定因素的影

响而使平衡条件受到破坏，导致振荡电路停止振荡或者进入到一个新的平衡状态，如果受到破坏后振荡电路依然能再次回到原来的平衡状态，则这个平衡条件是稳定的，否则是不稳定的。保证振荡电路能稳定地产生持续等幅振荡信号的必备条件就是稳定条件。当外界扰动使输入电压 $\dot{u}_i$ 的幅度有比平衡值增大或减小的趋势时，振荡电路应该具有阻止振幅 u_i 继续变化的趋势，u_i 增大时 $T(\omega_g)$ 应减小，而 u_i 减小时 $T(\omega_g)$ 应增大，使 u_i 回到平衡值 u_{ip}，从数学理论的角度说，就是 $T(\omega_g)$ 对 u_i 的偏导数在 u_{ip} 处应为负值，即

$$\left. \frac{\partial T(\omega_g)}{\partial u_i} \right|_{u_i = u_{ip}} < 0 \tag{4-8}$$

式（4-8）就是振荡电路的振幅稳定条件。

当外界扰动时也可能使反馈电压 $\dot{u}_f$ 和输入电压 $\dot{u}_i$ 的变化步调不一致，产生相位超前或滞后，进而导致振荡电路的振荡频率 ω 发生变化，高于或低于 ω_g，因此，类似于振幅稳定条件，相位 $\varphi_T(\omega_g)$ 应该具有随 ω 增加而减小，随 ω 减小而增加的特性，即

$$\left. \frac{\partial \varphi_T(\omega)}{\partial \omega} \right|_{\omega = \omega_g} < 0 \tag{4-9}$$

式（4-9）就是振荡电路的相位稳定条件。

4.2.2　振荡电路的基本组成、分类及分析方法

根据前面的分析可知，振荡电路要正常稳定地输出正弦波，必须满足振荡的起振条件、平衡条件和稳定条件，从电路结构来说，正弦波振荡电路主要由 3 部分组成：放大电路、反馈网络和选频网络。放大电路用于对振荡信号进行放大，使电路起振并能维持振荡条件；反馈网络从输出端引入正反馈，相当于为振荡电路提供输入信号，同时应满足相位平衡条件；选频网络从自激振荡信号的多种频率分量中选出满足设计要求的特定频率分量，使振荡电路输出单一频率的正弦波信号。另外，振荡电路的正反馈信号幅度过大或过小，可能导致产生非线性失真甚至停止振荡，所以还需要有稳幅电路用来稳定输出信号的幅度，减小失真。

选频网络常用电阻、电感和电容等电抗元件构成，正弦波振荡电路按照其选频网络所用元件的不同，可以分为 LC 振荡电路、RC 振荡电路和石英晶体振荡电路，它们都具有负斜率变化的相频特性。

振荡电路的分析主要考察两个问题：判断振荡电路能否起振并正确说明其理由，如果能起振，则根据选频网络的特性参数计算其振荡频率。

首先需要检查振荡电路是否完整，如放大电路、选频网络、反馈网络等，其次检查电路是否满足振荡条件，起振条件、平衡条件和稳定条件 3 个条件缺一不可。起振时看放大电路是否工作在放大状态，另外，还可以采用瞬时极性法判断反馈网络是否为正反馈。由起振条件确定电路参数后计算相应的振荡频率。

4.3　LC 振荡电路

LC 振荡电路就是采用 LC 谐振回路作为相移网络的正弦波振荡电路，它可以产生频率很

高的正弦波，其数正弦波频率的数量级可以达到 1 000MHz，其频率稳定度优于 RC 振荡电路。LC 振荡电路的实现形式主要有互感耦合（或变压器耦合）振荡电路、三点式振荡电路和差分对管振荡电路。本节主要介绍互感耦合振荡电路和三点式振荡电路。

4.3.1 互感耦合振荡电路

互感耦合振荡电路的 LC 回路可以分别接到三极管的基极、集电极或发射极。图 4-2 所示为一个 LC 并联回路接入集电极的互感耦合振荡电路。图中放大电路由三极管构成，是共发射极电路，LC 回路作为选频网络，同时也是集电极负载，电感线圈 N_1 与 N_2 相耦合，LC 回路发生谐振时，输出信号经变压器初级线圈 N_1 耦合到次级线圈 N_2，输入三极管的基极回路作为反馈信号，反馈信号的极性和变压器的同名端有关。

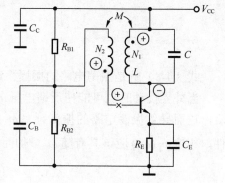

图 4-2 互感耦合振荡电路

互感量足够大时，电路可满足振幅起振条件，而判断电路是否满足相位平衡条件则可以采用瞬时极性法：断开放大电路的输入端，假定输入电压极性，沿着放大反馈环路，如反馈电压的瞬时极性与输入电压相同则满足，否则不满足。如图 4-2 所示，将放大电路在标示"×"处断开，假定基极输入端为正，则集电极为负，电感线圈 N_1 的同名端为正，与其耦合的 N_2 的同名端也为正，所以以反馈电压的极性与输入电压的极性相同，满足相位平衡条件，该电路可以起振产生正弦波振荡信号。在实际电路中，需正确接入耦合线圈的同名端，以保证电路形成正反馈。

在图 4-2 所示的电路中，电路的振荡频率就是 LC 并联回路谐振时的频率，即

$$f_o = \frac{1}{2\pi\sqrt{LC}}$$

改变电感参数 L 和电容参数 C 的大小，可以调节电路振荡频率的大小。

4.3.2 三点式振荡电路

1. 组成法则

三点式振荡电路是将 LC 回路引出 3 个端点，分别接到三极管的 3 个电极而构成的一类反馈型振荡电路，有电感三点式和电容三点式两种基本类型。其组成法则为：与发射极相连接的两个电抗为同性质的电抗，而集电极与基极之间连接的电抗为异性质电抗。可以证明，按照这个组成法则连接的三点式振荡电路一定满足相位平衡条件，因此，这个法则可以作为判断三点式振荡电路能否起振的标准条件。

下面来证明该准则。图 4-3 所示为三点式振荡电路的一般形式，忽略回路的损耗和三极管的输入阻抗及输出阻抗的影响，假设回路元件均为纯电抗元件，图中 X_1、X_2 和 X_3 为回路元件的电抗，则当 LC 回路谐振时，电路的振荡频率等于回路的谐振频率，回路呈纯电阻性，即 $X_1+X_2+X_3=0$。

按图 4-3 中标示的电压的正方向，输出电压 $\dot{u}_o$ 与输入电压 $\dot{u}_i$ 反相，相位差为 180°，而

反馈电压 $\dot{u}_{\rm f}$ 取自电抗元件 X_2 两端，即

$$\dot{u}_{\rm f} = \frac{{\rm j}X_2}{{\rm j}(X_2 + X_3)}\dot{u}_{\rm o} = -\frac{X_2}{X_1}\dot{u}_{\rm o} \tag{4-10}$$

为了满足相位平衡条件，$\dot{u}_{\rm f}$ 须与 $\dot{u}_{\rm o}$ 反相，即相位差也为 $180°$，因此，式（4-10）中的 X_1 与 X_2 必须为同性质电抗，再由 $X_1 + X_2 + X_3 = 0$ 可知，X_3 应为异性质电抗。这就证明了三点式振荡电路的组成法则。

2. 电感三点式振荡电路

电感三点式振荡电路也称为哈脱莱（Hartley）振荡电路，与发射极相连接的两个电抗都为电感，而集电极与基极之间连接的电抗为电容，其正反馈是通过带有抽头的电感线圈引入到放大电路的输入端。

图 4-4 所示为一个电感三点式振荡电路，图中按自耦方式连接的变压器的两个电感线圈 L_1 和 L_2 及电容 C 组成了振荡回路，$L_{\rm C}$ 为高频扼流圈，对高频信号相当于断路，$R_{\rm B1}$、$R_{\rm B2}$ 和 $R_{\rm E}$ 为分压式偏置电阻，$C_{\rm B}$ 为旁路电容，$C_{\rm C}$ 和 $C_{\rm E}$ 为隔直流电容，$R_{\rm L}$ 为输出负载电阻。

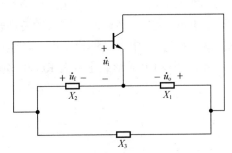

图 4-3 三点式振荡电路的一般形式

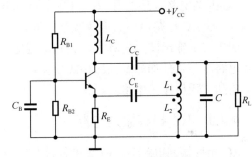

图 4-4 电感三点式振荡电路

回路的品质因数较高的情况下，该电路的振荡频率近似为 LC 并联回路的谐振频率，即

$$f_{\rm o} = \frac{1}{2\pi\sqrt{(L_1 + L_2 + 2M)C}} \tag{4-11}$$

式（4-11）中的 L_1 和 L_2 分别为电感线圈 L_1 和 L_2 的电感系数，M 为其互感系数。

电感三点式振荡电路由于两个自耦线圈耦合紧密，容易满足起振条件，改变 C 的值可以方便地调节振荡电路的频率，但电感对高次谐波呈现的阻抗很大，所以以反馈电压中谐波分量较大，滤波效果不理想，振荡信号的波形较差，适用于要求较低的电子设备中。

3. 电容三点式振荡电路

电容三点式振荡电路也称为考毕兹（Colpitts）振荡电路，与发射极相连接的两个电抗都为电容，而集电极与基极之间连接的电抗为电感，其正反馈通过电容分压引入到放大电路的输入端。

图 4-5 所示为一个电容三点式振荡电路，图中由两个电容 C_1 和 C_2 及电感 L 组成了振荡回路，

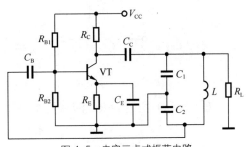

图 4-5 电容三点式振荡电路

R_C 为集电极负载，R_{B1}、R_{B2} 和 R_E 为分压式偏置电阻，C_B 为旁路电容，C_C 和 C_E 为隔直流电容，R_L 为输出负载电阻。

该电路的振荡频率仍近似为 LC 并联回路的谐振频率，即

$$f_o = \frac{1}{2\pi\sqrt{L\dfrac{C_1 C_2}{C_1 + C_2}}} \tag{4-12}$$

电容三点式振荡电路由于电容对高次谐波呈现的阻抗很小，所以反馈电压中谐波分量较小，滤波效果好，输出波形失真小，是目前应用较为广泛的振荡电路。

三点式振荡电路中的放大电路还可以采用场效应管或运算放大器构成。场效应管的源极、栅极和漏极分别对应于三极管的发射极、基极和集电极，而运算放大器的反相输入端对应于三极管的基极，同相输入端对应于发射极，输出端对应于集电极。三点式振荡电路的组成法则同样适用于这两类电路。差分对管振荡电路更多地应用在集成电路中。

4.4 RC 振荡电路

RC 振荡电路就是采用 RC 回路作为相移网络的正弦波振荡电路，RC 回路起到反馈和选频的作用。RC 振荡电路的振荡频率较低，一般不超过 1MHz。另外，RC 网络的选频特性较差，因而它的输出波形失真大，其频率稳定度也不高，只能用在要求不高的设备中，在组成实际电路时常常外加非线性部件实现振幅的稳定。RC 振荡电路的组成形式主要有 RC 相移振荡电路和文氏桥振荡电路。

4.4.1 RC 相移振荡电路

RC 相移振荡电路有超前型和滞后型两种。

图 4-6（a）所示为 RC 超前型相移振荡电路，其电压传输系数为

$$\dot{F} = \frac{\dot{u}_2}{\dot{u}_1} = j\frac{\omega/\omega_0}{1 + j\omega/\omega_0} = F(\omega)e^{j\varphi(\omega)} \tag{4-13}$$

其中谐振角频率 $\omega_0 = \dfrac{1}{RC}$。根据式（4-13）画出图 4-6（b）为其幅频特性，图 4-6（c）为其相频特性。

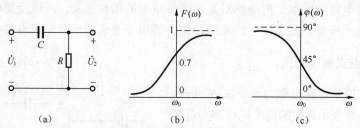

（a）　　　　　　（b）　　　　　　（c）

图 4-6　RC 超前型相移振荡电路及其幅频特性和相频特性

图 4-7（a）所示为 RC 滞后型相移振荡电路，其电压传输系数为

$$\dot{F} = \frac{\dot{u}_2}{\dot{u}_1} = \frac{1}{1 + j\omega/\omega_0} = F(\omega)e^{j\varphi(\omega)} \tag{4-14}$$

根据式（4-14）画出图 4-7（b）为其幅频特性，图 4-7（c）为其相频特性。

根据图 4-6（c）和图 4-7（c）所示的相频特性曲线来看，单节 RC 相移电路产生的相移小于 90°，要获得 180° 的相移，至少需要 3 节 RC 电路。RC 相移振荡电路中的放大电路可以采用集成运算放大器构成，运放电路产生的相移为 180°，再加上 3 节 RC 电路在特定频率上产生的 180° 相移，电路满足相位平衡条件，可以起振产生振荡正弦波。

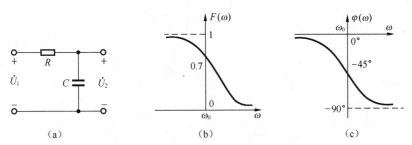

图 4-7　RC 滞后型相移振荡电路及其幅频特性和相频特性

4.4.2　文氏桥振荡电路

文氏桥振荡电路是一种采用 RC 串并联相移电路构成反馈和选频网络的振荡电路，也是一种应用广泛的低频正弦波振荡电路。

图 4-8（a）所示为 RC 串并联相移电路，当 $R_1=R_2=R$，$C_1=C_2=C$ 时，谐振角频率 $\omega_0 = \dfrac{1}{RC}$，其电压传输系数为

$$\dot{F} = \frac{\dot{u}_2}{\dot{u}_1} = \frac{1}{3+\mathrm{j}(\omega/\omega_0 - \omega_0/\omega)} = F(\omega)\mathrm{e}^{\mathrm{j}\varphi(\omega)} \tag{4-15}$$

根据式（4-15），写出其幅频表达式和相频表达式分别为

$$F(\omega) = \frac{1}{\sqrt{3^2 + (\omega/\omega_0 - \omega_0/\omega)^2}} \tag{4-16}$$

$$\varphi(\omega) = -\arctan\frac{\omega/\omega_0 - \omega_0/\omega}{3} \tag{4-17}$$

图 4-8（b）、（c）分别为其幅频特性和相频特性曲线图，当谐振时，幅值最大值为 1/3，此时相位角为 0，输出电压与输入电压同相。

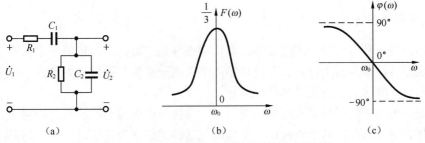

图 4-8　RC 串并联相移电路及其幅频特性和相频特性

采用 RC 串并联相移电路组成的文氏桥振荡电路如图 4-9（a）所示。集成运算放大器接

成同相输入放大器，振荡电路的输出端通过 RC 串并联电路引入到运算放大器的同相输入端，形成正反馈，提供零相移。R_f 和 R_3 构成电压串联反馈支路引入到运算放大器的反相输入端，形成负反馈，没有选频作用，但可以使振荡电路保持稳定，相当于稳幅环节，实际使用时可以选用温度系数为负的热敏电阻。

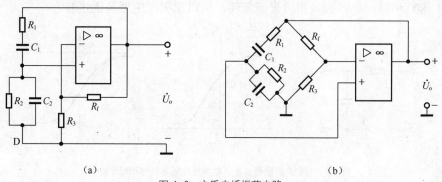

（a）　　　　　　　　　　　　　　　（b）

图 4-9　文氏电桥振荡电路

R_1、C_1 组成的串联支路和 R_2、C_2 组成的并联支路，以及运算放大器负反馈支路的两个电阻 R_f 和 R_3 构成了电桥的 4 个臂，所以称为文氏桥振荡电路，图 4-9（b）所示为文氏桥振荡电路的桥式电路。

运算放大器的电压增益为 $A = 1 + \dfrac{R_f}{R_3}$，说明此增益大小和内部参数无关，和外电路的电阻大小有关，调整 R_f 和 R_3 的大小可以改变电路的放大增益。

当 RC 串并联相移电路谐振时，环路满足相位平衡条件，振荡电路的环路增益为

$$T = A \cdot F = \left(1 + \frac{R_f}{R_3}\right) \cdot \frac{1}{3}，$$ 当 $R_f > 2R_3$ 时，即可满足振幅起振条件。

4.5　石英晶体振荡电路

石英晶体振荡电路就是采用石英晶体作为选频网络的振荡电路，它的特点是能够产生频率稳定度很高的正弦波，其频稳度可达到 10^{-5}，这种高频稳定度是由石英晶体本身的特性决定的。根据晶体在振荡电路中的作用不同，晶体振荡电路的实现形式有并联型晶体振荡电路和串联型晶体振荡电路两种。

1. 石英晶体的特性

石英晶体是一种各向异性的结晶体，其化学成分是二氧化硅，按照一定的方位角可以把晶体切割成薄片，即为石英晶片。在晶片的两个表面分别涂上银层作为电极，将电极焊接引线并进行封装后就构成了石英晶体谐振器。

石英晶体的显著特性是具有压电效应。当给晶体外施机械力时，晶片的两个面上会产生等量的异性电荷，从而在两个极板间产生电场，这种现象称为正压电效应；当在晶体两端施加电压时，晶体产生机械振动现象，称为逆压电效应。当在晶片的两个电极上外加交变电压时，晶片发生机械振动，而机械振动又产生了交变电场，机械振动与交变电场同时存在。当

晶片的机械振荡频率（固有频率）和外加交变电压的频率相等时发生共振，机械振动的幅度达到最大，交变电场的电压也达到最大，称为压电谐振。谐振频率就是晶片的固有振动频率（基频），该频率与晶片的切割方位、形状和大小等有关，且十分稳定。将其接到振荡电路中，利用其固有频率，就能有效地控制和稳定振荡电路的振荡频率。石英晶体的振动特性具有多谐性，除基频振动外还有奇次谐波的泛音振动。

图 4-10 所示为石英晶体的电路符号、等效电路和电抗特性。

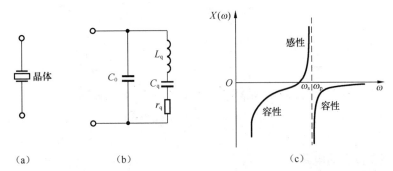

图 4-10　石英晶体的电路符号、等效电路和电抗特性

在图 4-10（b）所示的石英晶体等效电路中，C_0 表示静态电容，当晶体不振动时相当于用晶片和金属极板构成的电容器，L_q 和 C_q 分别模拟晶体的机械振动的惯性和弹性，而 r_q 模拟振动时摩擦造成的损耗。石英晶体具有很大的 L_q、很小的 C_q 和较小的 r_q，且 C_0 远远大于 C_q，所以其有很高的品质因数 Q，因而晶体振荡电路具有很高的频率稳定度。

石英晶体的谐振频率有两个，当忽略摩擦损耗，即 $r_q=0$ 时，其串联谐振角频率为

$$\omega_s = \frac{1}{\sqrt{L_q C_q}} \tag{4-18}$$

并联谐振角频率为

$$\omega_p = \frac{1}{\sqrt{L_q \dfrac{C_q C_0}{C_q + C_0}}} \tag{4-19}$$

根据式（4-18）和式（4-19）画出石英晶体的无损耗电抗特性，如图 4-10（c）所示，当 $\omega < \omega_s$ 或 $\omega > \omega_p$ 时，晶体的电抗特性呈容性；当 $\omega_s < \omega < \omega_p$ 时，晶体的电抗特性呈感性，晶体相当于电感元件，具有并联谐振的特性；当 $\omega = \omega_s$ 时，电抗值等于 0，晶体相当于短路，具有串联谐振的特性。由图 4-10（c）可以看出，晶体的两个谐振频率很接近，所以晶体呈感性的频率范围很小。

2. 并联型晶体振荡电路

并联型晶体振荡电路中的晶体工作于电抗特性呈感性的区域，等效为电感元件，和其他元件一起共同构成三点式振荡电路，在设计实际电路时，必须符合三点式振荡电路的组成法则。图 4-11 所示为并联型石英晶体振荡电路，其中图（a）所示为实际电路，图（b）所示为交流简化电路。从图 4-11（b）中可以看出，这实际上相当于一个电容三点式振荡电

路，晶体作为回路的电感。该电路的谐振频率主要由晶体的固有频率决定，所以频率的稳定性很高。

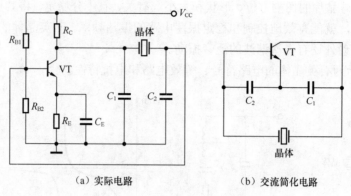

（a）实际电路　　　　　　　　（b）交流简化电路

图 4-11　并联型石英晶体振荡电路

3. 串联型晶体振荡电路

串联型晶体振荡电路中的晶体工作于串联谐振频率上，晶体的阻抗最小，等效为短路元件，可以和同相运算放大器构成正反馈振荡电路，也可以和电容、电感元件构成三点式振荡电路。图 4-12 所示为一个串联型晶体振荡电路，其中图（a）所示为实际电路，图（b）所示为交流简化电路。从图 4-12（b）中可以看出，这实际上相当于一个电容三点式振荡电路，晶体作为回路的短路元件。谐振时，LC 回路的振荡频率近似等于晶体的串联谐振频率。

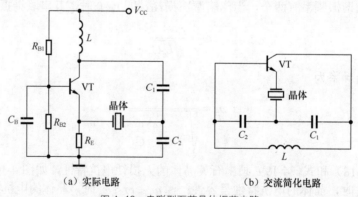

（a）实际电路　　　　　　　　（b）交流简化电路

图 4-12　串联型石英晶体振荡电路

本 章 小 结

振荡电路是不需要外加输入激励信号，就能够自动地将直流能量转换为按特定频率和幅度变化的交流信号的一种电路。本章主要介绍了正弦波振荡电路的基本原理，包括其振荡条件、组成、分类及分析方法，然后介绍了几种常用的振荡电路，如 LC 振荡电路、RC 振荡电路和石英晶体振荡电路。

正弦波振荡电路的 3 个振荡条件为起振条件、平衡条件和稳定条件，电路要稳定输出正弦波，这 3 个条件缺一不可，要学会利用这些条件判断振荡电路能否稳定工作产生特定频率的正弦波。

正弦波振荡电路按照其所选用的选频网络的不同，分为 LC 振荡电路、RC 振荡电路和石英晶体振荡电路，需要了解主要电路元件的作用和掌握各种不同振荡电路的基本形式，能根据实际电路画出其对应的交流简化电路，并且能利用三点式振荡电路组成法则及相位平衡条件等判断电路能否起振。同时，读者还需简单了解振荡频率的计算方法。

习　　题

4.1　什么是正弦波振荡器？

4.2　一般来说反馈型的正弦波振荡器由哪几部分组成？每个部分分别起什么作用？

4.3　什么是正弦波振荡器的起振条件、平衡条件和稳定条件？

4.4　图 4-13 所示为由电感和电容元件组成的三回路振荡电路的交流通路，图中，f_{01}、f_{02} 和 f_{03} 分别为 3 个回路的固有振荡频率，试分析其在什么情况下能满足相位平衡条件。

4.5　RC 振荡电路的特点是什么？

4.6　试分别简要说明图 4-14 中的 4 个振荡电路是否可能起振。图中 C_B、C_E 均为旁路电容或隔直流电容。

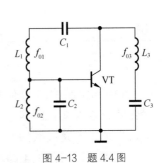

图 4-13　题 4.4 图

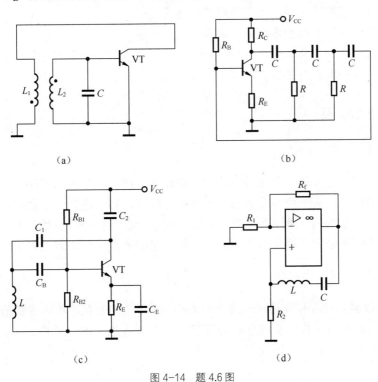

图 4-14　题 4.6 图

4.7　通过晶体的特性说明晶体振荡器为什么具有较高的频率稳定性？

下篇 数字电路部分

第 5 章 数字逻辑基础

　　电子电路中的工作信号可以分为模拟信号和数字信号两类。模拟信号是指在时间上和数值上都是连续变化的信号。传输和处理模拟信号的电路称为模拟电路。数字信号是指在时间上和数值上都是离散的、不连续的信号。传输和处理数字信号的电路称为数字电路。

　　数字电路与模拟电路相比具有如下优点。

　　（1）电路结构简单，易于制造，便于集成。

　　（2）工作准确可靠，精度高，抗干扰能力强。

　　（3）不仅能完成数字运算，还可完成逻辑运算。

　　（4）可利用压缩技术减少数据量，便于信号的传输。

　　为了研究数字电路，必须先了解数字信号的描述方法。数字信号通常用数字量来表示，数字量的计数方法与数制有关。

5.1 数制与 BCD 码

5.1.1 数制

　　数制指的是进位计数制，即用进位的方法来计数。同一个数可以采用不同的进位计数制来计量，如我们日常生活中使用最多的是十进位计数制，即十进制，它采用 0、1、2、3、4、5、6、7、8、9 十个数码（基本数字符号）的不同组合表示一个多位数；而在数字系统中常采用二进制，有时也采用八进制或十六进制。任意进制的数字量均可以表示成如下的形式：

$$D = \sum k_i N^i \tag{5-1}$$

式（5-1）称为数制的位权和表达式。式中的 k_i 称为第 i 位的系数，不同进制的数字量 k_i 的取值不同；N 称为计数的基数，不同进制的数字量 N 的取值也不同，N^i 称为第 i 位的权。

　　常用的数制有十进制、二进制和十六进制。

1. 十进制

　　十进制数的计数法则是：计数的基数 N 等于 10，每一位的系数 k_i 用 0、1、2、3、4、5、

6、7、8、9 这十个数字中的一个来表示，从低位到高位的进位法则是"逢十进一"。根据位权和的公式，任何一个十进制数均可以表示成

$$D = \sum k_i 10^i \tag{5-2}$$

的形式。例如：

$$459.36 = 4 \times 10^2 + 5 \times 10^1 + 9 \times 10^0 + 3 \times 10^{-1} + 6 \times 10^{-2}$$

2. 二进制

因组成计算机的电子元件只能表示"通"或"断"两个稳定的状态，若用数字"1"表示"通"，数字"0"表示"断"，说明组成计算机的电子元件只能识别"0"和"1"两个字符，所以，计算机的计数只能使用二进制数。二进制数的计数法则是：计数的基数 N 为 2，每一位的系数 k_i 用 0 或 1 这两个数字中的一个来表示，从低位到高位的进位法则是"逢二进一"。根据位权和的公式，任何一个二进制数均可以表示成

$$D = \sum k_i 2^i \tag{5-3}$$

的形式。例如：

$$(10011.11)_B = 1 \times 2^4 + 1 \times 2^1 + 1 \times 2^0 + 1 \times 2^{-1} + 1 \times 2^{-2}$$

上式的左边表示一个二进制数，括号的脚标 B（Binary）代表二进制数，也可用脚标 2 来表示。右边是该二进制数位权和的表达式，因表达式中的 2^4、2^1、2^{-1} 等是根据十进制数的运算法则来计算的，所以该表达式也是沟通二进制数和十进制数之间转换关系的桥梁，利用这种关系可以实现将二进制数转化成十进制数的运算。例如：

$$(10011.11)_B = 1 \times 2^4 + 1 \times 2^1 + 1 \times 2^0 + 1 \times 2^{-1} + 1 \times 2^{-2} = (19.75)_D$$

上式右边括号的脚标 D（Decimal）代表十进制数，也可用脚标 10 来表示。

3. 十六进制

为了解决二进制数不容易阅读和记忆的问题，人们引入了十六进制数。十六进制数的计数法则是：计数的基数 N 是 16，每一位的系数 k_i 用 0～9、A、B、C、D、E、F 这 16 个数字中的一个来表示，从低位到高位的进位法则是"逢十六进一"。根据位权和的公式，任何一个十六进制数均可以表示成

$$D = \sum k_i 16^i \tag{5-4}$$

的形式。例如：

$$(A3B.C)_H = 10 \times 16^2 + 3 \times 16^1 + 11 \times 16^0 + 12 \times 16^{-1}$$

上式的左边表示一个十六进制数，括号的脚标 H（Hexadecimal）代表十六进制数，也可用脚标 16 来表示。右边是该十六进制数位权和的表达式，因表达式中的 16^2、16^1、16^{-1} 等是

根据十进制数的运算法则来计算的，所以该式也是沟通十六进制数和十进制数之间转换关系的桥梁。利用这种关系可以实现将十六进制数转化成十进制数的运算，如：

$$(A3B.C)_H = 10 \times 16^2 + 3 \times 16^1 + 11 \times 16^0 + 12 \times 16^{-1} = (2619.75)_{10}$$

4．数制的转换

根据前面介绍的知识可知，任意进制的数都可以表示成位权和的形式。数制位权和的表达式不仅可以用来表示任意进制的数，还可以实现将二进制数或十六进制数转换成十进制数的运算，下面介绍如何将十进制数转换成二进制数或十六进制数的运算。

（1）十进制数转二进制数

将一个十进制数转换成二进制数，应分整数和小数两部分来转换。整数部分转换的法则是"除2取余"，小数部分转换的法则是"乘2取整"。

例如，将$(19.75)_{10}$转换成二进制数的运算过程如图5-1所示。

图5-1　十进制数转换成二进制数的运算图

将图5-1所示的整数部分和小数部分运算的结果合并起来得到总的结果为

$$(19.75)_{10}=(10011.11)_2$$

（2）十进制数转十六进制数

将一个十进制数转换成十六进制数的方法与十进制数转换成二进制数的方法相似，所不同的地方是转换的法则为"除16取余"和"乘16取整"。

例如，将$(2619.75)_{10}$转换成二进制数的运算过程如图5-2所示。

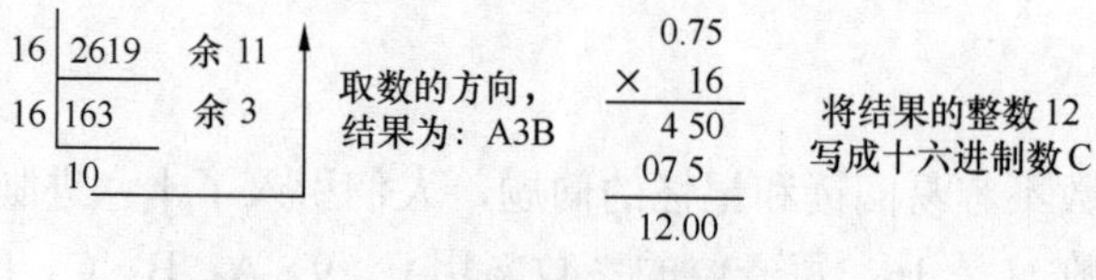

图5-2　十进制数转换成十六进制数的运算图

将图5-2所示的整数部分和小数部分运算的结果合并起来得到总的结果为

$$(2619.75)_{10}=(A3B.C)_{16}$$

（3）二进制数转十六进制数和十六进制数转二进制数

根据二进制数位权和的表达式可知，每一位的十六进制数可以用4位的二进制数来表示。由此可得二进制数转换成十六进制数的法则是"四位变一位"：十六进制数转换成二进制数的法则是"一位变四位"。

由位权和的表达式还可见，当4位二进制数的最高位有1时，因该位的权是2^3，即十进制数的8，所以该位的1可写成十进制数的8；以此类推，第2位的1，可写成十进制数的4，第 3 位的 1，可写成十进制数的 2，最低位的 1，可写成十进制数的 1，将这些数加起来并用十六进制数来表示即可实现二进制和十六进制数的互换。这种互换的关系用代码来表示称为8421 码。

例如：将 $(101111.11)_2$ 转换成十六进制数为

$$(00101111.1100)_2 = (2F.C)_{16}$$

具体的作法是：从小数点开始往左数，将整数部分每 4 位分成一组，不够 4 位的在前面加 0；然后从小数点开始往右数，将小数部分每 4 位分成一组，不够 4 位的在后面加 0；最后利用 8421 码将每 4 位的二进制数写成十六进制数。

例如：$1111=2^3+2^2+2^1+2^0=8+4+2+1=(15)_{10}=(F)_{16}$
$\qquad 1100=2^3+2^2=(12)_{10}=(C)_{16}$

将 $(2F.C)_{16}$ 转换成二进制数为

$$(2F.C)_{16} = (0010'1111.1100)_2 = (101111.11)_2$$

5.1.2 几种简单的编码

在数字电路中处理的信息都必须用 0 和 1 来表示，此时 0 和 1 不仅作为二进制的两个数码、按二进制计数规律排列起来表示数值的大小，而且还可按照其他不同的规律排列起来表示特定的信息。在这种情况下，二进制码不再有量的含义，而只是不同事物的特定代码，故称为代码。这些代码的编制要遵循某种规则，编制代码所遵循的规则称为码制。

把十进制数的十个数码 0~9 用二进制数码来表示称作二 - 十进制编码，也称 BCD（Binary Coded Decimal）编码，因为十进制数有 0~9 十个计数符号，为了表示这十个符号中的某一个，至少需要 4 位二进制数。4 位二进制码有 $2^4=16$ 种不同组合，可以在 16 种不同的组合代码中任选 10 种来表示十进制数的 10 个不同的计数符号。不同的选择方法得到不同的编码形式。

几种常用的 BCD 码如表 5-1 所示。

表 5-1 几种常用的 BCD 码

编码种类 十进制数	8421 码	余 3 码	2421 码	5211 码	余 3 循环码
0	0000	0011	0000	0000	0010
1	0001	0100	0001	0001	0110
2	0010	0101	0010	0100	0111
3	0011	0110	0011	0101	0101
4	0100	0111	0100	0111	0100
5	0101	1000	1011	1000	1100
6	0110	1001	1100	1001	1101
7	0111	1010	1101	1100	1111
8	1000	1011	1110	1101	1110
9	1001	1100	1111	1111	1010
权	8421		2421	5211	

表中 8421 码、2421 码和 5211 码为有权码。其中 8421 码是最常用的。

表 5-1 所列 BCD 码的编码规则如下。

8421 码从左到右的每一位 1 分别表示 8、4、2、1，每一位的 1 所代表的十进制数称为该位的权，且保持不变，是恒权码，编码的规则遵循加权和的公式。

余 3 码的编码规则遵循 8421 码加 3，即余 3 码减 8421 码结果等于 3。余 3 码不是恒权码，利用余 3 码可以很方便地求十进制数的补码。

例如，十进制数 3 的补码是 7，数字电路求补码的方法是先求反码再加 1。利用余 3 码可以很方便地实现上述的运算，计算的过程如下：

数字 3 的余 3 码为 0110，反码为 1001，反码加 1 为 1010，1010 为数字 7 的余 3 码，说明十进制数 3 的补码是 7。

2421 码也是一种恒权码，因为该代码的 0 和 9，1 和 8，2 和 7，3 和 6，4 和 5 均构成反码的关系，所以利用 2421 码也可以很方便地求十进制数的补码。

例如，利用 2421 码计算十进制数 3 补码的过程如下：

数字 3 的 2421 码为 0011，反码为 1100，反码加 1 为 1101，1101 为数字 7 的 2421 码，说明十进制数 3 的补码是 7。

5211 码也是一种恒权码，利用该代码可以很方便地组成分频器。

余 3 循环码是一种变权代码，编码的特点是相邻的两个代码之间仅有一位的状态不同。

另外，常见的编码还有 ASCII、格雷码、奇偶检验码等。

5.2 逻辑代数基础

在客观世界中，事物的发展和变化通常都遵循一定的因果关系。例如，电灯的亮或灭，取决于电源的开关是否接通。如果开关接通，电灯就会亮，否则电灯为灭。开关接通与否是电灯亮或灭的原因，电灯的亮或灭是结果，描述这种因果关系的数学工具称为逻辑代数。

在逻辑代数中，也用字母来表示变量，这种变量称为逻辑变量，一般用大写字母 A、B、C……表示。但这些变量的取值只有"1"和"0"两种情况，且这里的"1"和"0"并不表示数值的大小，它所代表的意义仅仅是两个不同的逻辑状态。

例如，用"1"和"0"分别表示一件事情的"是"与"非"，"真"与"假"，电压的"高"与"低"，电流的"有"与"无"，开关的"通"与"断"等。

逻辑代数的基本运算只有与、或、非 3 种。

5.2.1 与运算

图 5-3 所示为两个开关 A 和 B 串联起来控制一个指示灯 Y 的电路。只有当两个开关同时闭合时指示灯才亮，而只要有一个开关断开，指示灯就灭。如果把开关闭合作为条件，而把灯亮作为结果，并设定开关闭合用"1"来表示，开关断开用"0"来表示；设定灯亮用"1"来表示，灯灭用"0"来表示。根据这种设定，图 5-3 所示电路所表示的关系可用表 5-2 所示的真值表来表示。

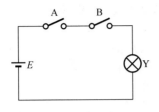

图 5-3　与逻辑关系电路图

表 5-2　　　　与逻辑的真值表

A	B	Y
0	0	0
0	1	0
1	0	0
1	1	1

由表 5-2 可见，图 5-3 所示电路所表明的就是与逻辑关系：只有决定事物结果的所有条件都具备时，结果才会发生。与逻辑关系可用表达式

$$Y = A \cdot B = AB \qquad\qquad (5-5)$$

表示，式中小圆点“·”表示 A、B 的与运算，又称为逻辑乘。

日常生活中满足这种逻辑关系的事例很多，在逻辑代数中用图 5-4（a）所示的逻辑符号来表示与逻辑关系，能够实现与逻辑关系的器件称为与门电路，所以图 5-4（a）所示的符号也是与门电路的符号。利用图 5-4（a）所示的与门电路符号可将图 5-3 所示的电路简化成图 5-4（b）所示的形式。

图 5-4（b）所示的电路图又称为与逻辑关系的逻辑图，所以，在数字电路中电路图和逻辑图的形式相同。与门电路的工作波形图如图 5-5 所示。

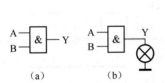

图 5-4　与门电路的符号

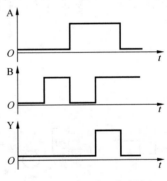

图 5-5　与门电路的工作波形图

由上面的讨论可见，在数字电路中对与逻辑关系的描述方法有真值表、逻辑表达式、逻辑图和工作波形图。这 4 种表示方法是等效的，读者要熟练地掌握这 4 种表示方法相互转换的关系。

5.2.2　或运算

图 5-6 所示为两个开关 A 和 B 并联控制指示灯 Y 的电路。只要有一个开关闭合，指示灯就会亮，而只有当所有的开关都断开时，指示等才灭。根据这种设定，图 5-6 所示电路所表示的逻辑关系可用表 5-3 所示的真值表来表示。

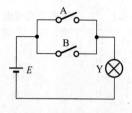

图 5-6 或逻辑关系电路图

表 5-3　　或逻辑的真值表

A	B	Y
0	0	0
0	1	1
1	0	1
1	1	1

若真值表中"0"和"1"所代表的物理意义保持不变，图 5-6 所示电路所表明的就是或逻辑关系：在决定事物结果的各个条件中，只要有任何一个条件成立，结果就会发生。

或逻辑关系可用表达式

$$Y = A + B \tag{5-6}$$

来表示，所以或逻辑关系又称为逻辑加。

日常生活中满足这种逻辑关系的事例很多，在逻辑代数中用图 5-7（a）所示的逻辑符号来表示或逻辑关系，能够实现或逻辑关系的器件称为或门电路，所以图 5-7（a）所示的符号也是或门电路的符号。利用图 5-7（a）所示的或门电路符号可将图 5-6 所示的电路简化成图 5-7（b）所示的形式。

图 5-7（b）所示电路的工作波形图如图 5-8 所示。由此可见，描述或逻辑关系的方法也有真值表、逻辑表达式、逻辑图和工作波形图 4 种。这 4 种表示方法也是等效的，4 种表示方法相互转换的关系也需要读者熟练掌握。

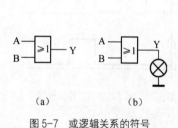

图 5-7 或逻辑关系的符号

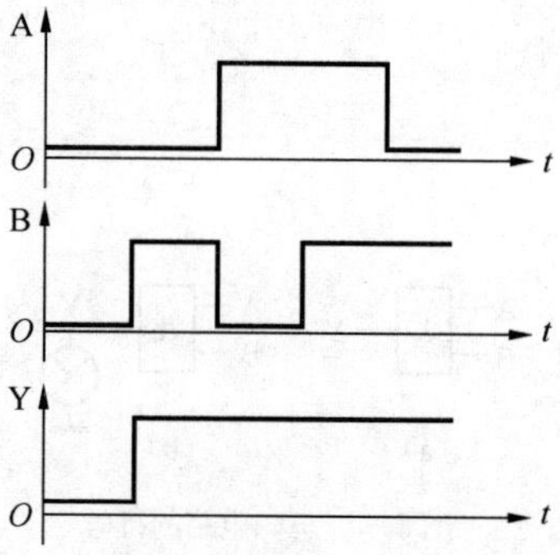

图 5-8 或逻辑电路的工作波形图

5.2.3　非运算

在图 5-9 所示的电路中，用一个开关控制指示灯。当开关闭合时，指示灯灭；当开关断开时，指示灯亮。在 "0" 和 "1" 所代表的物理意义保持不变的情况下，反映图 5-9 所示电路因果关系的真值表如表 5-4 所示。

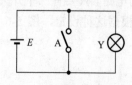

图 5-9 非逻辑关系电路图

表 5-4　非逻辑的真值表

A	Y
0	1
1	0

由表 5-4 可见，该电路所表明的逻辑关系为非逻辑关系：当决定事物结果的某一条件成立时，结果不发生，而该条件不成立时，结果一定发生，这种逻辑关系在逻辑代数中称为非逻辑关系，非逻辑关系的表达式为

$$Y = \overline{A} \tag{5-7}$$

式（5-7）中变量 A 上面的符号"－"表示对输入变量求非的运算。在逻辑代数中用图 5-10（a）所示的逻辑符号来表示非逻辑关系，能够实现非逻辑关系的器件称为非门电路，所以图 5-10（a）所示的符号也是非门电路的符号。利用图 5-10（a）所示的非门电路符号可将图 5-9 所示的电路简化成图 5-10（b）所示的形式。

图 5-10（b）所示电路的工作波形图如图 5-11 所示。

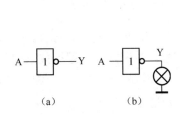

图 5-10 非逻辑关系的符号

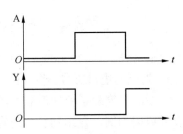

图 5-11 非逻辑电路的工作波形图

5.2.4 复合运算

逻辑代数所定义的基本逻辑运算只有"与""或""非"3 种，实际的逻辑问题往往是很复杂的，不过复杂的逻辑问题可以利用 3 种基本逻辑运算的组成来实现。常见的复合逻辑运算有与和非的复合"与非"，或和非的复合"或非"，与或和非的复合"与或非"，同时还有"异或"和"同或"的逻辑关系。

由前面的分析可知，逻辑代数中的逻辑变量用字母来表示。通常字母"A"表示逻辑变量的原变量，字母"$\overline{A}$"表示逻辑变量的反变量。利用原变量和反变量的关系可得复合逻辑关系的表达式为

与非 $$Y = \overline{AB} \tag{5-8}$$

或非 $$Y = \overline{A + B} \tag{5-9}$$

与或非 $$Y = \overline{AB + CD} \tag{5-10}$$

异或 $$Y = \overline{A}B + A\overline{B} \tag{5-11}$$

同或 $$Y = \overline{A}\,\overline{B} + AB \tag{5-12}$$

常见的复合逻辑关系的逻辑符号如图 5-12 所示。

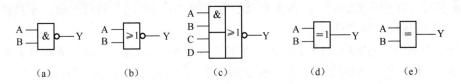

图 5-12 复合逻辑关系的符号

图 5-12（a）所示为与非门的逻辑符号，图 5-12（b）所示为或非门的逻辑符号，图 5-12（c）所示为与或非门的逻辑符号，图 5-12（d）所示为异或门的逻辑符号，图 5-12（e）所示为同或门的逻辑符号。这些器件在国外书刊和资料上的符号如图 5-13 所示。

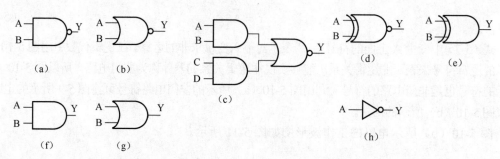

图 5-13　常用逻辑关系在国外书刊和资料上的符号

图 5-13（a）、（b）、（c）、（d）、（e）分别与图 5-12 相应的图标对应，图（f）为与门逻辑符号，图（g）为或门逻辑符号，图（h）为非门逻辑符号。与研究基本逻辑关系的方法相同，对复合逻辑关系的研究除了要知道表达式和逻辑图外，还需要知道这些复合逻辑关系的真值表。下面以异或门为例，介绍列复合逻辑关系真值表的方法。

设定输入信号的高电平为"1"，低电平为"0"，根据异或门的逻辑表达式 $Y = \overline{A}B + A\overline{B}$ 可得异或门的真值表如表 5-5 所示。

由表 5-5 可见，异或门逻辑关系的特点是"当输入变量相反时，输出为 1；当输入变量相同时，输出为 0"。这种逻辑关系与二进制数不进位相加的逻辑关系相同。因不进位相加的器件称为半加器，所以异或门又称为半加器。

根据相同的方法可得同或门的真值表如表 5-6 所示。由表 5-6 可见，同或门逻辑关系的特点是"当输入变量相同时，输出为 1；当输入变量相反时，输出为 0"，即同或门是异或门的非。

表 5-5　异或门的真值表

A	B	$\overline{A}B$	$A\overline{B}$	Y
0	0	0	0	0
0	1	1	0	1
1	0	0	1	1
1	1	0	0	0

表 5-6　同或门的真值表

A	B	$\overline{A}\,\overline{B}$	AB	Y
0	0	1	0	1
0	1	0	0	0
1	0	0	0	0
1	1	0	1	1

5.2.5　正逻辑和负逻辑

由前面的分析可知，逻辑代数输出和输入的函数关系除了用表达式来描述外，还可以用真值表来描述。在列真值表时，必须先对真值表中的"0"和"1"进行赋值，使真值表中的"0"和"1"有确切的物理意义。

在数字电路中，通常用"1"表示高电平的输入和输出信号，用"0"表示低电平的输出和输入信号，用这种状态赋值的真值表称为正逻辑。在赋值的过程中，也可以用"1"表示低电平的输入和输出信号，用"0"表示高电平的输出和输入信号，用这种状态赋值的真值表称为负逻辑。

例如，用负逻辑对图 5-6 所示的电路进行赋值时，输入变量"0"表示开关接通，"1"表示开关断开；在输出端，用"0"表示电灯亮，"1"表示电灯灭。为了区别正逻辑和负逻辑，在数字电路中，规定正逻辑的变量用原变量来表示，负逻辑的变量用反变量来表示。用负逻辑来描述图 5-6 所示电路输入和输出函数关系的真值表如表 5-7 所示。

要比较正逻辑和负逻辑的关系，必须保证输出变量"0"和"1"所赋值的状态物理意义相同，为此对图 5-6 所示电路进行赋值时，将输入变量赋值成负逻辑，输出变量仍然赋值成正逻辑，即用"1"表示灯亮，"0"表示灯灭。根据这种赋值原则，可得图 5-6 所示电路输出变量和输入变量函数关系的真值表如表 5-8 所示。

表 5-7		负逻辑或的真值表
$\overline{A}$	$\overline{B}$	$\overline{Y}$
0	0	0
0	1	0
1	0	0
1	1	1

表 5-8		输入负逻辑，输出正逻辑的真值表
$\overline{A}$	$\overline{B}$	Y
0	0	1
0	1	1
1	0	1
1	1	0

表 5-8 逻辑关系的特点是"有 0 出 1"，它是正逻辑与非的逻辑关系，即 $Y = \overline{AB}$。

由上面的讨论可见，在正逻辑的情况下，图 5-6 所示电路的逻辑关系为或，在负逻辑的情况下，图 5-6 所示电路的逻辑关系为与非，由此可得正逻辑和负逻辑的关系为

$$\overline{AB} = \overline{A} + \overline{B} \tag{5-13}$$

即正逻辑的与非等效于负逻辑的或。

利用同样的方法也可证明正逻辑的或非等效于负逻辑的与，即

$$\overline{A + B} = \overline{A} \; \overline{B} \tag{5-14}$$

式（5-13）和式（5-14）又称为德·摩根（De.Morgan）定理。

5.3　逻辑代数的基本关系式和常用公式

5.3.1　逻辑代数的基本关系式

1．常量和常量的关系

逻辑代数的常量只有"0"和"1"两个，这两个量之间的关系为

$$0 \cdot 0 = 0 \qquad 0 \cdot 1 = 0 \qquad 1 \cdot 1 = 1 \qquad \overline{0} = 1$$
$$0 + 0 = 0 \qquad 0 + 1 = 1 \qquad 1 + 1 = 1 \qquad \overline{1} = 0$$

2．常量和变量的关系

逻辑代数的变量用字母来表示，常量和变量之间的关系为

$$0 \cdot A = 0 \qquad 1 \cdot A = A \qquad 0 + A = A \qquad 1 + A = 1$$

3. 变量和变量的关系

逻辑代数的变量用字母来表示，变量和变量之间的关系为

$$A \cdot A = A \qquad \overline{A} \cdot A = 0 \qquad A + A = A \qquad \overline{A} + A = 1$$

因逻辑代数的基本关系式中有很多与普通代数的基本关系式相同，所以，只要对那些与普通代数关系式不同的几个式子进行特殊记忆就可以记住这些基本的关系式。需要特殊记忆的式子如下：

$$1 + 1 = 1 \qquad 1 + A = 1 \qquad \overline{0} = 1 \qquad \overline{1} = 0$$
$$A \cdot A = A \qquad \overline{A} \cdot A = 0 \qquad A + A = A \qquad \overline{A} + A = 1$$

5.3.2 基本定律

1. 交换律

$$A \cdot B = B \cdot A \qquad A + B = B + A$$

2. 结合律

$$A \cdot (B \cdot C) = (A \cdot B) \cdot C \qquad A + (B + C) = (A + B) + C$$

3. 分配律

$$A \cdot (B + C) = A \cdot B + A \cdot C \qquad A + BC = (A + B)(A + C)$$

上述的几个基本定律除了 $A + BC = (A + B)(A + C)$ 与普通代数的基本定律不相同外，其余的均相同。为了帮助大家对该式的记忆，下面对该关系式进行证明。

证明：利用分配律可将式的右边写成

$$(A + B)(A + C) = AA + AB + AC + BC = A + AB + AC + BC$$
$$= A(1 + B + C) + BC （利用 1 + A = 1 的关系式）$$
$$= A + BC = 左边$$

4. 还原律

$$\overline{\overline{A}} = A \tag{5-15}$$

式（5-15）为还原律。还原律说明对一个逻辑变量连续求两次非，该变量回到原变量。

5. 反演律（德·摩根定理）

在5.2.5小节中我们从图5-6所示电路推出式（5-13）和式（5-14），将表5-8所示的逻辑关系写成正逻辑的关系可得

$$\overline{AB} = \overline{A} + \overline{B} \tag{5-16}$$
$$\overline{A + B} = \overline{A}\ \overline{B} \tag{5-17}$$

式（5-16）和式（5-17）为反演律，又称为德·摩根定理。该定理经常用于逻辑函数的化简和变换。利用基本逻辑关系的真值表可以对德·摩根定理进行证明，证明的过程如表5-9所示。

表 5-9　　　　　　　　　　　　证明德·摩根定理的真值表

A	B	A+B	$\overline{A+B}$	$\overline{A}$	$\overline{B}$	$\overline{A}\,\overline{B}$
0	0	0	1	1	1	1
0	1	1	0	0	1	0
1	0	1	0	1	0	0
1	1	1	0	0	0	0

5.3.3　常用的公式

在对逻辑函数进行化简和变换时，常用的几个公式如下。

$$A + AB = A \tag{5-18}$$

证明　对式（5-18）左边提取公因式 A，并利用 1+ B =1 的关系可得

$$A + AB = A（1+B）= A$$

式（5-18）说明在两个乘积项相加时，若其中的一项以另一项为因子，则该项是多余的，可消去。

$$A + \overline{A}B = A + B \tag{5-19}$$

证明　利用分配律 $A + BC =（A + B）（A + C）$ 和 $A + \overline{A} =1$ 的关系可得

$$A + \overline{A}B = (A + \overline{A})(A + B) = A + B$$

式（5-19）说明在两个乘积项相加时，若其中的一项取反后是另一项的因子，则该因子是多余的，可消去。

$$A（A + B）= A \tag{5-20}$$

证明　利用分配律和 AA=A 的关系可得

$$A(A + B)= AA+AB = A+AB = A(1+B)=A$$

式（5-20）说明变量 A 和包含 A 的和相乘时，可将和消去，只保留变量 A。

$$AB + A\overline{B} = A \tag{5-21}$$

证明　　　　　　　　　$$AB + A\overline{B} = A(B + \overline{B}) = A$$

这个公式的含义是当两个乘积项相加时，若它们分别包含 B 和 $\overline{B}$ 两个因子而其他因子相同，则两项定能合并，且可将 B 和 $\overline{B}$ 两个因子消去。

$$AB + \overline{A}C + BC = AB + \overline{A}C \tag{5-22}$$

证明　在式（5-22）左边的 BC 乘积项前乘 $1 = A + \overline{A}$，并利用分配律可得

$$AB + \overline{A}C + (A + \overline{A})BC = AB + \overline{A}C + ABC + \overline{A}BC$$

分别以变量 AB 和 $\overline{A}C$ 为公因式，提取公因式可得

$$AB + \overline{A}C + ABC + \overline{A}BC = AB(1 + C) + \overline{A}C(1 + B) = AB + \overline{A}C$$

式（5-22）说明若两个乘积项中分别包含 A 和 $\overline{A}$ 两个因子，而这两个乘积项的其余因子组成第 3 个乘积项时，则第 3 个乘积项是多余的，可消去。

式（5-22）还可推广成

$$AB + \overline{A}C + BCD = AB + \overline{A}C \qquad (5\text{-}23)$$

的形式。

证明 在式（5-22）左边的 BCD 乘积项前乘 $1 = A + \overline{A}$，并利用分配律可得

$$AB + \overline{A}C + (A + \overline{A})BCD = AB + \overline{A}C + ABCD + \overline{A}BCD$$

$$= AB(1 + CD) + \overline{A}C(1 + BD) = AB + \overline{A}C$$

5.3.4 基本定理

1. 代入定理

代入定理指出：在任何包含变量 A 的逻辑恒等式中，若以另外一个逻辑表达式代入式中所有 A 的位置，则等式仍成立。

例如：若 $Y = A \oplus Z$，且 $Z = B \oplus C$，则 $Y = A \oplus Z = A \oplus B \oplus C$ 成立。

2. 反演定理

反演定理指出：对任意的表达式 Y，若将 Y 中所有的"·"换成"+"，"+"换成"·"，原变量换成反变量，反变量换成原变量，那么得到的表达式就是 Y 的反函数 $\overline{Y}$。利用反演定理求反函数 $\overline{Y}$ 时应注意遵守先括号，再乘，最后才是加的运算法则。

【例 5-1】 求 $Y = A(B + C) + BD$ 的反函数 $\overline{Y}$。

解 根据反演定理可得

$$\overline{Y} = (\overline{A} + \overline{B}\,\overline{C})(\overline{B} + \overline{D}) = \overline{A}\,\overline{B} + \overline{A}\,\overline{D} + \overline{B}\,\overline{B}\,\overline{C} + \overline{B}\,\overline{C}\,\overline{D}$$

$$= \overline{A}\,\overline{B} + \overline{A}\,\overline{D} + \overline{B}\,\overline{C} + \overline{B}\,\overline{C}\,\overline{D} = \overline{A}\,\overline{B} + \overline{A}\,\overline{D} + \overline{B}\,\overline{C}(1 + \overline{D})$$

$$= \overline{A}\,\overline{B} + \overline{A}\,\overline{D} + \overline{B}\,\overline{C}$$

实际上反演定理就是前面介绍的德·摩根定理，利用德·摩根定理也可以求例 5-1 函数的反函数 $\overline{Y}$，解的过程如下。

$$\overline{Y} = \overline{A(B + C) + BD} = \overline{A(B + C)}\cdot\overline{BD} = (\overline{A} + \overline{B + C})(\overline{B} + \overline{D})$$

$$= (\overline{A} + \overline{B}\,\overline{C})(\overline{B} + \overline{D}) = \overline{A}\,\overline{B} + \overline{A}\,\overline{D} + \overline{B}\,\overline{B}\,\overline{C} + \overline{B}\,\overline{C}\,\overline{D}$$

$$= \overline{A}\,\overline{B} + \overline{A}\,\overline{D} + \overline{B}\,\overline{C} + \overline{B}\,\overline{C}\,\overline{D} = \overline{A}\,\overline{B} + \overline{A}\,\overline{D} + \overline{B}\,\overline{C}(1 + \overline{D})$$

$$= \overline{A}\,\overline{B} + \overline{A}\,\overline{D} + \overline{B}\,\overline{C}$$

由上述解的过程可见，利用反演定理来求反函数比直接用德·摩根定理求反函数更简单。

3. 对偶定理

对偶定理指出：对任意的表达式 Y，若将 Y 中所有的"·"换成"+"，"+"换成"·"，

那么得到的表达式就是 Y 的对偶式 Y′，两个对偶式相等的函数是恒等式。利用对偶定理可以证明恒等式。

【例 5-2】　用对偶定理证明分配律 A + BC =(A + B)(A + C)。

证明　等式 A + BC 的对偶式为 AB+AC。

等式(A + B)(A + C)的对偶式为 AB+AC。

因左右两式的对偶式相等，所以原式为恒等式，即

$$A + BC =(A + B)(A + C)$$

5.4　逻辑函数的表示方法

5.4.1　逻辑函数的表示方法

人们在日常生活中经常要跟各种各样的逻辑问题打交道，任何一个具体的逻辑问题都与特定的因果关系相对应，若将产生某种特定因果关系的原因作为输入变量，结果作为输出变量，则这种特定的因果关系可以表示成逻辑函数的关系，即

$$Y = F(A,B,C,\cdots) \tag{5-24}$$

式中 F 的形式与具体的逻辑问题有关，且逻辑函数有不同的表示方法。下面以三输入变量的表决器为例，来研究逻辑函数不同的表示方法。

5.4.2　逻辑函数的真值表表示法

要将三输入变量的表决器这个具体的逻辑问题抽象成真值表，首先必须对代表输入变量和输出变量的"0"和"1"进行赋值，使真值表中的"0"和"1"有确切的物理意义。

表决器是用来实施某种决议是否通过的表决，表决的结果只有"通过"和"不通过"两种状态，每一个代表对决议进行表决也只有"赞成"和"反对"两个意见（规定不允许弃权）。

将每个代表的意见作为表决器的输入变量，3 个代表的意见分别用输入变量 A、B、C 来表示，且用"1"表示"赞成"，"0"表示"反对"。输出变量为表决的结果，用字母 Y 来表示，且用"1"表示决议获得"通过"，"0"表示决议"未获通过"。对决议进行表决要遵循的原则是"少数服从多数"。

每一个输入变量有两个状态，3 个输入变量共有 8（2^3）种不同的组合状态，列真值表时为了不漏掉某一个特定的组合状态，可采用二进制代码的顺序来排列。根据"少数服从多数"的原则，可得描述表决器输出变量和输入变量函数关系的真值表如表 5-10 所示。

表 5-10　表决器的真值表

A	B	C	Y
0	0	0	0
0	0	1	0
0	1	0	0
0	1	1	1
1	0	0	0
1	0	1	1
1	1	0	1
1	1	1	1

5.4.3　逻辑函数式

利用真值表可写出某个具体逻辑问题的逻辑函数式。因逻辑函数的结果只有"1"和"0"两个状态，利用 1+1=1 的逻辑关系式可以很方便地从真值表写出表达式。只要将真值表输出变量中所有结果为 1 的项加起来，就是描述输出和输入关系的逻辑表达式。下面来讨论如何

表示真值表中输出变量结果为 1 的各个项。

1. 最小项

表 5-10 中输出变量结果为 1 的各项是由输入变量不同的组合状态组成的，若用"1"表示输入变量的原变量 A、B、C，用"0"表示输入变量的反变量 $\overline{A}$、$\overline{B}$、$\overline{C}$，利用输入变量与逻辑的关系可以组成输出变量结果为"1"的各项。在表 5-10 中，输出变量结果为"1"的项共有 4 项，这 4 项输出所对应的输入变量组合分别为 $\overline{A}BC$（011）、$A\overline{B}C$（101）、$AB\overline{C}$（110）、ABC（111），这些变量的组合称为逻辑函数的最小项，通常用字母 m 加下角标 i 来表示，i 就是最小项的编号。由上面的讨论可得最小项的组成特点如下。

（1）最小项 m 是输入变量的乘积项，且每一个输入变量均以原变量或反变量的形式在 m 中仅出现一次。

（2）在 n 个输入变量的逻辑函数中，最小项 m 的个数为 2^n，今后为了使用方便，用十进制数表示最小项的下角标。

例如，$A\overline{B}C$ 在真值表中位于二进制代码 101（对应十进制 5）的位置，所以，代表 $A\overline{B}C$ 的最小项也可写成 m_5。

2. 最小项的性质

（1）在输入变量的任何取值下，必有一个最小项，且只有一个最小项的值为"1"。

（2）全体最小项之和为 1。

（3）任意两个最小项的乘积为 0。

（4）具有相邻性的两个最小项之和可以合并成一项，并消去一对因子。

两个最小项相邻性指的是只有一个因子不同的两个最小项。例如，最小项 ABC 和 $\overline{A}BC$ 仅有输入变量 A 不同，所以它们是具有相邻性的两个最小项，这两个最小项相加的结果可消去一对因子 A 和 $\overline{A}$，消去的过程为

$$Y = ABC + \overline{A}BC = (A + \overline{A})BC = BC$$

3. 逻辑函数最小项表达式

因输出变量结果为"1"的各个项可以表示成最小项，则可以很方便地从真值表中写出表决器逻辑函数最小项和的形式。由表 5-10 可得

$$Y = \overline{A}BC + A\overline{B}C + AB\overline{C} + ABC = m_3 + m_5 + m_6 + m_7$$
$$= \sum_m(3,5,6,7) \tag{5-25}$$

因式（5-25）是由几个最小项相加组成的，所以，式（5-25）称为逻辑函数最小项表达式。将式（5-25）中的各个最小项写成输入变量的乘积可得逻辑函数的标准与或式。

4. 逻辑函数的标准与或式

将式（5-25）中的各个最小项写成输入变量的乘积项可得

$$Y = \overline{A}BC + A\overline{B}C + AB\overline{C} + ABC \tag{5-26}$$

式（5-26）中输出变量和输入变量之间的关系是由与和或逻辑关系组成的，且每一个输入变量均以原变量或反变量的形式在与逻辑关系中出现一次，具有这种特征的逻辑关系式称为标准与或式。利用逻辑函数的标准与或式（5-26），选择与或门为基本的器件就可以搭建能够实现表决器逻辑功能的电路，如图 5-14 所示。

5. 逻辑函数的最简与或式

利用逻辑函数的公式和定理可以对标准与或式（5-26）进行化简，使逻辑函数式中所包含的乘积项最少，且每一个乘积项的因子也最少，经这样处理后的逻辑表达式称为最简与或式。下面来讨论将标准与或式化简成最简与或式的方法。

利用逻辑代数 A=A+A 的关系式，将式（5-26）改写成

$$Y = \overline{A}BC + A\overline{B}C + AB\overline{C} + ABC + ABC + ABC$$

提取公因式后可得

$$Y = (\overline{A} + A)BC + (\overline{B} + B)AC + (\overline{C} + C)AB$$

利用 $\overline{A} + A = 1$ 的关系式可得

$$Y = AB + AC + BC \tag{5-27}$$

式（5-27）所包含的乘积项比式（5-26）少，且组成每个乘积项的因子也更少，所以式（5-27）为最简与或式。根据最简与或式（5-27），选择与或门为基本的器件也可以搭建实现表决器逻辑功能的电路图，如图 5-15 所示。

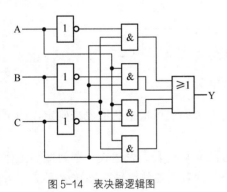

图 5-14　表决器逻辑图

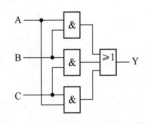

图 5-15　用与或门搭建的表块器电路

5.4.4　逻辑图

在图 5-14 和图 5-15 中，元件的符号与逻辑函数的符号相同，因此，图 5-14 和图 5-15 又称为逻辑函数的逻辑图，即能够实现某种逻辑功能的电路图也表示该逻辑函数关系的逻辑图。

由图 5-14 和图 5-15 可见，两个逻辑图的结构完全不同，但它们却能够实现相同的逻辑功能。由此可得，不同结构的逻辑图，可实现的逻辑功能有可能相同。

由图 5-15 和图 5-14 可见，图 5-15 比图 5-14 简单，由此可得：在搭建具有某种特定逻辑函数关系的逻辑图之前，必须先对逻辑函数式进行化简，将逻辑函数式化成最简与或式，利用最简与或式来搭建的逻辑辑图也是最简的。

图 5-15 所示的逻辑图是利用与门和或门来搭建的，逻辑图中包含与门和或门两种类型的器件。为了使逻辑图的结构更加简捷，在搭逻辑图时，通常利用德·摩根定理将最简与或式转换成与非-与非式，转换的过程为

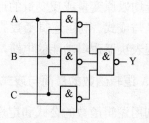

$$Y = \overline{\overline{Y}} = \overline{\overline{AB + BC + AC}} = \overline{\overline{AB}\,\overline{BC}\,\overline{AC}} \qquad (5\text{-}28)$$

式（5-28）中输出变量和输入变量之间的逻辑关系完全是与非的关系，所以称为与非-与非式。根据式（5-28）来搭建的逻辑图如图 5-16 所示。

图 5-16 用与非-与非式搭建的表决器电路

5.4.5 工作波形图

逻辑函数的关系除了用上面介绍的各种方法来表示外，还可以用输入/输出波形图来描述。用输入/输出波形图来描述的逻辑函数关系称为工作波形图。表决器电路的工作波形图如图 5-17 所示。

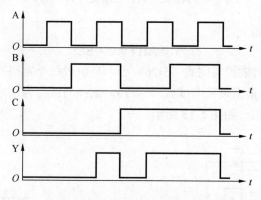

图 5-17 表决器电路的工作波形图

逻辑函数工作波形图中输入和输出变量之间的关系也可根据真值表来确定，即可利用真值表的关系来画工作波形图。

由上面的讨论可见，描述逻辑函数关系的方法有真值表、表达式、逻辑图和工作波形图 4 种。这 4 种表示方法是等效的，可以互相转换，读者需要熟练地掌握这 4 种表示方法的转换关系。

5.5 逻辑函数式的化简

由上面的讨论可见，同一个逻辑函数可以写成不同的逻辑式，不同逻辑式的繁简程度不同，逻辑表达式越简单，它所表示的逻辑关系越明显，根据最简与或式来搭建的逻辑图结构也是最简的。所以，在搭建逻辑图之前，必须先对逻辑表达式进行化简，将不是最简的逻辑表达式化成最简的逻辑表达式。然后，再根据逻辑函数的最简与或式，选择与门和或门来搭建逻辑图。或者利用德·摩根定理，将逻辑函数的最简与或式转换成与非-与非式，选择与非门来搭建逻辑图。

逻辑函数的化简有许多不同的方法，下面来讨论逻辑函数常用的几种化简方法。

5.5.1 公式化简法

公式化简法的原理就是反复利用逻辑代数的基本公式和定理将逻辑函数式中多余的项和因子消掉。公式化简法没有固定的步骤，但有许多技巧，下面用几个具体的例子来说明公式化简法的技巧。

【例 5-3】 用公式将下列的逻辑表达式化成最简与或式。

$$Y_1 = A\overline{B} + B + \overline{A}B$$

$$Y_2 = A\overline{B}C + \overline{A} + B + \overline{C}$$

$$Y_3 = A\overline{B}CD + ABD + A\overline{C}D$$

$$Y_4 = \overline{A}\,\overline{B}C + ABC + \overline{A}B\overline{D} + A\overline{B}\,\overline{D} + \overline{A}BC\overline{D} + BC\overline{D}E$$

$$Y_5 = AC + \overline{B}C + A\overline{B}CD$$

解 $Y_1 = A\overline{B} + B + \overline{A}B = A\overline{B} + (1+\overline{A})B = A\overline{B} + B = A + B$

说明： 先对 Y_1 表达式中的 B 进行提取公因式的操作，然后再利用 1+A=A 和 $A+\overline{A}B = A+B$ 的关系对 Y_1 进行化简。

$$Y_2 = A\overline{B}C + \overline{A} + B + \overline{C} = A\overline{B}C + \overline{\overline{\overline{A}+B+\overline{C}}} = A\overline{B}C + \overline{A\overline{B}C} = 1$$

说明： 先利用还原律和德·摩根定理将 $\overline{A}+B+\overline{C}$ 转换成 $\overline{A\overline{B}C}$，然后再利用代入定理和 $A+\overline{A}=1$ 的关系对逻辑表达式进行化简。

$$Y_3 = A\overline{B}CD + ABD + A\overline{C}D = AD(\overline{B}C + B + \overline{C}) = AD(\overline{B}C + \overline{\overline{B}C}) = AD$$

说明： 先提取公因式，再利用还原律和德·摩根定理将 $B+\overline{C}$ 转换成 $\overline{\overline{B}C}$，最后再利用代入定理和 $A+\overline{A}=1$ 的关系对逻辑表达式进行化简。

$$Y_4 = \overline{A}\,\overline{B}C + ABC + \overline{A}B\overline{D} + A\overline{B}\,\overline{D} + \overline{A}BC\overline{D} + BC\overline{D}E$$
$$= (\overline{A}\,\overline{B} + AB)C + (\overline{A}B + A\overline{B})\overline{D} + BC\overline{D}(\overline{A} + \overline{E})$$
$$= (\overline{A \oplus B})C + (A \oplus B)\overline{D} + C\overline{D}(\overline{A} + \overline{E})B$$
$$= (\overline{A \oplus B})C + (A \oplus B)\overline{D} = \overline{A}\,\overline{B}C + ABC + \overline{A}B\overline{D} + A\overline{B}\,\overline{D}$$

说明： 先提取公因式，再利用代入定理和 $AB + \overline{A}C + BCD = AB + \overline{A}C$ 的关系对逻辑表达式进行化简。

$$Y_5 = AC + \overline{B}C + A\overline{B}CD = AC(1+\overline{B}D) + \overline{B}C(1+AD) = AC + \overline{B}C$$

说明： 先提取公因式，在提取公因式的过程中，式中的每个项可反复多次使用，然后再利用 $1+A=1$ 的关系对逻辑表达式进行化简。

5.5.2 逻辑函数的卡诺图化简法

1. 逻辑变量的卡诺图

在前面的讨论中已知，对于 n 个输入变量的逻辑函数有 2^n 个最小项，用带有从 $0 \sim (2^n-1)$

顺序标号的小方块来表示这些最小项，并将这些小方块按逻辑相邻的关系排列成一个矩形图。因这种矩形图的表示方法是由美国工程师卡诺（Karnanugh）首先提出来的，所以这种图形称为 n 变量的卡诺图。不同变量的卡诺图如图 5-18 所示。

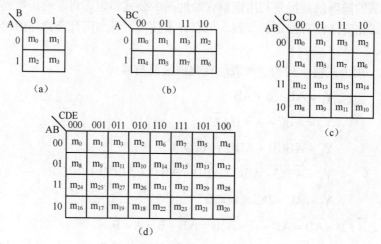

图 5-18　不同变量的卡诺图

图 5-18 所示的图形分别表示二变量、三变量、四变量、五变量的卡诺图。

图 5-18 所示图形两侧的标注表示输入变量数码的排序，注意输入变量数码的排序不是按照自然二进制数的规则从大到小，而是按照循环码的规则来排序。按循环码规则来排序的最小项具有相邻的最小项之间仅存在着一个变量差别的特点，便于逻辑函数的化简。

例如，图 5-18（c）中的最小项 m_{13}（$AB\overline{C}D$）位于横轴 AB=11 和纵轴 CD=01 的交汇点上，与其相邻的 4 个最小项分别是 m_5（$\overline{A}B\overline{C}D$）、$m_{12}$（$AB\overline{C}\,\overline{D}$）、$m_{15}$（ABCD）和 m_9（$A\overline{B}\,\overline{C}D$）。其中的 m_5（$\overline{A}B\overline{C}D$）与 m_{13}（$AB\overline{C}D$）仅在 A 变量上存在着不同；m_{12}（$AB\overline{C}\,\overline{D}$）与 m_{13}（$AB\overline{C}D$）仅在 D 变量上存在着不同；m_{15}（ABCD）与 m_{13}（$AB\overline{C}D$）仅在 C 变量上存在着不同；m_9（$A\overline{B}\,\overline{C}D$）与 m_{13}（$AB\overline{C}D$）仅在 B 变量上存在着不同，即最小项 m_{13}（$AB\overline{C}D$）分别与其周围的 4 个最小项仅在一个变量上存在着差别。

具有上述这种排列关系的最小项称为逻辑相邻性（相邻的最小项只有一个变量不同）。卡诺图中的每个最小项都具有逻辑相邻性，且最小项的这种逻辑相邻性在卡诺图的 4 个边上也是成立的，即卡诺图中左边的最小项与右边的最小项在逻辑关系上也是相邻的，上边的最小项与下边的最小项在逻辑关系上同样也是相邻的。卡诺图的这种逻辑相邻关系说明：可以将卡诺图的左、右边闭合卷起来形成一个纵向的圆柱，也可以将卡诺图的上、下边闭合卷起来形成一个横向的圆柱。

2. 逻辑函数的卡诺图表示法

用变量卡诺图来表示逻辑函数的方法称为逻辑函数的卡诺图表示法。从逻辑函数画出卡诺图的原理与从逻辑函数列成真值表的原理相同。只要将逻辑表达式中所出现的最小项用字符"1"来标记，没有出现的最小项用字符"0"来标记即可。

例如，前面所介绍的表决器的逻辑关系式为 $Y = \overline{A}BC + A\overline{B}C + AB\overline{C} + ABC$，该逻辑函数

式的输入变量为 3，共有 8 个最小项。该逻辑函数式由 4 个最小项组成，在卡诺图上将这 4 个最小项标注为“1”，其余的 4 个最小项标注为“0”，由此可得如图 5-19 所示的卡诺图。

比较逻辑函数的卡诺图和真值表 5-10 可知，在真值表中出现“1”的与逻辑项，在卡诺图中标注成最小项“1”；在真值表中出现“0”的与逻辑项，在卡诺图中标注成最小项“0”。

A \ BC	00	01	11	10
0	0	0	1	0
1	0	1	1	1

图 5-19 表决器的卡诺图

若所给的逻辑表达式不是标准与或式，在画卡诺图时必须先将逻辑函数式转化成标准与或式，然后利用标准与或式来画卡诺图。

【例 5-4】 画出 $Y = AB\overline{C} + A\overline{B}D + \overline{A}B$ 的卡诺图。

解 该逻辑表达式有 A、B、C、D 4 个变量，但逻辑表达式中的 3 个与逻辑项有两项是 3 个输入因子的，有一项是两个输入因子的，所以，该逻辑表达式不是标准与或式。将上式与逻辑项中所缺少的因子补齐，补齐的方法是：在与逻辑项中乘上所缺因子原变量与反变量的或，即可将普通的与或式转化成标准与或式，转化的过程如下：

$$
\begin{aligned}
Y &= AB\overline{C} + A\overline{B}D + \overline{A}B = AB\overline{C}(D+\overline{D}) + A\overline{B}(C+\overline{C})D + \overline{A}B(C+\overline{C})(D+\overline{D}) \\
&= AB\overline{C}D + AB\overline{C}\,\overline{D} + A\overline{B}CD + A\overline{B}\,\overline{C}D + \overline{A}BCD + \overline{A}BC\overline{D} + \overline{A}B\overline{C}D + \overline{A}B\overline{C}\,\overline{D}
\end{aligned}
$$

AB \ CD	00	01	11	10
00	0	0	0	0
01	1	1	1	1
11	1	1	0	0
10	0	1	1	0

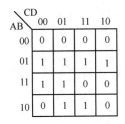

图 5-20 例 5-4 卡诺图

根据标准与或式可得卡诺图如图 5-20 所示。

从上述的转换过程可见，若普通与或式中的某个与逻辑项中缺少一个输入因子，转换成标准与或式时，对应于两个最小项；若与逻辑项中缺少两个输入因子，转换成标准与或式时，对应于 4 个最小项。在熟练掌握这些规律后，画卡诺图时可不必先将普通的与或式转换成标准与或式，而直接利用普通的与或式来画卡诺图。

具体的画法是：将如图 5-20 所示的 $\overline{A}B$ 所在横坐标为 01 行上的 4 个最小项标记为“1”，将 $AB\overline{C}$ 所在横坐标为 11，纵坐标 C 为 0 的两个最小项上标记为“1”，将 $A\overline{B}D$ 所在横坐标为 10，纵坐标 D 为 1 的两个最小项上标记为“1”，其余的均标记为“0”。

3. 逻辑函数的卡诺图化简法

利用卡诺图化简逻辑函数的理论依据是具有逻辑相邻性的最小项可以合并，并消去不同的因子。由于最小项在卡诺图上几何位置的逻辑相邻性与逻辑函数的逻辑相邻性是一致的，所以卡诺图能直观地显示出具有逻辑相邻性的最小项，并将这些最小项合并成最简与或式。

（1）合并最小项的方法

将 2 个、4 个、8 个或者 2^n 个相邻的最小项合并时，仅保留相同的变量，而将不同的变量消掉。合并可采用在卡诺图上画圆圈的方法来实施，合并最小项的规则如图 5-21 所示。

AB \ CD	00	01	11	10
00	0	0	0	0
01	1	1	1	1
11	1	1	0	0
10	0	1	1	0

图 5-21 合并最小项的规则

在图 5-21 所示的卡诺图中，有 3 个椭圆分别将两个 1 和 4 个 1 圈住。其中的长椭圆将卡诺图中的 4 个 1 圈住，这 4 个最小项合并的结果保留下两个相同的变量 $\overline{A}B$；另一个椭圆也圈住卡诺

图中的 4 个 1，这 4 个 1 合并的结果保留下两个相同的变量 $B\overline{C}$；最后一个椭圆圈住两个 1，这两个 1 合并的结果保留下 3 个相同的变量 $A\overline{B}D$。

将 3 个椭圆合并的结果加起来就得到逻辑函数 Y 的最简与或式，即

$$Y = \overline{A}B + B\overline{C} + A\overline{B}D$$

由上面化简的过程可见，利用卡诺图进行逻辑函数的化简时，多个圆圈可以交叠，且圆圈画得越大，合并的结果越简单。

至此，可以归纳合并最小项的一般规则是：如果有 2^n 个最小项相邻（$n=1,2,3\cdots$）并排列成一个矩形组，则它们可以合并为一项，并消去 n 个因子，合并后的结果中仅包含这些最小项的公共因子。

（2）卡诺图化简法的步骤

① 将函数化为最小项之和的形式。

② 按最小项表达式填卡诺图，凡式中包含了的最小项，其对应方格填 1，其余方格填 0。

③ 合并最小项，将相邻的 1 方格圈成一组（包围圈），每一组含 2^n 个方格，对应每一个包围圈写成一个新的乘积项。

④ 将所有包围圈对应的乘积项相加，所得到的就是最简与或表达式。

有时也可由真值表直接填卡诺图，以上的①②两步就合为一步。

画包围圈时应遵循以下原则。

① 包围圈内的方格必定是 2^n 个（n 等于 1, 2, 3, …）。

② 相邻方格包括上下底相邻、左右相邻和四角相邻。

③ 同一方格可以被不同的包围圈重复包围，但新增包围圈中一定要有新的方格，否则该包围圈为多余。

④ 包围圈内的方格数要尽可能多，包围圈的数目要尽可能少。

⑤ 有时用圈 0 的方法更简便，但得到的化简结果是原函数的反函数。

下面再用几个具体的例子来说明利用卡诺图化简逻辑函数的方法。

【例 5-5】 写出图 5-22 所示各卡诺图的最简与或式。

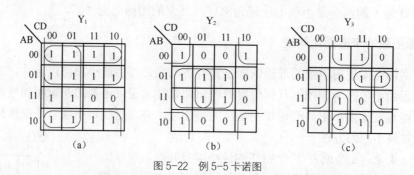

图 5-22 例 5-5 卡诺图

解 在图 5-22（a）所示的卡诺图中，有两个完整的椭圆分别圈住 8 个最小项，因卡诺图中上边的最小项与下边的最小项在逻辑关系上是相邻的，所以，图 5-22（a）所示的卡诺图，用两个半圆圈住上、下边的 8 个最小项，即有 3 个椭圆分别圈住 8 个最小项。4 变量的卡诺图，8 个最小项圈在一起，只有一个输入变量是相同的，将 3 个椭圆合并的结果加起来

可得 Y_1 的最简与或式为

$$Y_1 = \overline{A} + \overline{B} + \overline{C} \qquad (5\text{-}29)$$

在图 5-22（b）所示的卡诺图中，有两个完整的椭圆分别圈住 4 个最小项，因卡诺图中 4 个角上的最小项具有逻辑相邻的关系，所以，在图 5-22（b）所示的卡诺图中，用 4 个半椭圆圈住 4 个角的最小项，即有 3 个椭圆分别圈住 4 个最小项，4 变量的卡诺图，4 个最小项圈在一起，只有两个输入变量是相同的，将 3 个椭圆合并的结果加起来可得 Y_2 的最简与或式为

$$Y_2 = B\overline{C} + BD + \overline{B}\,\overline{D}$$

在图 5-22（c）所示的卡诺图中，用两个半圆圈住上、下边的 4 个最小项，用另外两个半圆分别圈住左、右边的 4 个最小项，用两个椭圆分别两两圈住卡诺图上的 4 个最小项。 4 变量的卡诺图，两个最小项圈在一起，有 3 个输入变量是相同的，将 4 个椭圆合并的结果加起来可得 Y_3 的最简与或式为

$$Y_3 = B\overline{D} + \overline{B}D + \overline{A}BC + A\overline{C}D \qquad (5\text{-}30)$$

在图 5-22（c）所示的卡诺图中，若两个小椭圆分别以如图 5-23 所示的形式圈住最小项，则 Y_3 的最简与或式为

$$Y_3 = B\overline{D} + \overline{B}D + AB\overline{C} + \overline{A}CD \qquad (5\text{-}31)$$

式（5-30）和式（5-31）的形式虽然不同，但两个式子可实现的逻辑功能是等效的。由此可得，用卡诺图化简逻辑函数时，由于圈住最小项的组合状态不相同，化简后最简与或式的形式有可能也不相同，但它们可实现的逻辑功能却是相同的，利用真值表可证明这个结论。

在图 5-22（a）所示的卡诺图中，因 "0" 的个数比 "1" 少很多，也可以在卡诺图上按如图 5-24 所示的方法先对 "0" 进行合并，得到 $\overline{Y_1}$，再对 $\overline{Y_1}$ 求非，得到 Y_1 的最简与或式

$$\overline{Y_1} = ABC$$

$$Y_1 = \overline{\overline{Y_1}} = \overline{ABC} = \overline{A} + \overline{B} + \overline{C}$$

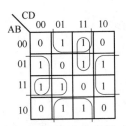

图 5-23 逻辑函数 Y_3 的化简方法

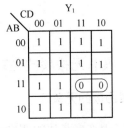

图 5-24 合并 0 的卡诺图

与式（5-29）的结论相同。

由上面化简的过程可见，利用卡诺图进行逻辑函数的化简时，除了多个圆圈可以交叠外，应按 8 个、4 个、2 个的规则尽可能大的将所有标记为 "1" 的最小项圈住，使化简得到的结果最简。且在圈最小项时，注意可以将位于卡诺图上、下边，左、右边和 4 个角上的最小

项圈在一起；同时，还要注意合并最小项的组合状态不相同，化简后最简与或式的形式有可能也不相同的特点。当卡诺图上"0"的个数比"1"少很多时，可以先对"0"进行合并，得到逻辑非的表达式后，再对逻辑非的表达式求非得最简与或式。

【例 5-6】 用卡诺图将例 5-3 中的逻辑函数式 Y_2、Y_3 化简成最简与或式。

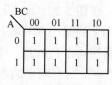

图 5-25　例 5-6 卡诺图 1

解　因 $Y_2 = A\overline{B}C + \overline{A} + B + \overline{C}$ 是 3 个输入变量的逻辑函数，三输入变量的逻辑函数有 8 个最小项，根据从表达式画卡诺图的方法可得 Y_2 的卡诺图如图 5-25 所示。

根据所有最小项之和等于 1 的性质，可得 Y_2 的最简与或式为

$$Y_2 = 1$$

因 $Y_3 = A\overline{B}CD + ABD + A\overline{C}D$ 是四输入变量的逻辑函数，四输入变量的逻辑函数有 16 个最小项，化简 Y_3 的卡诺图如图 5-26 所示。合并的结果为

$$Y_3 = AD$$

因 $Y_4 = \overline{A}\,\overline{B}C + ABC + \overline{A}B\overline{D} + A\overline{B}\,\overline{D} + \overline{A}BCD + BCD\overline{E}$ 是五输入变量的逻辑函数，五输入变量的逻辑函数有 32 个最小项，化简 Y_4 的卡诺图如图 5-27 所示。合并的结果为

$$Y_4 = C\overline{D} + \overline{A}B\overline{D} + \overline{A}\,\overline{B}C + A\overline{B}\,\overline{D} + ABC$$

CD\AB	00	01	11	10
00	0	0	0	0
01	0	0	0	0
11	0	0	1	1
10	0	1	1	0

图 5-26　例 5-6 卡诺图 2

CDE\AB	000	001	011	010	110	111	101	100
00	0	0	0	0	1	1	1	1
01	1	1	0	0	0	0	1	1
11	0	0	0	0	1	1	1	1
10	1	1	0	0	0	0	1	1

图 5-27　例 5-6 卡诺图 3

由图 5-27 可见，大圆圈所圈住的 8 个最小项分别又被其他的小圆圈所圈，所以，在合并最小项时，这个大圆圈可以不要画，即用 4 个小圆圈进行最小项的合并，由此可得 Y_4 的最简与或式为

$$Y_4 = \overline{A}B\overline{D} + \overline{A}\,\overline{B}C + A\overline{B}\,\overline{D} + ABC$$

5.5.3　具有无关项的逻辑函数的化简

1. 逻辑函数的无关项

日常生活中许多具体的逻辑函数，输入变量的取值经常不是任意的，而是受一定条件限制的，这种限制输入变量取值的条件称为约束条件。

例如，用 3 个输入变量 A、B、C 分别来表示电梯的上升、下降和停止这 3 种工作状态，并规定 A=1 表示电梯处在上升的工作状态，B=1 表示电梯处在下降的工作状态，C=1 表示电梯处在停止的工作状态。因电梯在任何时候只能处在一个特定的工作状态下，所以，不允许同时有两个或两个以上的输入变量为 1，即 A、B、C 的取值只能是 100、010、001 当中的某

一种，而不能出现 000、011、101、110、111 中的任何一种。输入变量取值所受的约束条件可用约束方程来表示。电梯工作状态的约束方程为

$$Y = \overline{A}\,\overline{B}\,\overline{C} + \overline{A}BC + A\overline{B}C + AB\overline{C} + ABC = 0$$

约束方程中所出现的最小项恒等于 0，称为约束项。

有时还会遇到某些最小项的取值是 1，或是 0，对逻辑函数最终的逻辑状态没有影响的情况，具有这种特性的最小项称为逻辑函数的任意项。逻辑函数的约束项和任意项统称为无关项。无关项在卡诺图中用符号"×"来表示。

2. 无关项在逻辑函数化简中的作用

当逻辑函数带有无关项时，因无关项的值取"1"或是"0"对逻辑函数最终的逻辑状态没有影响，所以，可根据需要选择合适的无关项，使逻辑函数的化简更加有利。根据无关项的这个性质，在逻辑函数化简时，可根据化简逻辑函数式的需要，合理地设置无关项的值为"1"或者"0"，使卡诺图上的圆圈圈住更多的最小项，合并最小项的结果为最简单。下面举一个带约束关系的逻辑函数式化简的例子。

【例 5-7】 用卡诺图化简具有约束关系的逻辑函数。

$$Y = \overline{A}\,\overline{B}C\overline{D} + \overline{A}\,\overline{B}\,\overline{C}\overline{D} + A\overline{B}C\overline{D}$$

已知约束条件为

$$AB\overline{C}\overline{D} + \overline{A}BC\overline{D} + AB\overline{C}D$$

解 该逻辑函数的卡诺图如图 5-28 所示。

按图 5-28 所示的圆圈合并最小项，可得最简与或式为

$$Y = \overline{B}C\overline{D} + \overline{A}\,\overline{B}\,\overline{D}$$

利用无关项的性质，取无关项中的 $\overline{A}BC\overline{D}$ 为 1，其余的两项为 0，可得如图 5-29 所示的卡诺图。按图 5-29 所示的圆圈合并最小项，可得最简与或式为

$$Y = \overline{B}\,\overline{D}$$

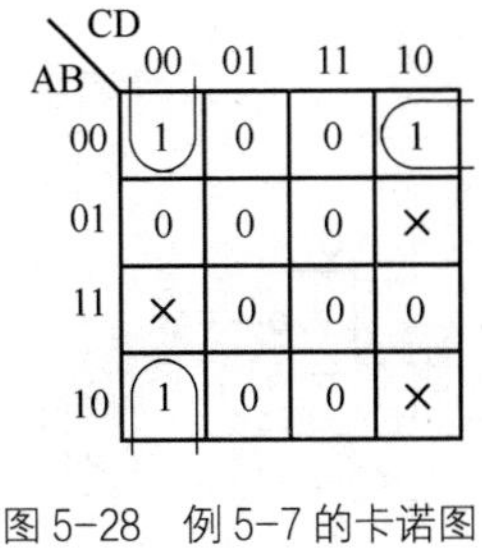

图 5-28 例 5-7 的卡诺图

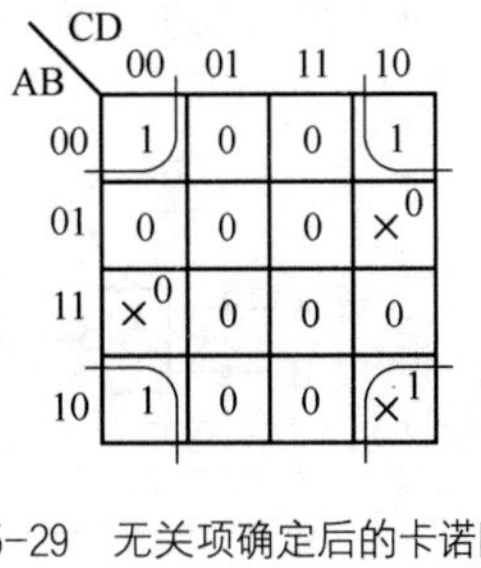

图 5-29 无关项确定后的卡诺图

由上面化简的过程可见，合理设置无关项的值，对化简逻辑函数有帮助，有可能达到最简的结果。

【例 5-8】 用卡诺图化简具有约束关系的逻辑函数。

$$Y(A,B,C,D) = \sum\nolimits_m (0,1,2,8,9) + \sum\nolimits_d (10,11,12,13,14,15)$$

解 该逻辑表达式中第 1 个求和号表示 5 个最小项的和，第 2 个求和号表示约束条件为 6 个最小项的和为 0，该逻辑表达式的卡诺图如图 5-30 所示。约束项的取值如图 5-30 所示，按图中所示的圆圈合并最小项可得最简与或式为

$$Y(A,B,C,D) = A + \overline{B}\,\overline{C} + \overline{B}\,\overline{D}$$

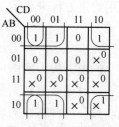

图 5-30　例 5-8 卡诺图

5.6　研究逻辑函数的两类问题

数字电路所接触到的逻辑问题主要有两大类：一类是给定电路，分析该电路所能实现的逻辑功能；另一类是给定逻辑问题，设计能够实现该逻辑问题的电路。下面介绍这两类问题的研究方法。

5.6.1　给定电路分析功能

给定电路分析功能的步骤是：根据逻辑图写出表达式，根据表达式列出真值表，对真值表中的 "0" 和 "1" 进行赋值，根据赋值的内容分析电路的功能。下面举一个具体的例子来说明电路分析的过程。

【例 5-9】 分析图 5-31 所示电路的功能。

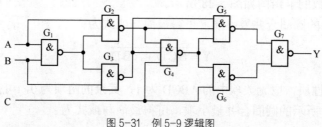

图 5-31　例 5-9 逻辑图

解 根据逻辑图写表达式的方法是：从输入端开始往输出端走，在所经过器件的输出端引入如图 5-32 所示的辅助变量。

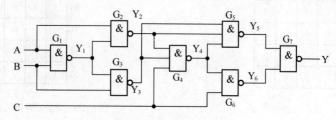

图 5-32　例 5-9 加标注后的逻辑图

由图 5-32 可得

$$Y_1 = \overline{AB} = \overline{A} + \overline{B}$$

$$Y_2 = \overline{AY_1} = \overline{A \ \overline{AB}} = \overline{A(\overline{A} + \overline{B})} = \overline{A\overline{B}}$$

$$Y_3 = \overline{BY_1} = \overline{B \ \overline{AB}} = \overline{B(\overline{A} + \overline{B})} = \overline{\overline{A}B}$$

$$Y_4 = \overline{Y_2 Y_3 C} = \overline{\overline{A\overline{B}} \ \overline{\overline{A}B}C} = \overline{(A\overline{B} + \overline{A}B)C} = \overline{(A \oplus B) \ C}$$

$$Y_5 = \overline{Y_2 Y_3 Y_4} = \overline{\overline{A \oplus B}(A \oplus B + \overline{C})} = \overline{\overline{A \oplus B} \ \overline{C}}$$

$$Y_6 = \overline{Y_4 C} = \overline{\overline{A \oplus B \ C} \ C} = \overline{(A \oplus B)C}$$

$$Y = \overline{Y_5 Y_6} = \overline{\overline{A \oplus B \ \overline{C}} \ \overline{(A \oplus B)C}} = \overline{A \oplus B} \ \overline{C} + (A \oplus B)C$$
$$= AB\overline{C} + \overline{A} \ \overline{B} \ \overline{C} + A\overline{B}C + \overline{A}BC$$

根据 Y 的表达式可得真值表如表 5-11 所示。

表 5-11   **例 5-9 真值表**

A	B	C	Y
0	0	0	1
0	0	1	0
0	1	0	0
0	1	1	1
1	0	0	0
1	0	1	1
1	1	0	1
1	1	1	0

设表 5-11 中的"0"和"1"表示二进制数的数值"0"和"1",由真值表的数值可见,图 5-31 所示电路为 3 个输入变量的奇偶检测电路,该电路工作的特点是:当输入变量中有偶数个"1",或者全部输入变量都是"0"时输出为"1",其余的情况都为"0"。

5.6.2 给定逻辑问题设计电路

给定逻辑问题设计电路的步骤是:将逻辑问题抽象成真值表,根据真值表画卡诺图,或者根据真值表写出标准与或式;合并卡诺图的最小项,写出最简与或式,或者利用公式将标准与或式化成最简与或式,选择合适的器件搭建电路。下面举一个具体的例子来说明电路的设计过程。

【**例 5-10**】 设计一个水塔水位控制电路,水塔内有 3 个水位检测开关 A、B、C,水塔外有两台水泵 M_H、M_L 向水塔供水,如图 5-33 所示。两台水泵工作的情况是:当水位低于 C 点时,两台水泵同时向水塔供水;当水位高于 C 点,低于 B 点时,只有 M_L 水泵向水塔供水;当水位高于 B 点,低于 A 点时,只有 M_H 水泵向水塔供水;当

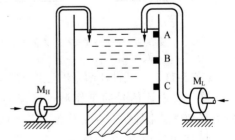

图 5-33 例 5-10 图

水位高于 A 点时，两台水泵都不向水塔供水。

解 要设计水塔水位控制电路，必须先将水位控制的逻辑问题抽象成真值表。水塔内有 3 个水位检测开关，将 3 个检测开关的状态表示成输入变量 A、B、C，设用"1"表示水位高于检测点，用"0"表示水位低于检测点；有两台水泵向水塔供水，水泵的工作状态表示成输出变量 M_L 和 M_H，设"1"表示水泵工作，"0"表示水泵不工作。依题意可得水位控制电路的真值表如表 5-12 所示。

表 5-12 水位控制器的真值表

A	B	C	M_H	M_L
0	0	0	1	1
0	0	1	0	1
0	1	1	1	0
1	1	1	0	0

3 个输入变量应该有 8 个最小项，但表 5-12 只用了 4 个，另外 4 个最小项在该逻辑问题中是不可能出现的，可作为水位控制电路逻辑问题的无关项。

例如，最小项 010 代表水位高于 B 点，但又低于 C 点的状态，该水位的状态在水塔内是不可能出现的，所以 010 是该逻辑问题的无关项。根据表 5-12 可得水位控制器的卡诺图如图 5-34 所示。

在图 5-34 中，图 5-34（a）所示为 M_H 的卡诺图，图 5-34（b）所示为 M_L 的卡诺图。由图 5-34 可得

$$M_H = \overline{C} + \overline{A}B \qquad (5\text{-}32)$$

$$M_L = \overline{B} \qquad (5\text{-}33)$$

若选择与非门来搭电路，应利用德·摩根定理将式（5-32）化成与非-与非式，转化的过程如下：

$$M_H = \overline{C} + \overline{A}B = \overline{\overline{\overline{C} + \overline{A}B}} = \overline{\overline{C} \cdot \overline{\overline{A}B}} \qquad (5\text{-}34)$$

根据式（5-33）和式（5-34）搭建的电路如图 5-35 所示。

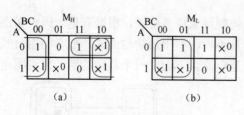

图 5-34 两台水泵工作状态的卡诺图

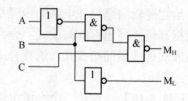

图 5-35 水位控制电路逻辑图

【例 5-11】 试设计信号的工作波形满足图 5-36 所示形式的逻辑图。

解 要设计信号的工作波形图满足图 5-36 所示形式的逻辑图，必须先从工作波形图列出真值表。因图 5-36 工作波形图输出 Y=0 的时间比 Y=1 的时间少，为了方便起见，可以只列出输出 Y=0 的情况。满足图 5-36 所示工作波形图输出 Y=0 的真值表如表 5-13 所示。

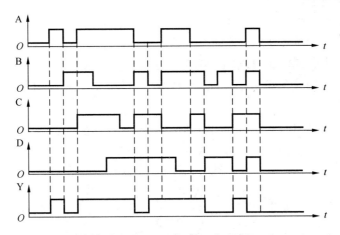

图 5-36　例 5-11 信号的工作波形图

表 5-13　　　　　　　满足图 **5-36** 工作波形图输出 **Y=0** 的真值表

A	B	C	D	Y
0	0	0	0	0
0	1	0	0	0
0	1	1	1	0
0	0	0	1	0
0	1	0	1	0
1	1	1	1	0

根据表 5-13 可得卡诺图如图 5-37 所示。

注意：在图 5-37 中，因 0 的个数比 1 少，所以，对 0 进行合并，合并的结果为

$$\overline{Y} = \overline{B}\,\overline{D} + BCD \tag{5-35}$$

对式（5-35）求非可得 Y 为

$$Y = \overline{\overline{B}\,\overline{D} + BCD} \tag{5-36}$$

选择与或非门来搭建的电路如图 5-38 所示。

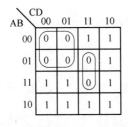

图 5-37　例 5-11 卡诺图

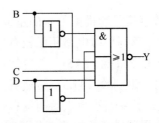

图 5-38　例 5-11 逻辑图

本 章 小 结

本章主要讨论了逻辑代数的基本公式和定理，逻辑函数的化简方法和逻辑函数不同的表

示方法。

逻辑代数所介绍的基本逻辑关系有与、或、非 3 种。除了基本逻辑关系外，本章还介绍了复合逻辑关系与非、或非、与或非、异或、同或 5 种。

逻辑代数中许多的关系式和定理与普通代数中相关的公式和定理形式相同，需要特殊记忆的基本关系式为

$$1+1=1 \qquad 1+A=1 \qquad \overline{0}=1 \qquad \overline{1}=0$$
$$A \cdot A=A \qquad \overline{A} \cdot A=0 \qquad A+A=A \qquad \overline{A}+A=1$$

分配律： $\qquad A+BC=(A+B)(A+C)$

德·摩根定理： $\qquad \overline{A+B}=\overline{A}\ \overline{B} \qquad \overline{AB}=\overline{A}+\overline{B}$

还原律： $\qquad \overline{\overline{Y}}=Y$

表示逻辑函数关系的方法有表达式、真值表、卡诺图、逻辑图和工作波形图 5 种。逻辑表达式有标准与或式、最小项和的形式、最简与或式等几种类型，读者需熟练地掌握逻辑函数几种表示方法相互转换的关系，以及利用公式或卡诺图对逻辑表达式进行化简的方法。

用公式进行逻辑函数化简时常用的几个公式如下：

$$A+AB=A$$
$$A+\overline{A}B=A+B$$
$$A(A+B)=A$$
$$AB+\overline{A}C+BC=AB+\overline{A}C$$
$$AB+\overline{A}C+BCD=AB+\overline{A}C$$

数字电路所研究的逻辑问题只有分析电路和设计电路这两大类。

分析电路的步骤是：从给定的逻辑图出发，写出逻辑表达式，根据逻辑表达式列出真值表，根据实际情况对真值表中的 0 和 1 进行赋值，并说明电路所能实现的逻辑功能。

设计电路的步骤是：将给定的逻辑问题抽象成真值表，从真值表列出逻辑问题的标准与或式，利用公式或卡诺图对逻辑问题的标准与或式进行化简得到最简与或式，选择合适的器件搭建能够实现逻辑问题的逻辑图。

习　题

5.1　数字信号和模拟信号的主要差别是什么？数字电路和模拟电路研究的内容有什么不同？数字电路与模拟电路相比较有什么特点？

5.2　比较 $(351)_{10}$、$(A5)_{16}$、$(11001100)_2$ 3 个数的大小。

5.3　将十进制数 137.53 转换成二进制数和十六进制数，要求二进制数保留小数点后 4 位，十六进制数保留小数点后两位有效数字。

5.4　利用逻辑函数的基本公式和定理证明下列各恒等式。

（1） $\overline{A+BC+D}=\overline{A}(\overline{B}+\overline{C})\overline{D}$

（2） $\overline{AB+\overline{A}\ \overline{B}+\overline{C}}=A \oplus BC$

（3） $A+\overline{A}(B+C)=A+\overline{B}\ \overline{C}$

（4） $\overline{A}B+AB+\overline{A}\ \overline{B}+A\overline{B}=1$

（5）　$AB + BCD + \overline{A}C + \overline{B}C = AB + C$

（6）　$A\overline{B} + BD + DCE + D\overline{A} = A\overline{B} + D$

（7）　$AB(C + D) + D + (A + B)(\overline{B} + \overline{C})\overline{D} = A + B\overline{C} + D$

（8）　$\overline{A \oplus B}\ \overline{B \oplus C}\ \overline{C \oplus D} = \overline{A}B + \overline{B}C + \overline{C}D + A\overline{D}$

（9）　$ABC + A\overline{B}\ \overline{C} + \overline{A}B\overline{C} + \overline{A}\ \overline{B}C = A \oplus B \oplus C$

（10）　$AB(A \oplus B \oplus C) = ABC$

5.5　用逻辑代数的基本公式将下列逻辑函数式化成最简与或式。

（1）　$Y = \overline{A}B + B + A\overline{B}$

（2）　$Y = \overline{A} + B + \overline{C} + A\overline{B}C$

（3）　$Y = \overline{\overline{\overline{A}BC} + \overline{A}\overline{B}}$

（4）　$Y = A\overline{B}CD + ABD + A\overline{C}D$

（5）　$Y = \overline{\overline{A}\ \overline{B}D} + \overline{\overline{A}\ \overline{C}} + B\overline{C}\ \overline{D} + \overline{BD} + B\overline{D}$

（6）　$Y = \overline{\overline{A}\ \overline{B} + AB}\ \overline{A\overline{C} + \overline{B}}$

（7）　$Y = \overline{ABC}\ \overline{\overline{AB + BC + AC}}$

（8）　$Y = A + (B + \overline{C})(A + B + C)(A + \overline{B} + C)$

（9）　$Y = AC(\overline{CD} + \overline{AB}) + BC(\overline{\overline{B} + AD + CE})$

（10）　$Y = A\overline{C} + ABC + AC\overline{D} + CD$

5.6　将下列各逻辑表达式写成最小项和的形式。

（1）　$Y = A\overline{B}CD + ABD + A\overline{C}D$

（2）　$Y = A\overline{B}C + AB + A\overline{C}$

（3）　$Y = \overline{B}C\overline{D} + AB + A\overline{C}D$

（4）　$Y = A + AB + \overline{A}\ \overline{C}$

（5）　$Y = AD + A\overline{B}\ \overline{D} + AC\overline{D}$

5.7　用卡诺图化简下列各逻辑表达式。

（1）　$Y = ABC + AB\overline{D} + \overline{A}C + B\overline{D}$

（2）　$Y = ABC\overline{D} + A\overline{B}\ \overline{D} + \overline{A}\ BC + AB\overline{D}$

（3）　$Y = A\overline{B}C + AB\overline{D} + ACD + \overline{A}B\overline{D}$

（4）　$Y = ABCD + \overline{A}B\overline{D} + A\overline{C}D + AB\overline{D}$

（5）　$Y = BC + A\overline{B}\ \overline{D} + \overline{A}B\overline{C} + \overline{B}C\overline{D}$

（6）　$Y(A,B,C,D) = \sum_{m}(0,2,5,6,7) + \sum_{d}(1,8,9,10,11)$

（7）　$Y(A,B,C,D) = \sum_{m}(1,3,5,7,9) + \sum_{d}(2,4,6,8,10)$

（8）　$Y(A,B,C,D) = \sum_{m}(0,2,4,5,7,13) + \sum_{d}(8,9,10,11,14,15)$

（9）　$Y(A,B,C,D) = \sum_{m}(1,2,4,12,14) + \sum_{d}(5,6,7,8,9,10)$

（10）　$Y(A,B,C,D) = \sum_{m}(0,2,3,45,6,11,12) + \sum_{d}(8,9,10,13,14,15)$

5.8　写出图 5-39 所示电路的逻辑表达式，列出真值表，在"1"和"0"表示数值 1 和 0 的情况下，说明电路的逻辑功能，画出电路的工作波形图。

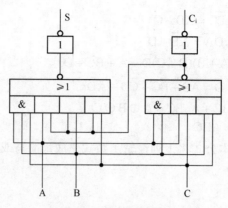

图 5-39　题 5.8 逻辑图

5.9　写出图 5-40 所示电路的逻辑表达式，并列出真值表，在 A_2A_1 和 B_2B_1 表示两个二进制数的前提下，说明电路所能够实现的逻辑功能。

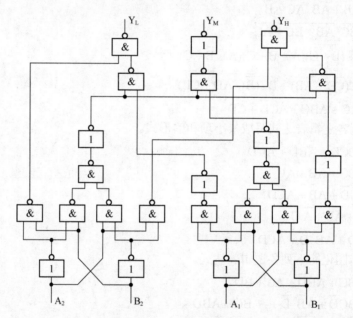

图 5-40　题 5.9 逻辑图

5.10　设每个学期学生必须参加 4 门课程的考试，4 门课程的学分积点为：A 课程考试通过的积点为 4 分，B 课程考试通过的积点为 3 分，C 课程考试通过的积点为 2 分，D 课程考试通过的积点为 1 分，任何课程考试不通过的积点都为 0 分。规定每个学生每个学期的考试积点必须大于等于 8 学分才允许升级，否则留级。请用与非门器件设计一个学生升级、留级情况的判断电路。

第 6 章 门电路

6.1 概述

能够实现基本和常用逻辑运算的电路称为逻辑门电路，简称门电路。门电路的种类繁多，与上一章所介绍的基本逻辑运算和复合逻辑运算相对应的门电路分别称为与门、或门、非门、与非门、或非门、与或非门、异或门、同或门电路。

在逻辑代数中，逻辑变量的取值不是"0"，就是"1"，这种二值逻辑的状态可以用电路所处的高、低电平状态来表示，获得高、低输出电平的原理电路如图 6-1 所示。

图 6-1 所示电路的工作原理是：当开关 S 接通时，因电路的输出端口接地，所以输出电压 V_o 为低电平；当开关 S 断开时，因电路的输出端口通过电阻 R 与电源 V_{CC} 相接，所以输出电压 V_o 为高电平。电路中的开关 S 是一个工作状态受外界输入的高、低电平信号 V_i 控制的器件。

由模拟电路的知识可知，二极管、三极管或 MOS 管的工作状态受偏置电压控制，若将输入的高、低电平信号作为晶体管器件的偏置电压，则图 6-1 电路中的开关 S 就可由二极管、三极管或 MOS 管组成。

因为在实际电路中，可以用高电平表示"1"，也可以用高电平来表示"0"。由第 1 章的知识可知，高、低电平的这种表示方法分别称为正逻辑和负逻辑，正逻辑和负逻辑的工作波形图如图 6-2 所示。在后续的课程中，若无特殊说明，使用的逻辑关系都是正逻辑。

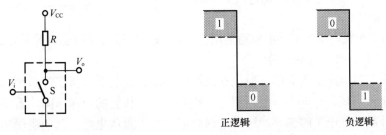

图 6-1 输出高低电平信号的原理电路　　　　图 6-2 正逻辑和负逻辑的波形图

由图 6-2 可见，输入和输出的高、低电平信号都有一定的范围，对高、低电平具体的精确值要求不高，只要电路能够有效区分高、低电平的状态即可，这也是数字电路较模拟电路抗干扰能力强、失真小的原因。

门电路的种类繁多，用分立元件组成的门电路称为分立元件门电路，由集成电路组成的门电路称为集成门电路，集成门电路有小规模（SSI）、中规模（MSI）、大规模（LSI）和超大规模（VLSI）之分。由三极管组成的集成电路称为 TTL 门电路，由场效应管组成的集成电路称为 CMOS 门电路。

6.2 分立元件门电路

6.2.1 二极管与门电路

1. 电路的组成

利用二极管的单向导电性可以组成二极管与门电路。二极管与门电路的组成如图 6-3（a）所示，图 6-3（b）所示为与门电路的符号。

2. 工作原理

设电路的工作电压 V_{CC}=5V，并设 "1" 表示高电平信号，"0" 表示低电平信号。

当输入信号 A、B 都是低电平信号 "0"（0V）时，二极管 VD_1、VD_2 都处在正向偏置导通的状态，输出电压 Y 为低电平信号 "0"（0.7V）；当输入信号 A 是低电平信号 "0"，B 是高电平信号 "1"（3V）时，二极管 VD_1 处在正向偏置导通的状态，VD_2 处在反向偏置截止的状态，输出电压 Y 为低电平信号 "0"（0.7V）；当输入信号信号 A、B 都是高电平信号 "1"（3V）时，二极管 VD_1、VD_2 都处在正向偏置导通的状态，输出电压 Y 为高电平信号 "1"（3.7V）。描述输出信号与输入信号之间逻辑关系的真值表如表 6-1 所示。

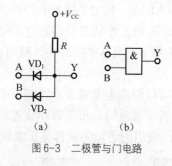

图 6-3 二极管与门电路

表 6-1　图 6-3 电路的真值表

A	B	Y
0（0V）	0（0V）	0（0.7V）
0（0V）	1（3V）	0（0.7V）
1（3V）	0（0V）	0（0.7V）
1（3V）	1（3V）	1（3.7V）

由表 6-1 可见，图 6-3 所示电路输出信号与输入信号之间的逻辑关系是：有 "0" 出 "0"，全 "1" 出 "1"，即与逻辑关系。

二极管与门电路结构简单，但也存在严重不足，从前面分析已经看出，输出的高、低电平数值和输入的高、低电平数值不相等，相差一个二极管的导通压降，若将多个门级联时则会产生信号高、低电平的偏移。这种电路一般只用于集成电路内部的逻辑单元。

6.2.2 二极管或门电路

1. 电路的组成

二极管或门电路也是利用二极管的单向导电性来组成的。二极管或门电路的组成如图 6-4（a）

所示，图 6-4（b）所示为或门电路的符号。

2．工作原理

设电路的工作电压 $V_{CC}=-5V$。

当输入信号 A、B 都是低电平信号"0"（0V）时，二极管 VD_1、VD_2 都处在正向偏置导通的状态，输出电压 Y 为低电平信号"0"（−0.7V）；当输入信号 A 是高电平信号"1"（3V），B 是低电平信号"0"（0V）时，二极管 VD_1 处在正向偏置导通的状态，VD_2 处在反向偏置截止的状态，输出电压 Y 为高电平信号"1"（2.3V）；当输入信号 A、B 都是高电平信号"1"（3V）时，二极管 VD_1、VD_2 都处在正向偏置导通的状态，输出电压 Y 为高电平信号"1"（2.3V）。描述输出信号与输入信号之间逻辑关系的真值表如表 6-2 所示。

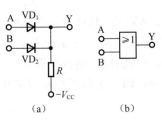

图 6-4　二极管或门电路

表 6-2　图 6-4 电路的真值表

A	B	Y
0（0V）	0（0V）	0（−0.7V）
1（3V）	0（0V）	1（2.3V）
0（0V）	1（3V）	1（2.3V）
1（3V）	1（3V）	1（2.3V）

由表 6-2 可见，图 6-4 所示电路输出信号与输入信号之间的逻辑关系是：有"1"出"1"，全"0"出"0"，即或的逻辑关系。

图 6-4 所示的或门电路同样存在输出电平偏移的问题。

6.2.3　三极管非门电路

1．电路的组成

模拟电路中的三极管主要起放大作用，所以模拟电路中的三极管都工作在放大区。在数字电路中，三极管主要起开关的作用。开关的动作特点是通、断，所以数字电路中的三极管都工作在饱和区或截止区。利用工作在饱和区或截止区的三极管可以组成三极管非门电路。三极管非门电路的组成如图 6-5（a）所示，图 6-5（b）所示为非门电路的符号。

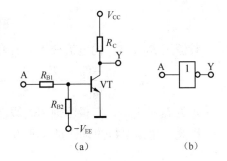

图 6-5　三极管非门电路

2．工作原理

设电路的工作电压 $V_{CC}=5V$。

当输入信号 A 为低电平信号"0"（0V）时，因三极管 VT 的基极 b 接有负电源 V_{EE}，三极管 VT 处在反向偏置的截止状态，输出电压 Y 为高电平信号"1"（5V）；当输入信号 A 是高电平信号"1"（5V）时，三极管的基极 b 处在正向偏置导通的状态，输出电压 Y 为低电平信号"0"（0.3V）。描述输出信号与输入信号之间逻辑关系的真值表如表 6-3 所示。

由表 6-3 可见，图 6-5 所示电路输出信号与输入信号之间的逻辑关系是：输出为输入的非。

若将图 6-5 所示电路中的三极管换成场效应管，并将偏置电阻 R_B 去掉，即可组成场效应管非门电路，如图 6-6 所示。

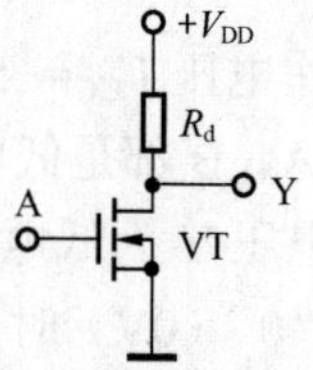

图 6-6　用 MOS 管组成的非门电路

表 6-3　　　图 6-5 电路的真值表

A	Y
0（0V）	1（5V）
1（5V）	0（0.3V）

对三极管非门电路进行工作点电压计算的方法与模拟电路课程所介绍的方法相同，下面举一个计算三极管非门电路工作点的例子。

【例 6-1】　在图 6-5(a) 所示电路中，若 V_{CC}=+5V，V_{EE}=8V，R_C=1kΩ，R_{B1}=3.3kΩ，R_{B2}=10kΩ，三极管电流放大系数 β=20，饱和压降 V_{CES}=0.3V，输入的高、低电平分别为 V_{IH}=5V，V_{IL}=0V，试计算输入高、低电平时对应的输出电平，并说明电路参数的设计是否合理。

解　对于图 6-5（a）所示的电路，当输入 $V_A=V_{IL}$=0V 时，先假设三极管截止，则 I_B=0，于是

$$V_B = \frac{R_{B1}}{R_{B1}+R_{B2}}(-V_{EE}) = \frac{3.3}{3.3+10}\times(-8V) \approx -2V$$

$$V_{BE} = V_B - V_E = (-2-0)V = -2V < 0$$

即发射级反偏，故三极管截止的假设成立，则 I_C=0　$V_Y=V_{CC}$=5V。

当 $V_A = V_{IH}$=+5V 时，先假定三极管处在饱和导通的状态，则有 V_{BE}=0.7V，V_{CES}=0.3V。因三极管的临界饱和电流为

$$I_{CES} = \frac{V_{CC}-V_{CES}}{R_C} = \frac{5-0.3}{1\times10^3}A = 4.7mA$$

$$I_{BES} = \frac{I_{CES}}{\beta} \approx 0.24mA$$

设流过 R_{B1}、R_{B2} 的电流分别为 I_1 和 I_2，则实际的基极电流 I_B 为

$$I_B = \frac{V_{IH}-V_{BE}}{R_{B1}} - \frac{V_{BE}-(-V_{EE})}{R_{B2}} = \frac{(5-0.7)V}{3.3k\Omega} - \frac{0.7V-(-8V)}{10k\Omega} \approx 0.43mA$$

可见 $I_B \geqslant I_{BES}$，三极管饱和的假设成立，则 $V_Y=V_{CES}$=0.3V。

因此，电路参数的设计是合理的。

6.3　TTL 集成门电路

6.3.1　TTL 非门电路

1. 电路的组成

非门电路是 TTL 集成门电路中结构最简单的一种电路，因非门电路的输出与输入反相，所以非门电路又称为反相器，典型的 TTL 反相器电路如图 6-7 所示。

　　由图 6-7 可见，反相器电路由输入级、倒相级和输出级 3 部分组成。因图 6-7 所示电路的输入和输出级电路都是由三极管组成的，所以该电路称为 TTL（Transistor-Transistor Logic）门电路。目前较通用的 TTL 门电路是 74LS 系列的集成电路。

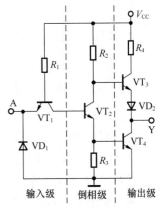

图 6-7　TTL 反相器

2. 电路的工作原理

　　设电源的电压 V_{CC}=5V，R_1=4kΩ，R_2=1.6kΩ，R_3=1kΩ，R_4=130Ω，PN 结导通电压 V_{on}=0.7V，输入的低电平电压 V_{IL}=0.2V，输入的高电平电压 V_{IH}=3.4V。

　　当输入信号电压 A 为 V_{IL} 时，因输入信号直接加在三极管 VT$_1$ 的发射极，VT$_1$ 的基极通过电阻 R_1 接电源，所以，VT$_1$ 基极的电位大于发射极的电位，VT$_1$ 导通，VT$_1$ 基极的电位为 0.9V（V_{IL}+V_{on}=0.2+0.7=0.9V）。此时 VT$_1$ 基极电位 V_{B1} 作用在 VT$_1$ 的集电结和 VT$_2$、VT$_4$ 的发射结上，所以 VT$_2$、VT$_4$ 都截止，VT$_3$ 导通，考虑到 R_2 上的压降很小，输出信号电压 Y 为高电平 V_{OH}。

$$V_{OH} = V_{CC} - V_{R2} - V_{BE3} - V_{VD2} \approx 3.4V$$

　　当输入信号电压 A 为 V_{IH} 时，如果不考虑三极管 VT$_2$ 的存在，输入信号电压与 VT$_1$ 的导通电压相加，使 VT$_1$ 基极的电位可能达 V_{IH}+V_{on}=3.4+0.7=4.1V。但实际的情况是：电源 V_{CC} 通过 R_1 和 VT$_1$ 的集电结向 VT$_2$、VT$_4$ 提供基极电流，使 VT$_2$、VT$_4$ 饱和，输出为低电平。此时

$$V_{B1} = V_{BC1} + V_{BE2} + V_{BE3} = (0.7 + 0.7 + 0.7)V = 2.1V$$

　　因为 VT$_1$ 集电极的电位为 1.4V，基极的电位为 2.1V，发射极的电位为 3.4V，三极管的这种工作状态，相当于发射极和集电极对调，称为倒置。因处在倒置状态下的三极管没有电流的放大作用，VT$_1$ 的集电极电流很小，集电极处在高电位 1.4V，所以 VT$_2$ 导通，发射极为高电位，集电极为低电位，VT$_3$ 截止，VT$_4$ 导通，输出信号电压 Y 为低电平 V_{OL}。

$$V_{OL} = V_{CES} = 0.2V$$

　　由上面的分析过程可见，图 6-7 所示电路输出电压和输入电压的逻辑关系为

$$V_Y = V_O = \overline{V}_A = \overline{V_I}$$

所以，图 6-7 所示的电路称为非门电路。

　　在图 6-7 所示的电路中，因 VT$_2$ 集电极输出的电压信号和发射极输出的电压信号变化的方向相反，所以，由 VT$_2$ 组成的电路称为倒相级。VT$_3$ 和 VT$_4$ 组成输出级电路，VT$_3$ 和 VT$_4$ 的工作状态总是一个导通，另一个截止，处在这种工作状态下的输出电路称为推挽输出电路。推挽输出电路不仅有很低的静态功耗，而且带负载的能力很强。

　　电路中的二极管 VD$_1$ 的作用是负极性输入信号的钳位，该二极管可对输入的负极性干扰脉冲进行有效的抑制，以保护集成电路的输入端不会因负极性输入脉冲的作用，引起 VT$_1$ 发

射结的过流而损坏。VD_2 的作用是提高 VT_3 发射极的电位，以确保 VT_4 饱和导通时，VT_3 可靠地截止。

3. TTL 非门的技术参数

（1）电压传输特性曲线

描述非门电路输出电压随输入电压变化关系的函数曲线称为电压传输特性曲线，即

$$V_O = f(V_I) \tag{6-1}$$

该函数的曲线如图 6-8 所示。

由图 6-8 可见，非门电路的电压传输特性曲线由 AB、BC、CD、DE 4 段组成。

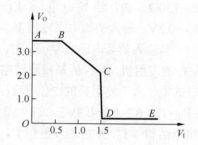

图 6-8　TTL 门电路电压传输特性曲线

① AB 段：当 $V_I<0.7V$ 时，相当于输入低电平的信号，三极管 VT_1 饱和致使 VT_2 和 VT_4 截止，VT_3 导通，输出为高电平 V_{OH}，所以 AB 段曲线所描述的工作区称为截止区。

② BC 段：因 $0.7V<V_I<1.3V$，VT_2 导通，但 VT_4 仍然截止，这时 VT_2 工作在放大区，随着输入电压 V_I 的升高，输出电压 V_O 将下降，输出电压随输入电压按线性规律变化，所以，该段曲线所描述的区间称为线性区。

③ CD 段：因 $1.3V<V_I<1.5V$，VT_2 和 VT_4 将同时导通，VT_3 迅速截止，输出电压 V_O 将迅速下降为低电平，输出电压在该段曲线的中点发生转折跳变，所以，该段曲线所描述的工作区称为转折区。转折区中点所对应的输入电压值称为非门电路的阈值电压或门槛电压，用符号 T_H 来表示，图 6-8 所示特性曲线的 $V_{TH}=1.4V$。

V_{TH} 是一个很重要的参数，在近似计算中，常把阈值电压当作确定 TTL 门电路工作状态的关键值。当 $V_I<V_{TH}$ 时，非门截止，输出高电平；当 $V_I>V_{TH}$ 时，非门饱和，输出低电平。

④ DE 段：当 $V_I>1.5V$ 时，相当于输入高电平的信号，VT_3 截止，VT_4 导通，输出为低电平 V_{OL}，对应的曲线是 DE 段，DE 段曲线所描述的工作区称为饱和区。

（2）输入端噪声容限

由图 6-8 可见，当输入信号偏离正常的低电平电压（0.2V）时，输出电压并不立刻改变。

同理，当输入信号偏离正常的高电平电压（3.4V）时，输出电压也不会立刻改变。因此，允许输入的高、低电平信号各有一个波动范围。为保证输出高、低电平基本不变（或者说变化的大小不超过允许限度）的条件下，输入电平的允许波动范围称为输入端噪声容限。

图 6-9 所示为噪声容限定义的示意图。为了正确区分 1 和 0 这两个逻辑状态，首先规定了输出高电平的下限 $V_{OH(min)}$ 和输出低电平的上限 $V_{OL(max)}$。同时又可根据 $V_{OH(min)}$ 从电压传输特性上定出输入低电平的上限 $V_{IL(max)}$（又称为关电平电压，用 V_{off} 来表示），并根据 $V_{OL(max)}$ 定出输入高电平的下限 $V_{IH(min)}$（又称开门电平电压，用 V_{on} 来表示）。

在许多门电路互相连接组成系统时，前一级门电路输出就是后一级门电路的输入。对后一级而言，输入高电平信号可能出现的最小值即 $V_{OH(min)}$。由此可以得到输入为高电平时的噪声容限为

$$V_{NH} = V_{OH(min)} - V_{IH(min)} \tag{6-2}$$

同理可得，输入为低电平时的噪声容限为

$$V_{\mathrm{NL}} = V_{\mathrm{IL(max)}} - V_{\mathrm{OL(max)}} \qquad\qquad (6\text{-}3)$$

74 系列门电路的标准参数为 $V_{\mathrm{OH(min)}}$=2.4V，$V_{\mathrm{OL(max)}}$=0.4V，$V_{\mathrm{IH(min)}}$=2.0V，$V_{\mathrm{IL(max)}}$=0.8V

故可得
$$V_{\mathrm{NH}} = V_{\mathrm{OH(min)}} - V_{\mathrm{IH(min)}} = 2.4\mathrm{V} - 2.0 = 0.4\mathrm{V}$$

$$V_{\mathrm{NL}} = V_{\mathrm{IL(max)}} - V_{\mathrm{OL(max)}} = 0.8\mathrm{V} - 0.4\mathrm{V} = 0.4\mathrm{V}$$

噪声容限可用来说明门电路的抗干扰能力，噪声容限大的器件，抗干扰能力强；噪声容限小的器件，抗干扰能力弱。提高器件噪声容限的关键是想办法提高器件的关门电压。

（3）门电路的扇出系数

门电路输出端最多所能够带的同类门电路数称为门电路的扇出系数，门电路带负载的电路如图 6-10 所示。

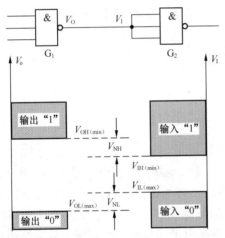

图 6-9　噪声容限图解

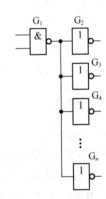

图 6-10　门电路带负载的情况

当门电路的输出电压为高电平时，后级门电路的输入信号为高电平。在这种情况下，前级门电路的输出电流分几路流入后级的门电路，后级门电路接收前级门电路输出的电流。因这种接收电流的作用等效于将电流从前级门电路中拉出来，所以后级门电路被称为拉电流负载。由此可得，门电路高电平输出时，所带的负载为拉电流负载。

当门电路的输出电压为低电平时，后级门电路的输入信号为低电平。在这种情况下，后级门电路的输入端有电流流出，输入端流出的电流汇总后再流入前级门电路的输出端，前级门电路输出端接收后级门电路流出的电流。因这种接收作用等效于后级门电路向前级门电路灌电流的作用，所以后级门电路被称为前级门电路的灌电流负载。由此可得，门电路低电平输出时，所带的负载为灌电流负载。

因拉电流负载和灌电流负载的特性不同，所以，计算门电路的扇出系数时，要分带拉电流负载和带灌电流负载两种不同的情况来计算，最后的结果取较小的那一个。

4. TTL 门电路的传输延迟时间

在 TTL 门电路中，由于二极管和三极管从截止变导通或从导通变截止都需要一定的时间，且二极管、三极管内部的结电容对输入信号波形的传输也有影响。在门电路的输入端加理想的矩形脉冲信号，门电路输出信号的波形不仅要比输入信号滞后，而且波形的上升沿和下降沿也将变坏。TTL 门电路输入信号波形和输出信号波形的示意图如图 6-11 所示。

由图 6-11 可见，输出信号波形延迟输入信号波形一段时间，描述这种延迟特征的参数有导通传输时间 t_{PHL} 和截止传输时间 t_{PLH}。

导通传输时间 t_{PHL} 描述输出电压从高电平跳变到低电平时的传输延迟时间。

截止传输时间 t_{PLH} 描述输出电压从低电平跳变到高电平时的传输延迟时间。

导通传输时间和截止传输时间与电路的许多参数有关，不易精确计算，它们通常由实验测定，在集成电路手

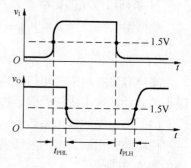

图 6-11　TTL 门电路传输延迟时间

册上通常给出导通传输时间和截止传输时间的平均值，称为平均传输延迟时间 t_{pd}，计算平均传输延迟时间的公式为

$$t_{pd} = \frac{t_{PHL} + t_{PLH}}{2} \tag{6-4}$$

6.3.2　TTL 与非门及或非门电路

1. 与非门电路

TTL 非门电路只有一个输入端，而 TTL 与非门电路至少有两个输入端。在 TTL 非门电路内部三极管 VT_1 的发射结旁再制作一个发射结，即可组成二输入端 TTL 与非门电路，其电路的组成如图 6-12 所示。当任意一个输入端为低电平时，VT_1 的发射结将正向偏置而导通，其基极电压 0.9V，VT_2、VT_4 都截止，输出为高电平。只有当全部输入端为高电平时，VT_1 将转入倒置放大状态，VT_2、VT_4 都饱和导通，输出为低电平。

2. 或非门电路

TTL 或非门电路的组成如图 6-13 所示。

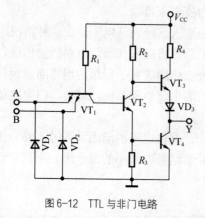

图 6-12　TTL 与非门电路

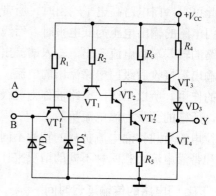

图 6-13　TTL 或非门电路

图 6-13 中 VT_1'、VT_2'、R_1' 组成的电路和 VT_1、VT_2、R_2 组成的电路是完全一样的。当 A

为高电平时，VT_2 和 VT_4 同时导通，VT_3 截止，输出 Y 为低电平。同理，当 B 为高电平时，VT_2' 和 VT_4 同时导通，VT_3 截止，输出 Y 也为低电平。只有当 A、B 同时为低电平时，VT_2 和 VT_2' 都截止，VT_4 截止，VT_3 导通，输出 Y 为高电平。

【**例 6-2**】　判断如图 6-14 所示电路的逻辑关系。

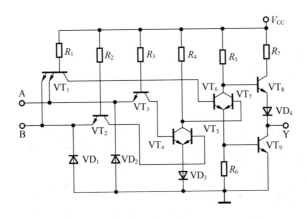

图 6-14　例 6-2 图

解　当 A、B 同时输入为高电平信号时，VT_6、VT_9 导通，VT_8 截止，输出为低电平。当 A、B 同时输入为低电平信号时，VT_4 和 VT_5 同时截止，VT_7、VT_9 导通，VT_8 截止，输出也为低电平。当 A、B 输入不同时（如一个为高电平，另一个为低电平），VT_1 饱和导通，VT_6 截止。由于 A、B 中必有一个是高电平，则使 VT_4 和 VT_5 有一个导通，从而使 VT_7 截止。因为 VT_6、VT_7 都截止，使 VT_8 导通，VT_9 截止，输出为高电平。从此看出图 6-14 所示电路具有异或门的逻辑关系。

6.3.3　集电极开路的门电路

1. 电路的组成

在用门电路组成各种类型的逻辑电路时，如果可以将两个或两个以上的门电路输出端直接并联使用，可能对简化电路有很大的帮助。

但前面所介绍的门电路，若输出端直接并联使用，在出现第一个门电路的输出为高电平，第二个门电路的输出为低电平的情况时，两个门电路的输出电路上将有可能流过如图 6-15 所示的很大电流 I_s，该电流有可能使门电路的输出级因过流而损坏。由此可得，推挽输出的门电路输出级不能并联使用。

若将图 6-12 所示电路中的输出级三极管 VT_3 及周围的元件去掉，将 VT_4 的集电极开路就可以组成集电极开路的门电路，简称 OC 门电路。

集电极开路门电路的组成如图 6-16（a）所示，图 6-16（b）所示为集电极开路门的符号。

2. 线与电路

OC 门电路因输出级三极管 VT_4 的集电极开路，所以 OC 门电路的输出端可以并联使用。由图 6-16 可见，因 VT_4 的集电极开路，门电路输出的高电平信号必须通过如图 6-17 所示的

外接负载电阻 R 和电源 V_{CC} 来提供。因负载电阻 R 的作用是当 VT_4 截止时，将 VT_4 集电极的电位提高，使门电路能够输出高电平信号，所以负载电阻 R 又称为上拉电阻。

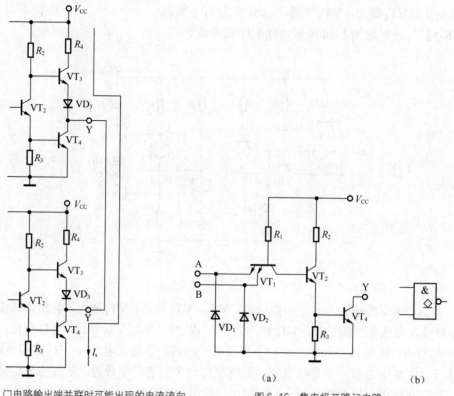

图 6-15　门电路输出端并联时可能出现的电流流向

图 6-16　集电极开路门电路

在图 6-17 中，若将两个门电路的输出信号 Y_1、Y_2 当作并联电路的输入信号，并联后的输出电压 Y 当作输出信号，则输入信号与输出信号的逻辑关系如表 6-4 所示。

由表 6-4 可见，两个门电路输出端并联使用的逻辑关系是有"0"出"0"，即两个门电路输出端并联使用的结果等效于与逻辑关系，所以，图 6-17 所示的电路称为线与电路。

图 6-17 所示的线与电路输出与输入的逻辑关系为

$$Y = Y_1 Y_2 = \overline{AB}\ \overline{CD} = \overline{AB + CD} \tag{6-5}$$

表 6-4　　图 6-17 电路的真值表

Y_1	Y_2	Y
0	0	0
0	1	0
1	0	0
1	1	1

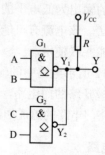

图 6-17　线与电路

线与电路的输出端可以接如图 6-18 所示的多个门电路的输入端。在图 6-18 所示的电路中，上拉电阻 R 的计算要分高电平输出和低电平输出两种情况来考虑。

在高电平 V_{OH} 输出的情况下：门电路带的负载是拉电流负载，每一个输入端口都有高电平输入电流 I_{IH} 流入，m 个输入端口共有 mI_{IH} 个输入电流流过上拉电阻 R；同时每一个输出端口也有输出端漏电流 I_{OH} 流入，n 个输出端共有 nI_{OH} 个输出漏电流流过上拉电阻 R。根据 KCL 可得，上拉电阻 R 上的总电流是上述各电流的总和，由此可得上拉电阻 R_1 为

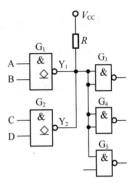

$$R_1 = \frac{V_{CC} - V_{OH}}{nI_{OH} + mI_{IH}} \qquad (6\text{-}6)$$

在低电平 V_{OL} 输出的情况下：门电路带的负载是灌电流负载，对于与非门电路，每一个门电路输入端口只流出一个输入

图 6-18　计算上拉电阻的电路

短路电流 I_{IS}，对于或非门电路，每一个输入端口都有输入短路电流 I_{IS} 流出，m' 个与非门电路（m' 个或非输入端口）共有 m' 个 I_{IS} 输入短路电流流入门电路的输出端；同时上拉电阻 R 上的电流 I 也流入门电路的输出端；在输出端口只有一个是低电平，其余都是高电平的情况下，所有的电流都流入输出为低电平的那个门电路的输出端口，该门电路的输出级电路将流过最大的电流 I_{LM}，根据 KCL 可得，上拉电阻 R 上的电流是 I_{LM} 与 $m'I_{IS}$ 电流的差，由此可得上拉电阻 R_2 为

$$R_2 = \frac{V_{CC} - V_{OL}}{I_{LM} - m'I_{IS}} \qquad (6\text{-}7)$$

因电流 I_{LM} 远大于 I_{IH} 和 I_{OH}，所以，R_1 大于 R_2，上拉电阻 R 的取值为

$$R_2 < R < R_1 \qquad (6\text{-}8)$$

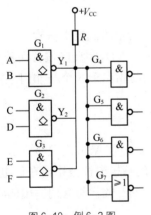

图 6-19　例 6-3 图

【例 6-3】 计算图 6-19 所示电路的上拉电阻 R 的值，要求电路的输出电压应满足 $V_{OL} \leqslant 0.4V$，$V_{OH} \geqslant 3.4V$，$V_{CC} = 5V$，图中的各个门电路都是 74LS 系列的门电路，输出端的截止漏电流 $I_{OH} \leqslant 100\mu A$，输出低电平 $V_{OL} \leqslant 0.4V$ 时的最大负载电流 $I_{LM} = 8mA$，输入短路电流 $I_{IS} \leqslant 0.4mA$，输入漏电流 $I_{IH} \leqslant 20\mu A$。

解 该线与电路是由 3 个门电路输出端并联组成的，即 $n=3$，3 个二输入端的与非门，1 个二输入端的或非门，即 $m=8$，$m'=5$，根据式（6-6）和式（6-7）可得

$$R_1 = \frac{V_{CC} - V_{OH}}{nI_{OH} + mI_{IH}}$$

$$= \frac{5 - 3.4}{3 \times 0.1 + 8 \times 0.02} = 3.4783k\Omega$$

$$R_2 = \frac{V_{CC} - V_{OL}}{I_{LM} - m'I_{IS}}$$

$$= \frac{5 - 0.4}{8 - 5 \times 0.4} = 0.767k\Omega$$

根据 $R_2 < R < R_1$，取 $R = 2\text{k}\Omega$。

6.3.4 三态门电路

1. 电路的组成

在普通门电路的基础上，增加一个控制电路即可组成三态门电路（TS 门），如图 6-20（a）所示，图 6-20（b）、(c) 所示为三态门电路符号。

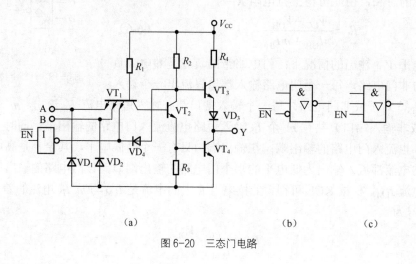

（a）   （b）   （c）

图 6-20 三态门电路

2. 工作原理

在图 6-20（a）所示的电路中，若在 $\overline{\text{EN}}$ 控制端加如图 6-20 所示的低电平信号"0"，低电平信号经非门电路后，使二极管 VD_4 的负极为高电平信号"1"，VD_4 因反向偏置而截止，$\overline{\text{EN}}$ 控制端的输入信号对与非门的逻辑状态不影响。此时，三态门相当于一个与非门电路，其输出与输入的逻辑关系为

$$Y = \overline{AB} \tag{6-9}$$

若在 $\overline{\text{EN}}$ 控制端加高电平信号"1"，高电平信号经非门电路后，使 VD_4 的负极为低电平信号"0"，VD_4 因正向偏置而导通，三极管 VT_2 的集电极和 VT_3 的基极电位被钳位在低电平，VT_3 和 VT_4 同时截止，与非门电路的输出端 Y 对电源、对地都是断开的，与非门输出的状态为不受输入信号影响的高电阻 Z，输出逻辑关系的表达式为

$$Y = Z \tag{6-10}$$

由上面的讨论可见，图 6-20 所示电路的输出状态除了与非门的高、低电平两个状态外，还有高电阻的第三状态 Z，所以图 6-20 所示的电路称为三态门电路。

三态门电路输出的状态受 $\overline{\text{EN}}$ 控制端输入信号的影响，当 $\overline{\text{EN}}$ 控制端输入信号为"0"时，三态门是一个正常工作的门电路；当 $\overline{\text{EN}}$ 控制端输入信号为"1"时，三态门输出为不变的高阻态 Z，所以 $\overline{\text{EN}}$ 控制端又称为使能端，或选通端。$\overline{\text{EN}}$ 上的求非符号和图 6-20（b）中的小圆圈表示该输入端是低电平有效的。图 6-20（c）所示的符号是高电平有效的三态门电路。

3. 三态门电路的应用

因三态门电路的输出端可以并联使用,所以利用三态门电路可以组成多路开关,如图 6-21 所示。

图 6-21 所示电路的工作原理是: $\overline{EN}$ 输入端是整个电路的选通端,当 $\overline{EN}$ 为低电平"0"时,选通三态门 G_2,电路的输出信号为 $Y = \overline{B}$;当 $\overline{EN}$ 为高电平信号"1"时,选通三态门 G_1,电路的输出信号为 $Y = \overline{A}$。三态门 G_1 和 G_2 构成两个开关,根据不同的选通信号 $\overline{EN}$,分别将不同的输入信号求非后输出。

图 6-21 所示电路输出和输入信号的工作波形图如图 6-22 所示。

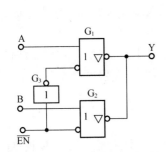

图 6-21　由三态门组成的多路开关

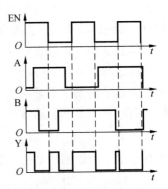

图 6-22　图 6-21 电路的工作波形图

计算机内部通过一根信号线进行数据的传输,该信号线称为数据总线,数据总线可以由三态门电路组成,如图 6-23 所示。

图 6-23 所示的数据总线只允许数据从三态门向总线传输,不允许数据从总线上往三态门传输,此类数据总线称为单向总线。单向总线在工作的过程中,每一个时刻只允许一个三态门的选通信号为低电平"0",即选通端为低电平信号的那个三态门被选通,被选通的三态门向总线传输数据。

用三态门也可以实现数据的双向传输,实现数据双向传输的三态门电路如图 6-24 所示。

由图 6-24 可见,当 $\overline{EN}$ 为"0"时,三态门 G_1 被选通,A 数据求非以后被送上总线;当 $\overline{EN}$ 为"1"时,三态门 G_2 被选通,总线上的数据经三态门 G_2 求非以后(数据 D)送出。

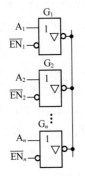

图 6-23　由三态门组成的数据总线

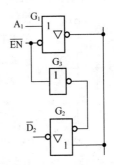

图 6-24　由三态门组成的双数据总线

【**例 6-4**】 图 6-25 所示的总线上接有 8 个 TTL 型的驱动器和 16 个 TTL 型的接收器。驱动器和接收器的直流参数如下：

正常态下高电平输出电流为 $I_{OH} \geqslant 6mA$；

正常态下低电平输出电流为 $I_{OL} \geqslant 24mA$；

高阻态下输出漏电流为 $I_{OZ} \leqslant 20\mu A$；

高电平输入电流为 $I_{IH} \leqslant 100\mu A$；

低电平输入电流为 $I_{IL} \leqslant 1.6mA$；

高阻态下输入电流为 $I_{IZ} \leqslant 40\mu A$；

请分析，驱动器是否能可靠地驱动接收器。

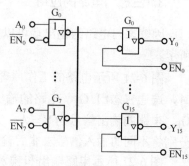

图 6-25 例 6-4 图

解 根据总线驱动和接收数据的原理可知，当一个驱动器工作时，其他的驱动器必然要处在高阻的状态下，而接收器既可以处在接收的状态下，也可以处在高阻的状态下。接收器处在接收状态下的输入电流大于高阻状态下的输入电流，考虑可靠驱动问题时，可认为接收全部处在接收的状态下。

当驱动器的输出为高电平时，驱动器所带的负载是拉电流负载，高电平输出的漏电流要分给 7 个处在高阻状态下的驱动器和 16 个处在接收态下的接收器。电流的平衡方程为

$$7I_{OZ} + 16I_{IH} = 7 \times 0.02 + 16 \times 0.1 = 1.74mA < I_{OH}$$

说明驱动器高电平输出的驱动是可靠的。

当驱动器的输出为低电平时，驱动器所带的负载是灌电流负载，16 个接收器的灌电流除了分给 7 个处在高阻状态下的驱动器外，其余的都流入驱动器，电流的平衡方程为

$$16I_{IL} - 7I_{OZ} = 16 \times 1.6 - 7 \times 0.02 = 25.6mA > I_{OL}$$

说明驱动器低电平输出的驱动是不可靠的。

综上所述，驱动器不能可靠地驱动接收器。

6.4 CMOS 门电路

6.4.1 CMOS 反相器电路的组成和工作原理

前面介绍的 MOS 管非门电路的组成如图 6-26（a）所示，该电路的工作原理是：当输入信号 A 为高电平 "1"，即 $A > V_{gs(TH)}$ 时，MOS 管 VT 导通，输出信号 Y 为低电平信号 "0"，要减少电路的功耗，要求电路的漏极电阻 R_d 越大越好；当输入信号 A 为低电平 "0"，即 $A < V_{gs(TH)}$ 时，MOS 管 VT 截止，输出信号 Y 为高电平信号 "1"，要提高电路的带负载能力，要求电路的漏极电阻 R_d 越小越好。MOS 管非门电路在工作的过程中，对漏极电阻 R_d 阻值的要求不一样。MOS 管导通时，希望漏极电阻 R_d 要大；MOS 管截止时，希望漏极电阻 R_d 要小。普通电阻 R 不能满足这个要求。

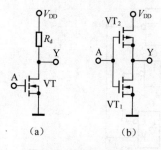

图 6-26 COMS 非门电路

MOS 管具有导通时电阻很小，截止时电阻很大的特点，若将图 6-26（a）所示电路中的漏极电阻 R_d 改成 P 沟道的 MOS 管，组成如图 6-26（b）所示的电路，即可实现电路的漏极电阻随输入信号的变化而变化的目的。

图 6-26（b）所示电路的工作原理是：当输入信号 A 为高电平信号"1"时，N 沟道 MOS 管 VT_1 导通，P 沟道 MOS 管 VT_2 截止，输出信号 Y 为低电平"0"，且负载电阻 R 很大，功耗很小；当输入信号 A 为低电平信号"0"时，N 沟道 MOS 管 VT_1 截止，P 沟道 MOS 管 VT_2 导通，输出信号 Y 为高电平"1"，且输出阻抗 R 很小，电路带负载的能力强。

图 6-26（b）所示的电路是由两个不同性质的 MOS 管按照互补对称的形式连接的，该电路称为互补对称式金属氧化物半导体电路，简称 CMOS 电路。CMOS 电路具有功耗非常小的特点。

在 CMOS 电路中，因 P 沟道 MOS 管在工作的过程中仅相当于一个可变阻值的漏极电阻 R_d，所以 VT_2 管称为负载管；因 N 沟道 MOS 管在工作的过程中起输出信号，驱动后级电路的作用，所以 VT_1 管称为驱动管。

在 CMOS 电路中，因输出信号与输入信号的相位相反，所以，图 6-26（b）所示的电路又称为 CMOS 倒相器，COMS 倒相器是组成 CMOS 集成门电路的基本单元。

6.4.2　CMOS 与非门电路的组成和工作原理

将两个 CMOS 倒相器的负载管并联，驱动管串联，组成如图 6-27 所示的电路。

图 6-27 所示电路输出信号与输入信号之间的逻辑关系为：当输入信号 A、B 同时为高电平"1"时，驱动管 VT_1 和 VT_2 导通，负载管 VT_3 和 VT_4 截止，输出为低电平信号"0"；当输入信号 A、B 同时为低电平"0"时，驱动管 VT_1 和 VT_2 截止，负载管 VT_3 和 VT_4 导通，输出为高电平信号"1"；当输入信号 A 为低电平信号"0"，B 为高电平信号"1"时，驱动管 VT_1 截止，VT_2 导通，驱动管相串联，总结果为断，负载管 VT_3 导通，VT_4 截止，负载管相并联，总结果为通，电路的输出为高电平信号"1"。输出信号和输入信号的逻辑关系如表 6-5 所示。

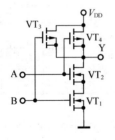

图 6-27　CMOS 与非门

表 6-5　　图 6-27 电路的真值表

A	B	Y
0	0	1
0	1	1
1	0	1
1	1	0

由表 6-5 可见，图 6-27 所示电路的逻辑关系是有"0"出"1"的与非逻辑关系，所以，图 6-27 所示的电路称为 CMOS 与非门电路。

6.4.3　CMOS 或非门电路的组成和工作原理

将两个 CMOS 倒相器的负载管串联，驱动管并联，组成如图 6-28 所示的电路。

图 6-28 所示电路输出信号与输入信号之间的逻辑关系为：当输入信号 A、B 为高电平"1"时，驱动管 VT_1 和 VT_2 导通，负载管 VT_3 和 VT_4 截止，输出为低电平信号"0"；当输入信号 A、B 为低电平"0"时，驱动管 VT_1 和 VT_2 截止，负载管 VT_3 和 VT_4 导通，输出为高电平信号"1"；当输入信号 A 为低电平信号"0"，B 为高电平信号"1"时，驱动管 VT_1 导通，VT_2 截止，驱动管相并联，总结果为通，负载管 VT_3 截止，VT_4 导通，负载管相串联，总结果为

断，电路的输出为低电平信号"0"。输出信号和输入信号的逻辑关系如表 6-6 所示。

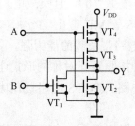

图 6-28　CMOS 或非门电路

<table>
<tr><th colspan="3">表 6-6　　　　图 6-28 电路的真值表</th></tr>
<tr><td>A</td><td>B</td><td>Y</td></tr>
<tr><td>0</td><td>0</td><td>1</td></tr>
<tr><td>0</td><td>1</td><td>0</td></tr>
<tr><td>1</td><td>0</td><td>0</td></tr>
<tr><td>1</td><td>1</td><td>0</td></tr>
</table>

由表 6-6 可见，图 6-28 所示电路的逻辑关系是有"1"出"0"的或非逻辑关系，所以，图 6-28 所示的电路称为 CMOS 或非门电路。

图 6-27 和图 6-28 所示的电路都存在着电路的输出阻抗随输入信号的变化而变化的问题。以图 6-28 所示的电路为例，当输入信号 A、B 为高电平"1"时，驱动管 VT_1 和 VT_2 导通，负载管 VT_3 和 VT_4 截止，设 MOS 管导通的输出阻抗为 R_{on}，两驱动管并联电路的输出阻抗为 $\frac{1}{2}R_{on}$；当输入信号 A、B 为低电平"0"时，驱动管 VT_1 和 VT_2 截止，负载管 VT_3 和 VT_4 导通，两负载管串联电路的输出阻抗为 $2R_{on}$；当输入信号 A 为低电平信号"0"，B 为高电平信号"1"时，驱动管 VT_1 导通，VT_2 截止，驱动管相并联，总结果为通，负载管 VT_3 截止，VT_4 导通，负载管相串联，总结果为断，电路的输出阻抗为 R_{on}。CMOS 门电路输出阻抗随输入信号的变化而变化的现象对电路的稳定工作有影响，为了消除这种影响，通常在 CMOS 门电路的输出端和各输入端再加一级由倒相器组成的缓冲级，如图 6-29 所示。

图 6-29 所示电路由 10 个 MOS 管组成，其中的 VT_1、VT_2、VT_3、VT_4、VT_9、VT_{10} 分别组成输入端和输出端的缓冲级电路，以隔离外电路对集成门电路工作状态的影响。VT_5、VT_6、VT_7、VT_8 组成 CMOS 或非门电路。

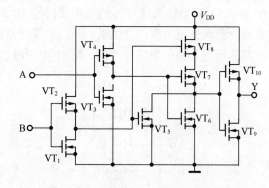

图 6-29　带缓冲放大器的 CMOS 门电路

注意：虽然在图 6-29 所示的电路中，VT_5、VT_6、VT_7、VT_8 组成 CMOS 或非门电路，但图 6-29 所示的电路却不是或非门电路，利用下面介绍的方法可判断图 6-29 所示电路的逻辑关系。

因图 6-29 所示电路中的 VT_5、VT_6、VT_7、VT_8 组成 CMOS 或非门电路，该电路的输入信号是 A 和 B 的非，该电路的输出信号 Y_1 为

$$Y_1 = \overline{\overline{A} + \overline{B}} \tag{6-11}$$

图 6-29 所示电路的输出信号 Y 是 Y_1 的非，即

$$Y = \overline{Y_1} = \overline{\overline{\overline{A} + \overline{B}}} = \overline{A} + \overline{B} = \overline{AB} \tag{6-12}$$

由式（6-12）可见，图 6-29 所示电路并不是或非门，而是与非门。判断一个带缓冲级电路的 CMOS 器件逻辑功能的方法是：先确定该器件核心电路的逻辑功能，然后利用逻辑函数式的公式确定整个器件的逻辑功能。

CMOS 门电路除了上面介绍的与非门和或非门外，同样也有与或非门、异或门、漏极开路门、三态门等器件，这些器件的作用和符号与 TTL 门电路相关的器件相同，这里不再赘述，下面来介绍由 MOS 管组成的 CMOS 传输门电路。

6.4.4 CMOS 传输门电路的组成和工作原理

1．电路的组成和符号

CMOS 传输门电路的组成如图 6-30（a）所示，图 6-30（b）和（c）所示为传输门的符号。

2．工作原理

由图 6-30（a）可见，传输门电路是由 P 沟道 MOS 管和 N 沟道 MOS 管并联组成的，两个 MOS 管的栅极为传输门电路的控制端，传输门电路的工作原理是：当控制端 C 为高电平"1"，$\overline{C}$ 为低电平"0"时，传输门导通，数据可以从左边传到右边，也可以从右边传到左边，即传输门可以实现数据的双向传输。当控制端 C 为高电平"0"，$\overline{C}$ 为低电平"1"时，传输门截止，不能传输数据。

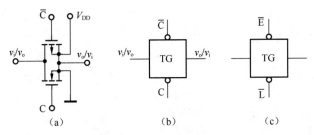

图 6-30 CMOS 传输门电路及符号

3．总线结构

图 6-30（a）所示电路的传输门可以实现数据的双向传输，经改进后也可以组成单向传输数据的传输门，单向传输门电路的符号如图 6-30（c）所示。

图 6-30（c）所示的传输门电路有两个控制端 $\overline{E}$ 和 $\overline{L}$。$\overline{E}$ 和 $\overline{L}$ 的信号除了控制传输门的开关外，还控制传输门传输数据的方向。通常 $\overline{E}$ 为低电平"0"，$\overline{L}$ 为高电平"1"时，E 门打开，数据从左往右送；$\overline{E}$ 为高电平"1"，$\overline{L}$ 为高电平"0"时，L 门打开，数据从右往左送。

利用单向传输门也可以组成传送数据的总线，由 4 个单向传输门组成的数据总线如图 6-31 所示。

在图 6-31 所示的电路中，传输数据的操作是

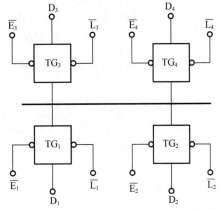

图 6-31 由 4 个单向传输门组成的数据总线

在控制字 CON 的控制下进行的，控制字是由传输门控制端 $\overline{\text{E}}$ 和 $\overline{\text{L}}$ 不同的组合状态组成的。设图 6-31 所示电路控制字的组成形式为

$$\text{CON} = \overline{\text{E}}_1 \overline{\text{L}}_1 \overline{\text{E}}_2 \overline{\text{L}}_2 \overline{\text{E}}_3 \overline{\text{L}}_3 \overline{\text{E}}_4 \overline{\text{L}}_4$$

某一时刻电路的控制字为 CON=01111110，图 6-31 所示电路在该控制字的作用下，将传输门 TG_1 的 E 门打开，数据 D_1 经 E 门送上总线；同时，传输门 TG_4 的 L 门也被打开，从总线上接收从传输门 TC_1 传输到总线上的数据 D_1，实现数据 D_1 通过总线从传输门 TG_1 传送到 TG_4 的操作。计算机内部数据的传输就是如此进行的。

6.5 集成电路使用知识简介

6.5.1 国产集成电路型号的命名法

数字集成电路除了前面介绍的 TTL 和 CMOS 两大类外，还有 DTL、HTL、ECL、I^2L、PMOS、NMOS 等类型，这些类型的集成电路都可以看成是 TTL 和 CMOS 电路的改进型，使用时只要注意器件的参数即可，器件的参数可从器件手册上查到。了解集成电路型号的命名法对正确使用集成电路有帮助。

国产集成电路器件的型号由 5 部分组成，各部分符号的意义如表 6-7 所示。

表 6-7 国产集成电路器件型号各部分符号的意义

第零部分		第一部分		第二部分	第三部分		第四部分	
用字母表示符合国家标准的器件		用字母表示器件的类型		用数字表示器件的系列和产品代号	用字母表示器件的工作温度范围		用字母表示器件的封装形式	
符号	意义	符号	意义	TTL 系列有	符号	意义	符号	意义
C	中国制造	T	TTL	54/74×××	C	0～70℃	W	陶瓷扁平
		H	HTL	54/74H×××	F	−40～85℃	B	塑料扁平
		E	ECL	54/74L×××	R	−55～85℃	D	陶瓷直插
		C	CMOS	COMS 系列有	M	−55～125℃	P	塑料直插
		M	存储器	54/74HC×××			T	金属圆形
				54/74HCT××				

例如，某器件的型号为 CT74S20FD，表示该器件为中国制造的 TTL 系列集成电路，从手册上可查到该器件是双 4 输入与非门（内部有两个与非门，每个与非门有 4 个输入端），工作温度为 40～85℃，陶瓷直插封装。

6.5.2 集成门电路的主要技术指标

集成门电路的技术指标除了前面介绍的输出高电平 V_{OH}、输出低电平 V_{OL}、输入短路电流 I_{IS}、输入漏电流 I_{IH}、开门电平 V_{on}、关门电平 V_{off}、扇出系数 N、平均传输时间 t_{Pd} 外，还有空载导通电源电流 I_{E1} 与空载截止电源电流 I_{E2}，这两个参数是描述集成门电路在空载的情况下，功耗大小的重要指标。

空载导通电源电流 I_{E1} 是指门电路的输入端全部悬空，与非门处于导通状态时，电源供给的电流。

空载截止电源电流 I_{E2} 是指门电路的输入端全部接低电平，且与非门的输出端开路时，电源供给的电流。

集成电路手册上给出的各个参数都是在一定的条件下测试得到的，TTL 与非门电路的主要技术指标和测试条件如表 6-8 所示。

表 6-8   **TTL 与非门电路的主要技术指标和测试条件**

参 数 名 称	符号	单位	测 试 条 件	指标
导通电源电流	I_{E1}	mA	输入悬空，空载，E_C=5V	≤10
截止电源电流	I_{E2}	mA	V_I=0，空载，E_C=5V	≤5
输出高电平	V_{OH}	V	V_I=0.8V，空载，E_C=5V	≥3.0
输出低电平	V_{OL}	V	V_I=1.8V，I_L=12.8mA，E_C=5V	≤0.35
输入短路电流	I_{IS}	mA	V_I=0，E_C=5V	≤2.2
输入漏电流	I_{IH}	μA	V_I=5V，其他输入端接地，E_C=5V	≤70
开门电平	V_{on}	V	V_{OL}=0.35V，I_L=12.8mA，E_C=5V	≤1.8
关门电平	V_{off}	V	V_{OH}=2.7V，空载，E_C=5V	≥0.8
扇出系数	N		V_I=1.8V，V_{OL}≤0.35V，E_C=5V	≥8
平均传输时间	t_{Pd}	ns	信号频率 f=2MHz，E_C=5V	≤30

6.5.3　多余输入脚的处理

在用集成电路搭建数字电路时，经常会遇到输入引脚有多余的问题。例如，选用上述的 74S20 集成电路来搭建三输入变量的表决器时就会遇到此类的问题。下面来讨论多余输入引脚处理的问题。

在使用集成电路时，对多余输入引脚进行处理的原则是：对于与非门电路，若将电路多余的输入引脚接高电平信号"1"，电路的逻辑关系不受影响，所以，可将与非门电路多余的输入引脚通过上拉电阻接电源；对于或非门电路，若将或非门电路多余的输入引脚接低电平信号"0"，或非门电路的逻辑关系不受影响，所以，可将或非门电路多余的输入引脚接地。

在扇出系数足够大的前提下，也可将多余的输入引脚并联使用。对于 TTL 门电路，因输入端悬空相当于高电平"1"，所以，处理 TTL 与非门电路多余输入引脚最简单的方法是将输入引脚悬空。

注意：因 CMOS 电路输入阻抗很大，输入端悬空与高电平"1"不等效，为了保护 CMOS 器件的输入端不会被静电电压所击穿，不允许 CMOS 器件的输入端悬空。所以 CMOS 与非门多余输入端可直接接电源，或非门多余输入端接地。

6.5.4　TTL 与 CMOS 的接口电路

CMOS 器件的电压传输特性曲线如图 6-32 所示。由图 6-32 可见，因 CMOS 器件的工作电压 V_{DD} 可取较大的值，所以，CMOS 器件的工作电压提出较高，而 TTL 门电路的工作电压比较低，在 TTL 和 CMOS 器件并存的电路中，存在着两种器件对接的问题。

两种器件对接通过接口电路来实现，对接要满足的条件为

$$V_{OH} \geqslant V_{IH} \tag{6-13}$$

$$V_{OL} \leqslant V_{IL} \tag{6-14}$$
$$I_{OH} \geqslant nI_{IH} \tag{6-15}$$
$$I_{OL} \geqslant nI_{IL} \tag{6-16}$$

1. 用 TTL 门电路驱动 CMOS 门电路

根据集成电路手册所给出的数据可知，用 TTL 驱动 CMOS 器件不满足的条件是式(6-13)。解决的办法是：驱动门采用 OC 门，通过上拉电阻将 OC 门电路的高电平输出电压提高，如图 6-33（a）所示。也可以采用带电平偏移电路的 CMOS 门电路作负载门，如图 6-33（b）所示。

计算图 6-33（a）所示电路中上拉电阻 R 的方法与线与电路计算上拉电阻的方法相同，这里不再赘述。

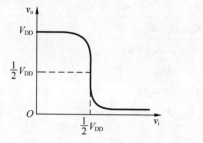

图 6-32　CMOS 门电路的电压传输特性曲线

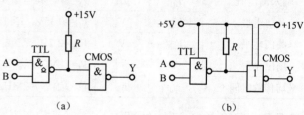

图 6-33　TTL 门电路驱动 CMOS 门电路

2. 用 CMOS 门电路驱动 TTL 门电路

根据集成电路手册所给出的数据可知，用 TTL 门驱动 CMOS 门不满足的条件是式（6-16）。解决的办法是：将两个驱动门并联使用，以扩大 COMS 门电路低电平输出的电流，如图 6-34（a）所示。也可以采用分立器件的电流放大器来实现输出电流的扩展，如图 6-34（b）所示。

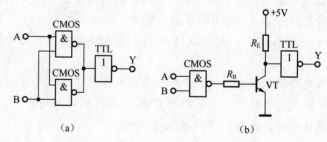

图 6-34　CMOS 门电路驱动 TTL 门电路

本 章 小 结

组成数字电路的基本逻辑单元是各种各样的门电路，使用较多的门电路有 TTL 门电路和 CMOS 门电路。TTL 门电路由三极管组成，CMOS 门电路由场效应管组成，这两种类型门电路的组成虽然不相同，但在数字电路中的符号却是相同的。正确使用各种类型门电路的关键是了解门电路各项参数的物理意义，描述门电路主要技术指标的参数有输出高电平 V_{OH}、输出低电平 V_{OL}、输入短路电流 I_{IS}、输入漏电流 I_{IH}、开门电平 V_{on}、关门电平 V_{off}、噪声容限、扇出系数 N、平均传输时间 t_{Pd}、导通电源电流 I_{E1}、截止电源电流 I_{E2} 等，这些参数可从集成电路手册上查到。

门电路除了有常用的与非门和或非门外，还有集电极开路门、漏极开路门、三态门、传输门等，普通的门电路输出端不能并联使用，而集电极开路门、漏极开路门、三态门器件输出端可并联使用。输出端并联使用的门电路可组成线与电路，计算线与电路上拉电阻的公式为

$$R_1 = \frac{V_{CC} - V_{OH}}{nI_{OH} + mI_{IH}}$$

$$R_2 = \frac{V_{CC} - V_{OL}}{I_{LM} - m'I_{IS}}$$

使用这些公式时应注意 n、m 和 m' 各量的含义。上面的两个公式适合于计算 TTL 驱动 CMOS 电路的上拉电阻。

由三态门和传输门可组成用于传输数据的数据总线，为了保证数据总线能够稳定可靠地工作，数据总线的输出电流要大于输入电流的总和。

习　　题

6.1　在搭建数字电路时，是否可以将与非门、或非门、异或门当作反相器使用？若可以，电路将如何连接？

6.2　分析估算图 6-35 所示电路在输入信号 v_i=0、v_i=3V 或悬空时三极管的工作状态。

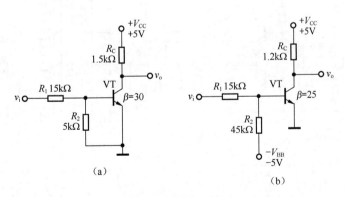

（a）　　　　　　　　　　　　　　　　（b）

图 6-35　题 6.2 电路图

6.3　说明图 6-36 所示 TTL 门电路的输出状态是什么？若这些器件为 CMOS 门电路，则输出状态又是什么？

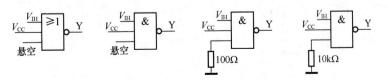

图 6-36　题 6.3 电路图

6.4 设各门电路输入信号的波形图如图 6-37（a）所示，画出图 6-37 中各个门电路的工作波形图。

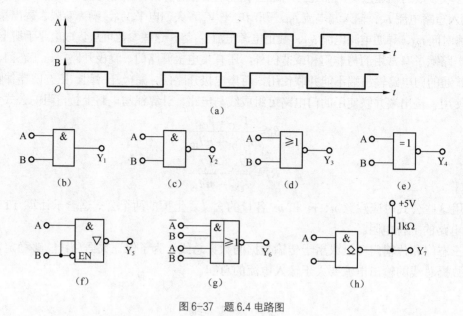

图 6-37 题 6.4 电路图

6.5 试分析图 6-38 所示电路能够实现的逻辑功能。

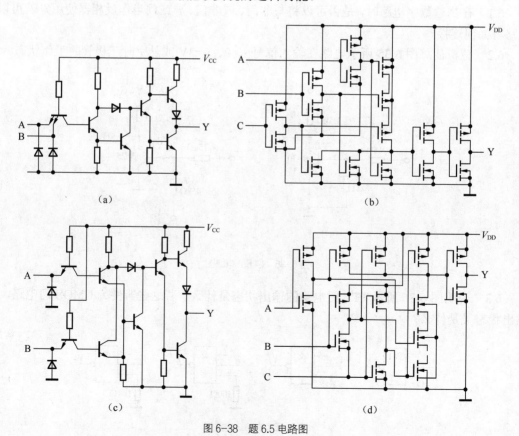

图 6-38 题 6.5 电路图

6.6 计算图 6-39 所示电路的上拉电阻 R 的值，要求电路的输出电压应满足 $V_{OL} \leqslant 0.4V$，$V_{OH} \geqslant 3.4V$，$V_{CC}=5V$，图中的各个门电路都是 74LS 系列的门电路，输出端的截止漏电流 $I_{OH} \leqslant 100\mu A$，输出低电平 $V_{OL} \leqslant 0.4V$ 时的最大负载电流 $I_{LM}=8mA$，输入短路电流 $I_{IS} \leqslant 0.5mA$，输入漏电流 $I_{IH} \leqslant 20\mu A$。

6.7 列出图 6-40 所示电路输入、输出逻辑关系的真值表。

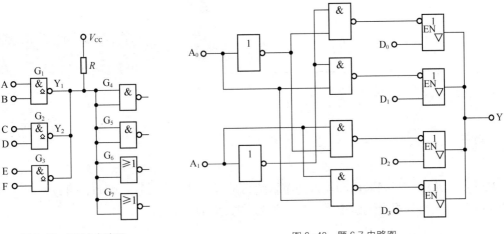

图 6-39 题 6.6 电路图　　　　　　图 6-40 题 6.7 电路图

第<big>**7**</big>章 组合逻辑电路

7.1 概述

在数字电路中，根据输出和输入的逻辑关系是否与时间有关这一特点，可以将数字电路分成两大类，一类为组合逻辑电路，另一类为时序逻辑电路。

7.1.1 组合逻辑电路的特点

组合逻辑电路的特点是：输出和输入的逻辑关系与时间无关，任意时刻的输出仅仅取决于该时刻的输入，与电路原来所处的状态无关。

时序逻辑电路的特点是：输出和输入的逻辑关系与时间有关，任意时刻的输出不仅仅取决于该时刻的输入，而且与电路原来所处的状态有关。

因组合逻辑电路的输出和输入的逻辑关系与时间无关，所以，组合逻辑电路不需要记忆元件来记住电路的原来状态，仅由各种门电路就可组成组合逻辑电路。组合逻辑电路的组成框图如图 7-1 所示。

图 7-1 组合逻辑电路的组成框图

根据组合逻辑电路的组成框图可得组合逻辑电路输出与输入的函数关系为

$$Y = F(X) \tag{7-1}$$

7.1.2 组合逻辑电路的分析和设计方法

从第 5 章的内容已知，研究数字电路的问题有两大类，一类是给定电路分析功能，另一类是给定逻辑问题设计电路。

第一类问题的分析方法比较简单，主要是根据逻辑图写出表达式。第二类问题相对比较复杂，可按图 7-2 所示设计步骤的流程框图完成设计工作。

人们在生产和生活的实践中，经常要与各种各样的逻辑问题打交道，为解决这些逻辑问题而设计的电路也是种类繁多。其中有一些电路在各类数字系统中经常出现，为了使用上的方便，目前已将这部分电路标准化，并且制成中、小规模的集成电路产品，这些产品包括编码器、译码器、数据选择器、数据分配器、加法器、数值比较器等。

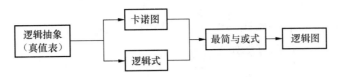

图 7-2　设计组合逻辑电路的流程框图

下面将采用设计电路的方法介绍这些组合逻辑电路的工作原理和使用方法。

7.2　常用组合逻辑电路

7.2.1　编码器

编码器是一个可以将不同的输入状态转化成二进制代码输出的器件。编码器是数字电路中常用的集成电路之一，在计算机的输入设备键盘内部就含有编码器器件，在电器设备的遥控器内部也含有编码器器件。

由上面的讨论可得，编码器能够实现的逻辑功能是将不同的输入状态转换成相应的二进制代码输出。以 8 个按键的遥控器为例，若规定遥控器每次只按下一个按键的状态是有效的，其余的状态都是无效的，则 8 个按键对应于 8 个不同的状态，要描述这 8 个不同的状态，必须用 3 位的二进制数来表示。

因编码器的 8 个不同状态，可表示成 8 根处在不同的高、低电平组合状态下的输入线，并规定 8 根输入线高、低电平的组合状态为某 1 根输入线为高电平时，其余的 7 根输入线都为低电平，3 位二进制代码要用 3 根输出线，所以将具有这种结构特征的编码器称为 8 线-3 线编码器。

要设计 8 线-3 线编码器，首先必须将 8 线-3 线编码器所对应的逻辑问题抽象成真值表。设 8 个输入变量分别用 I_0、I_1、I_2、I_3、I_4、I_5、I_6、I_7 来表示，3 个输出变量分别用 Y_0、Y_1、Y_2 来表示，并设高电平 "1" 为按键按下的编码状态，根据编码器每一次只允许一个按键按下的特点，可得 8 线-3 线编码器的真值表如表 7-1 所示。

表 7-1　　　　　　　　　　　8 线-3 线编码器的真值表

I_0	I_1	I_2	I_3	I_4	I_5	I_6	I_7	Y_2	Y_1	Y_0
1	0	0	0	0	0	0	0	0	0	0
0	1	0	0	0	0	0	0	0	0	1
0	0	1	0	0	0	0	0	0	1	0
0	0	0	1	0	0	0	0	0	1	1
0	0	0	0	1	0	0	0	1	0	0
0	0	0	0	0	1	0	0	1	0	1
0	0	0	0	0	0	1	0	1	1	0
0	0	0	0	0	0	0	1	1	1	1

根据真值表可得输出变量的表达式为

$$Y_2 = I_4 + I_5 + I_6 + I_7 \tag{7-2}$$

$$Y_1 = I_2 + I_3 + I_6 + I_7 \tag{7-3}$$

$$Y_0 = I_1 + I_3 + I_5 + I_7 \tag{7-4}$$

若选择与非门器件来搭建编码器电路，必须用德·摩根定理将式（7-2）、式（7-3）和式（7-4）转换成与非式，转换的方法如下：

$$Y_2 = \overline{\overline{I_4 + I_5 + I_6 + I_7}} = \overline{\overline{I_4}\,\overline{I_5}\,\overline{I_6}\,\overline{I_7}} \tag{7-5}$$

$$Y_1 = \overline{\overline{I_2 + I_3 + I_6 + I_7}} = \overline{\overline{I_2}\,\overline{I_3}\,\overline{I_6}\,\overline{I_7}} \tag{7-6}$$

$$Y_0 = \overline{\overline{I_1 + I_3 + I_5 + I_7}} = \overline{\overline{I_1}\,\overline{I_3}\,\overline{I_5}\,\overline{I_7}} \tag{7-7}$$

根据式（7-5）、式（7-6）和式（7-7）来搭建的编码器电路如图 7-3（a）所示，图 7-3（b）所示为 8 线-3 线编码器的符号。

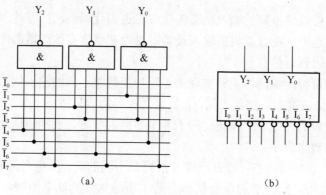

图 7-3　8 线-3 线编码器的逻辑图和符号

由图 7-3（a）可见，根据式（7-5）、式（7-6）和式（7-7）来搭建的编码器输入变量是反码，即图 7-3（a）所示的编码器电路是对低电平的输入信号 "0" 进行编码的，图 7-3（b）所示符号输入引脚上的小圆圈即表示对低电平输入信号的编码。图 7-3 所示编码器的真值表如表 7-2 所示。

表 7-2　　　　　　　　　　输入变量用反码的 8 线-3 线编码器的真值表

i_0	i_1	i_2	i_3	i_4	i_5	i_6	i_7		Y_2	Y_1	Y_0
0	1	1	1	1	1	1	1		0	0	0
1	0	1	1	1	1	1	1		0	0	1
1	1	0	1	1	1	1	1		0	1	0
1	1	1	0	1	1	1	1		0	1	1
1	1	1	1	0	1	1	1		1	0	0
1	1	1	1	1	0	1	1		1	0	1
1	1	1	1	1	1	0	1		1	1	0
1	1	1	1	1	1	1	0		1	1	1

上述集成电路符号中引脚旁边有小圆圈的为低电平有效的输入或输出信号，引脚旁边没有小圆圈的为高电平有效的输入或输出信号的约定，同样也适用于后续章节中的其他器件。

编码器除了有上面所介绍的 8 线-3 线编码器外，还有 10 线-4 线和 16 线-4 线的编码器。设计这些编码器的方法与上面所介绍的方法相同，此处不再赘述。

7.2.2　优先编码器

上面介绍的编码器为普通编码器，该编码器不允许同时输入两个编码信号，在实际生活中经常会遇到同时输入两个或两个以上编码信号的情况。

例如，同时按下遥控器的两个按键就属于这种情况。当遥控器内的编码器是普通编码器时，同时按下两个按键，遥控器内的编码器不能对这种输入状态进行编码，将出现错误的信息。这种错误的信息有时是致命的，会引起重大的生产事故。为了使这种现象发生时，编码器也有确定的输出信号输出，人们规定了编码器输入信号的优先级。规定了输入信号优先级的编码器称为优先编码器。

优先编码器输入信号的优先级以输入信号的角标为序，通常规定下角标值最大的输入信号最优先。优先编码器优先的意义指的是，当同时输入 I_5 和 I_3 的编码信号时，因 I_5 比 I_3 的优先级高，所以，优先编码器只对输入的 I_5 信号编码，输出 101，而 I_3 的输入信号对编码器的编码情况不影响。

要设计优先编码器电路，必须先将优先编码器的问题抽象成真值表。设有编码信号输入的端口为 "1"，没有编码信号输入的端口为 "0"，当同时输入 I_5 和 I_3 的编码信号时，优先编码器仅对 I_5 的输入信号进行编码，I_3 输入信号的取值是 "0" 或是 "1" 对编码的结果不影响，所以，在列优先编码器逻辑关系真值表时用符号 "×" 来表示 I_3 的输入状态。由此可得 8 线-3 线优先编码器的真值表如表 7-3 所示。

表 7-3　　　　　　　　　8 线-3 线优先编码器的真值表

I_0	I_1	I_2	I_3	I_4	I_5	I_6	I_7	Y_2	Y_1	Y_0
×	×	×	×	×	×	×	1	1	1	1
×	×	×	×	×	×	1	0	1	1	0
×	×	×	×	×	1	0	0	1	0	1
×	×	×	×	1	0	0	0	1	0	0
×	×	×	1	0	0	0	0	0	1	1
×	×	1	0	0	0	0	0	0	1	0
×	1	0	0	0	0	0	0	0	0	1
1	0	0	0	0	0	0	0	0	0	0

根据真值表列出表达式后，再利用逻辑函数的基本关系式 $A + \overline{A}B = A + B$ 和逻辑函数式化简的配项法对逻辑表达式进行化简，结果为

$$Y_2 = I_7 + I_6\overline{I_7} + I_5\overline{I_6}\,\overline{I_7} + I_4\overline{I_5}\,\overline{I_6}\,\overline{I_7} = I_7 + (I_6 + I_5\overline{I_6} + I_4\overline{I_5}\,\overline{I_6})\overline{I_7}$$
$$= I_7 + I_6 + I_5\overline{I_6} + I_4\overline{I_5}\,\overline{I_6} = I_7 + I_6 + (I_5 + I_4\overline{I_5})\overline{I_6} = I_7 + I_6 + I_5 + I_4 \tag{7-8}$$

$$Y_1 = I_2\overline{I_3}\,\overline{I_4}\,\overline{I_5}\,\overline{I_6}\,\overline{I_7} + I_3\overline{I_4}\,\overline{I_5}\,\overline{I_6}\,\overline{I_7} + I_6\overline{I_7} + I_7 = I_2\overline{I_3}\,\overline{I_4}\,\overline{I_5} + I_3\overline{I_4}\,\overline{I_5} + I_6 + I_7$$
$$= I_2\overline{I_3}\,\overline{I_4}\,\overline{I_5} + I_2 I_3\overline{I_4}\,\overline{I_5} + I_3\overline{I_4}\,\overline{I_5} + I_6 + I_7 = I_2\overline{I_4}\,\overline{I_5} + I_3\overline{I_4}\,\overline{I_5} + I_6 + I_7 \tag{7-9}$$

$$Y_0 = I_1\overline{I_2}\,\overline{I_3}\,\overline{I_4}\,\overline{I_5}\,\overline{I_6}\,\overline{I_7} + I_3\overline{I_4}\,\overline{I_5}\,\overline{I_6}\,\overline{I_7} + I_5\overline{I_6}\,\overline{I_7} + I_7 = I_1\overline{I_2}\,\overline{I_4}\,\overline{I_6} + I_3\overline{I_4}\,\overline{I_6} + I_5\overline{I_6} + I_7 \tag{7-10}$$

若选择与或非门来搭建电路，则式（7-8）、式（7-9）和式（7-10）的输出变成反码，即

$$\overline{Y}_2 = \overline{I_7 + I_6 + I_5 + I_4} \tag{7-11}$$

$$\overline{Y}_1 = \overline{I_2\overline{I_4}\,\overline{I_5} + I_3\overline{I_4}\,\overline{I_5} + I_6 + I_7} \tag{7-12}$$

$$\overline{Y_0} = \overline{I_1 \overline{I_2} \overline{I_4} I_6 + I_3 \overline{I_4} \overline{I_6} + I_5 \overline{I_6} + I_7} \tag{7-13}$$

集成电路产品 74LS148 就是根据式（7-11）、式（7-12）和式（7-13）来搭建的，74LS148 的逻辑图如图 7-4（a）所示。

由图 7-4（a）可见，74LS148 的输入编码信号也采用反码，即对低电平的输入信号进行编码。图 7-4（b）所示为 74LS148 的符号，输入和输出端口上的小圆圈表示编码的输入和输出信号都是反码。

由图 7-4（a）还可见，8 线-3 线优先编码器 74LS148 除了输入和输出信号都是反码外，还增加了相关的控制电路，以扩展 74LS148 的功能和增加使用的灵活性。

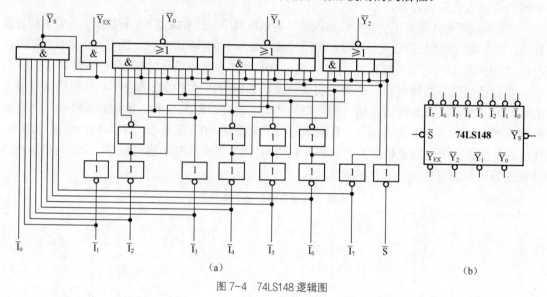

图 7-4　74LS148 逻辑图

74LS148 所增加的控制电路端口有：用于选通编码器的选通输入端 $\overline{S}$ 和选通输出端 $\overline{Y_S}$，用于扩展编码功能的扩展输出端 $\overline{Y_{EX}}$。从图 7-4（a）可得 74LS148 集成电路输出信号、输入信号和控制端口信号之间的逻辑关系表达式为

$$\overline{Y_2} = \overline{(I_7 + I_6 + I_5 + I_4)S} \tag{7-14}$$

$$\overline{Y_1} = \overline{(I_2 \overline{I_4} \overline{I_5} + I_3 \overline{I_4} \overline{I_5} + I_6 + I_7)S} \tag{7-15}$$

$$\overline{Y_0} = \overline{(I_1 \overline{I_2} \overline{I_4} I_6 + I_3 \overline{I_4} \overline{I_6} + I_5 \overline{I_6} + I_7)S} \tag{7-16}$$

$$\overline{Y_S} = \overline{\overline{I_0} \overline{I_1} \overline{I_2} \overline{I_3} \overline{I_4} \overline{I_5} \overline{I_6} \overline{I_7} S} \tag{7-17}$$

$$\overline{Y_{EX}} = \overline{\overline{Y_S} S} \tag{7-18}$$

由式（7-17）可见，当所有的编码输入信号都是高电平"1"，选通信号 $\overline{S}$ 为低电平"0"时，选通输出端 $\overline{Y_S}$ 输出低电平"0"。由此可得，选通输出端 $\overline{Y_S}$ 输出低电平"0"的状态，表示"电路工作（$\overline{S} = 0$），但没有编码信号输入（所有的输入信号为高电平）。

由式（7-17）和式（7-18）可见，当选通信号 $\overline{S}$ 为低电平"0"，且有编码信号"0"输入时，选通输出端 $\overline{Y_S}$ 输出为高电平"1"，扩展输出端 $\overline{Y_{EX}}$ 的输出为低电平"0"。由此可得，扩展输出端 $\overline{Y_{EX}}$ 输出低电平"0"的状态，表示"电路工作（$\overline{S} = 0$），且有编码信号输入（最少有一个输入信号为低电平"0")。

根据式（7-14）、式（7-15）、式（7-16）、式（7-17）和式（7-18）可得 74LS148 的真值表，因该真值表也描述了 74LS148 各引脚的功能，所以又称为功能表。74LS148 优先编码器的功能表如表 7-4 所示。

表 7-4　　　　　　　　　　　74LS148 优先编码器的功能表

$\overline{S}$	输 入 变 量								输 出 变 量				
	$\bar{i}_0$	$\bar{i}_1$	$\bar{i}_2$	$\bar{i}_3$	$\bar{i}_4$	$\bar{i}_5$	$\bar{i}_6$	$\bar{i}_7$	$\overline{Y}_2$	$\overline{Y}_1$	$\overline{Y}_0$	$\overline{Y}_S$	$\overline{Y}_{EX}$
1	×	×	×	×	×	×	×	×	1	1	1	1	1
0	1	1	1	1	1	1	1	1	1	1	1	0	1
0	×	×	×	×	×	×	×	0	0	0	0	1	0
0	×	×	×	×	×	×	0	1	0	0	1	1	0
0	×	×	×	×	×	0	1	1	0	1	0	1	0
0	×	×	×	×	0	1	1	1	0	1	1	1	0
0	×	×	×	0	1	1	1	1	1	0	0	1	0
0	×	×	0	1	1	1	1	1	1	0	1	1	0
0	×	0	1	1	1	1	1	1	1	1	0	1	0
0	0	1	1	1	1	1	1	1	1	1	1	1	0

由表（7-4）可见，表中出现 3 个输出为"111"的情况，使用 74LS148 时要注意区分这 3 种不同的情况所代表的逻辑意义。这 3 种情况分别对应于选通信号 $\overline{S}$ 为高电平"1"，即电路不工作；电路工作但没有编码信号输入；电路工作，且输入的编码信号为 $\overline{I}_0$。

灵活使用 74LS148 的关键是扩展控制端信号的合理连接，下面举一个使用扩展控制端实现器件功能扩展的例子。

【例 7-1】　请设计一个 16 线-4 线的优先编码器，要求将 16 个低电平输入信号 $\overline{I}_0 \sim \overline{I}_{15}$ 编成正码输出的 4 位二进制代码，其中 $\overline{I}_{15}$ 的优先级最高，$\overline{I}_0$ 的优先级最低。

解　因 74LS148 是 8 线-3 线优先编码器，要制作 16 线-4 线的优先编码器需两块优先编码器 74LS148。用标记（1）和（2）来区分这两块优先编码器，并分别称为（1）号和（2）号优先编码器。将两块 74LS148 组成 16 线-4 线优先编码器的连接图，如图 7-5 所示。

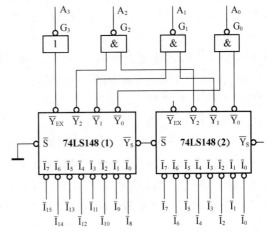

图 7-5　例 7-1 图

图 7-5 连接的原理是：由式（7-17）可知，74LS148 要工作，选通输入端 $\overline{S}$ 要接低电平信号"0"。由图 7-5 可见，两块优先编码器只有（1）号 74LS148 的选通输入端 $\overline{S}$ 接地，该优先编码器的选通输出端 $\overline{Y}_S$ 与（2）号优先编码器的选通输入端 $\overline{S}$ 相连接。说明（1）号优先编码器在任何时刻都处在被选通待命编码的状态下，只要有编码信号输入，该优先编码器就可实现编码的功能。

只有当（1）号优先编码器没有编码信号输入时，（1）号优先编码器的选通输出端 $\overline{Y}_S$ 输出为低电平信号"0"，该信号输入（2）号优先编码器选通控制端 $\overline{S}$，（2）号优先编码器才被选通，进入编码待命的状态。由此可得，图 7-5 所示电路中的（1）号优先编码器输入端的优先级高于（2）号优先编码器的输入端。16 根输入端角标排列的顺序如图 7-5 所示。

此外，因 16 线输入对应于 16 种状态，描述 16 种状态的二进制数是 4 位二进制数。74LS148 正常的输出端是 3 根线，只能输出 3 位二进制数，下面以 $\overline{I}_{14}$ 或 $\overline{I}_6$ 有编码信号输入的情况为例，来讨论将 3 根输出线接成 4 根输出线的方法。

设编码信号分别从 $\overline{I}_{14}$ 或 $\overline{I}_6$ 输入端输入，编码器的输出信号分别为"1110"或"0110"。由编码器的输出信号可见，4 位二进制数的低 3 位信号完全相同，差别仅在最高位上。因 $\overline{I}_{14}$ 或 $\overline{I}_6$ 处在两块编码器输入端的相同位置上，且编码输出的低 3 位信号相同，所以，可以将两块集成电路的输出信号通过与非门合并起来作为编码器低 3 位的输出信号。

用与非门合并输出信号的原理是：设某个时刻，$\overline{I}_{14}$ 输入端有编码信号输入，（1）号编码器的输出信号为"001"，（2）号编码器因没有编码信号输入，根据表（7-4）可知，输出为"111"；设另一个时刻，编码信号从 $\overline{I}_6$ 输入端输入，（1）号编码器因没有编码信号输入，输出信号为"111"，同时该编码器的选通输出端 $\overline{Y}_S$ 为低电平"0"，选通（2）号编码器进入编码的状态，输出信号为"001"。因高电平"1"的信号对与非门的逻辑关系不影响，所以，可以用与非门将两块编码器的输出信号合并起来，同时实现将 74LS148 输出的反码信号转化为正码输出信号的目的，合并的结果为"110"，等于编码信号从 $\overline{I}_{14}$ 或 $\overline{I}_6$ 输入端输入时，输出的是低 3 位编码信号。图 7-5 所示电路中的与非门 G_2、G_1、G_0 就是起将两块编码器的输出信号合并起来输出 A_2、A_1、A_0 信号的作用。

编码器输出的第 4 位二进制数 A_3 信号可从扩展端 $\overline{Y}_{EX}$ 的输出信号中获得，A_3 输出信号接线的原理是：由式（7-18）可知，当集成电路 74LS148 处在选通工作的状态下，且有编码信号输入时，扩展输出端 $\overline{Y}_{EX}$ 的输出为低电平"0"。

设编码输入信号从 $\overline{I}_{14}$ 输入端输入，由式（7-18）可知，（1）号编码器的扩展输出端 $\overline{Y}_{EX}$ 的输出为低电平"0"，（2）号编码器扩展输出端 $\overline{Y}_{EX}$ 的输出为高电平"1"；反之编码输入信号从 $\overline{I}_6$ 输入端输入，（1）号编码器的扩展输出端 $\overline{Y}_{EX}$ 的输出为高电平"1"，（2）号编码器的扩展输出端 $\overline{Y}_{EX}$ 的输出为低电平"0"。上述的结果显示出优先编码器扩展输出端 $\overline{Y}_{EX}$ 信号的与非就是 16 线-4 线优先编码器 A_3 的输出信号。因两块编码器扩展输出端 $\overline{Y}_{EX}$ 的输出信号是相反的"0"和"1"信号，所以，只要用一个非门 G_3 将（1）号优先编码器的扩展输出端 $\overline{Y}_{EX}$ 的信号引出作为 A_3 输出信号即可。

由上面的讨论可见，合理地使用器件扩展端的功能是实现器件功能扩展的关键。

注意：因 74LS148 是对输入的低电平信号进行编码，且最优先的输入端口是 $\overline{I}_7$，所以，优先编码器除了上面介绍的 8 线-3 线优先编码器 74LS148 外，常见的还有 10 线-4 线优先编码器 74LS147 等，这些器件的使用方法与 74LS148 相同，这里不再赘述。

7.2.3 译码器

编码器能够实现将不同的输入状态转换成相应的二进制代码输出的逻辑功能，而译码器能够实现的逻辑功能正好与编码器相反。译码器能够实现将输入的二进制代码转换成不同的输出状态输出的逻辑功能。

常用的译码器有 3 线-8 线译码器，3 线-8 线译码器的输入信号是一组二进制数代码，输出信号是高、低电平信号不同的组合状态。

要设计 3 线-8 线译码器，首先要把 3 线-8 线译码器的逻辑问题抽象成真值表。设 3 个输

入变量分别为 Y_2、Y_1、Y_0，8 个输出变量分别为 Y_0、Y_1、Y_2、Y_3、Y_4、Y_5、Y_6、Y_7，根据译码器输出信号与输入信号逻辑关系的特点（只有一根输出信号线为高电平，其余都是低电平），可得 3 线-8 线译码器的真值表如表 7-5 所示。

表 7-5　　　　　　　　　　　　　3 线-8 线译码器的真值表

A_2	A_1	A_0	Y_0	Y_1	Y_2	Y_3	Y_4	Y_5	Y_6	Y_7
0	0	0	1	0	0	0	0	0	0	0
0	0	1	0	1	0	0	0	0	0	0
0	1	0	0	0	1	0	0	0	0	0
0	1	1	0	0	0	1	0	0	0	0
1	0	0	0	0	0	0	1	0	0	0
1	0	1	0	0	0	0	0	1	0	0
1	1	0	0	0	0	0	0	0	1	0
1	1	1	0	0	0	0	0	0	0	1

根据真值表可得输出变量的逻辑表达式为

$$\begin{cases} Y_0 = \overline{A}_2\overline{A}_1\overline{A}_0 = m_0 \\ Y_1 = \overline{A}_2\overline{A}_1 A_0 = m_1 \\ Y_2 = \overline{A}_2 A_1 \overline{A}_0 = m_2 \\ Y_3 = \overline{A}_2 A_1 A_0 = m_3 \\ Y_4 = A_2 \overline{A}_1 \overline{A}_0 = m_4 \\ Y_5 = A_2 \overline{A}_1 A_0 = m_5 \\ Y_6 = A_2 A_1 \overline{A}_0 = m_6 \\ Y_7 = A_2 A_1 A_0 = m_7 \end{cases} \qquad (7\text{-}19)$$

由式（7-19）可见，译码器的输出变量是输入变量的与逻辑，利用 TTL 与门电路可以搭建译码器。

图 7-6 所示 3 线-8 线译码器的工作原理是：设 $A_2 A_1 A_0$ 的输入信号为 "111"，则引线 A_2、A_1、A_0 为高电平，引线 $\overline{A}_2$、$\overline{A}_1$、$\overline{A}_0$ 为低电平，输出线 Y_7 为高电平，其余的输出线都为低电平 "0" 的状态。同理也可讨论其他输入信号的译码情况。

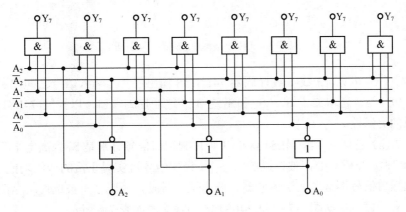

图 7-6　3 线-8 线译码器

因译码器所对应的输出状态可用来选通某个特定的存储单元，不同的存储单元对应的地址码不同，所以，译码器的输入变量 A_2、A_1、A_0 通常称为地址码。

译码器还可以用与非门电路来组成，将与非门电路的逻辑关系代入式（7-19）中可得

$$\begin{cases} \overline{Y}_0 = \overline{\overline{A}_2\overline{A}_1\overline{A}_0} = \overline{m}_0 \\ \overline{Y}_1 = \overline{\overline{A}_2\overline{A}_1 A_0} = \overline{m}_1 \\ \overline{Y}_2 = \overline{\overline{A}_2 A_1\overline{A}_0} = \overline{m}_2 \\ \overline{Y}_3 = \overline{\overline{A}_2 A_1 A_0} = \overline{m}_3 \\ \overline{Y}_4 = \overline{A_2\overline{A}_1\overline{A}_0} = \overline{m}_4 \\ \overline{Y}_5 = \overline{A_2\overline{A}_1 A_0} = \overline{m}_5 \\ \overline{Y}_6 = \overline{A_2 A_1\overline{A}_0} = \overline{m}_6 \\ \overline{Y}_7 = \overline{A_2 A_1 A_0} = \overline{m}_7 \end{cases} \qquad (7\text{-}20)$$

集成电路产品 74LS138 就是根据式（7-20）来搭建的，74LS138 的逻辑图如图 7-7（a）所示，图 7-7（b）所示为 74LS138 的符号，输出端口上的小圆圈表示译码器的输出信号为低电平。

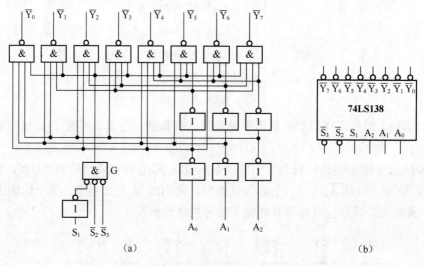

图 7-7　3 线-8 线集成译码器（74LS138）

由图 7-7（a）可见，3 线-8 线译码器 74LS138 输出信号与输入信号之间的逻辑关系除了满足式（7-20）外，还增加了 S_1、$\overline{S}_2$ 和 $\overline{S}_3$ 这 3 个选通控制端口，以扩展 74LS138 的功能和增加其使用的灵活性。

由图 7-7（a）还可见，当 74LS138 的 3 个控制端口信号分别是 S_1 为高电平"1"，$\overline{S}_2$ 和 $\overline{S}_3$ 为低电平"0"时，译码器处在被选通的状态下，译码器才可实现正常的译码功能。当 74LS138 的 3 个控制端口信号不是上面所述的高、低电平信号时，译码器不被选通，全部输出端都输出高电平信号"1"。根据图 7-7 可得 74LS138 的功能表如表 7-6 所示。

表 7-6   **74LS138 的功能表**

输		入			输			出				
S_1	$\overline{S_2}+\overline{S_3}$	A_2	A_1	A_0	Y_0	Y_1	Y_2	Y_3	Y_4	Y_5	Y_6	Y_7
0	×	×	×	×	1	1	1	1	1	1	1	1
×	1	×	×	×	1	1	1	1	1	1	1	1
1	0	0	0	0	0	1	1	1	1	1	1	1
1	0	0	0	1	1	0	1	1	1	1	1	1
1	0	0	1	0	1	1	0	1	1	1	1	1
1	0	0	1	1	1	1	1	0	1	1	1	1
1	0	1	0	0	1	1	1	1	0	1	1	1
1	0	1	0	1	1	1	1	1	1	0	1	1
1	0	1	1	0	1	1	1	1	1	1	0	1
1	0	1	1	1	1	1	1	1	1	1	1	0

    若将 74LS138 的控制端 S_1 当作输入数据 D 的数据输入端，并将控制端 $\overline{S_2}$ 和 $\overline{S_3}$ 按如图 7-8 (a) 所示的方法接低电平信号"0"。根据表 7-6 可以说明图 7-8 (a) 所示电路的工作原理。

    由表 7-6 可知，当输入数据 D=1 时，74LS138 处在被选通工作的状态下，8 根输出线中，只有下角标与地址译码器输入信号相符的那根输出线为低电平"0"，其余的 7 根输出线都为高电平"1"；当输入数据 D=0 时，74LS138 没有被选通工作，8 根输出线全部输出高电平信号"1"。

    由上面的讨论可知，图 7-8 (a) 所示电路中具有将输入数据 D 求非后，选择下角标与输入地址码

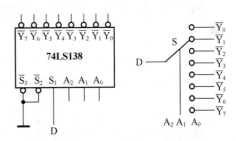

图 7-8   用 74LS138 构成数据分配器

相符的那根输出线输出，具有这种逻辑功能的电路称为数据分配器。由此可得，3 线-8 线译码器 74LS138 可以当数据分配器用。数据分配器的逻辑功能等效于图 7-8 (b) 所示的多路开关。

    图 7-8 (b) 所示的多路开关直观地显示出数据分配器可实现的逻辑功能为：根据输入的地址码，选择合适的输出端口，将数据输入端输入的信号输出。

    因 74LS138 的输出信号是反码，所以，图 7-8 (a) 所示电路输出端的输出信号是数据输入端 S_1 输入信号 D 的非。

    例如，当 $A_2A_1A_0$ 为"110"时，输入的串行数据 D 等于 1101，在输出端 $\overline{Y_6}$ 上会得到 0010 的串行输出数据。

    同理，控制端 $\overline{S_2}$ 和 $\overline{S_3}$ 也可以当数据分配器的数据输入端，在这种情况，控制端 S_1 要接高电平，此时从数据选择器输出端输出的信号与数据输入端输入的数据相同。

    利用 74LS138 的控制端还可以组成 4 线-16 线、5 线-32 线的译码器，下面来讨论组成的方法。

    【例 7-2】   利用 3 线-8 线译码器 74LS138 组成 4 线-16 线的译码器。

    解   74LS138 是 3 线-8 线译码器，输出只有 8 根线，要组成输出是 16 根线的 4 线-16 线译码器必须用两片 74LS138，其组成电路如图 7-9 所示。

    由图 7-9 可见，描述 16 根输出线的地址码是 4 位二进制数。设第（1）片译码器 8 根输出线的地址码为（1111～1000），第（2）片译码器 8 根输出线的地址码为（0111～0000），由上面的讨论可见，两片译码器输出线地址码的低 3 位相同，所以，可将两片译码器的 3 根地址码输入线并联使用，组成 4 线-16 线译码器低 3 位的地址码 A_2、A_1、A_0。4 线-16 线译码器

的 A$_3$ 地址码可从 74LS138 的选通控制端上引出。

扩展地址码的原理是：根据表 7-6 可知，当 74LS138 的 S$_1$ 控制端接高电平，$\overline{S_2}$ 和 $\overline{S_3}$ 控制端接低电平时，74LS138 处在被选通译码的状态下。利用选通信号的这个特点，将第（2）片译码器的 S$_1$ 控制端接高电平，第（1）片译码器的 $\overline{S_2}$ 和 $\overline{S_3}$ 控制端接低电平，同时将第（1）片译码器的 S$_1$ 控制端和第（2）片译码器的 $\overline{S_2}$ 和 $\overline{S_3}$ 控制端接在一起，组成 4 线-16 线译码器的 A$_3$ 地址码。

图 7-9 所示电路的工作原理是：当 A$_3$ 的输入信号为低电平信号时，因该信号与第（2）译码器的 $\overline{S_2}$ 和 $\overline{S_3}$ 控制端相连，选通该译码器进入译码的工作状态；因 A$_3$ 输入信号与第（1）片译码器的 S$_1$ 控制端相连，第（1）片译码器没有被选通，输出为高电平；反之，将选通第（1）片译码器进入译码的工作状态，第（2）片译码器没有被选通，输出高电平。

根据相同的道理，利用 4 片 74LS138 也可以组成 5 线-32 线译码器。

译码器除了可以实现译码的功能外，还可以组成具有特定逻辑功能的组合逻辑电路。下面来讨论用译码器组成前面介绍的表决器的方法。

【例 7-3】 用 3 线-8 线译码器 74LS138 和适当的门电路组成三输入变量的表决器。

解 由 5.4.2 小节的内容可知，表决器逻辑函数式的最小项和为

$$Y = m_3 + m_5 + m_6 + m_7 \tag{7-21}$$

由式（7-21）可知，74LS138 输出的项是 $\overline{m}$，利用德·摩根定理可以将式（7-21）中的最小项 m 转化成 $\overline{m}$，转化的过程如下：

$$Y = \overline{\overline{m_3 + m_5 + m_6 + m_7}} = \overline{\overline{m_3}\,\overline{m_5}\,\overline{m_6}\,\overline{m_7}} \tag{7-22}$$

根据式（7-22）搭建的表决器电路如图 7-10 所示。

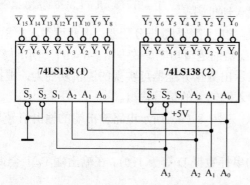

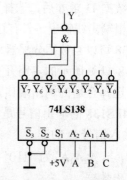

图 7-9　用两片 74LS138 组成 4 线-16 线译码器　　图 7-10　用译码器和与非门组成表决器

译码器除了上面介绍的 3 线-8 线译码器 74LS138 外，还有 4 线-10 线译码器 74LS42 等，这些器件的使用方法与 74LS138 的使用方法相同，这里不再赘述。

7.2.4　显示译码器

现在的许多电器设备上都有显示十进制字符的字符显示器，以直观地显示出电器设备的运行数据。目前广泛使用的字符显示器是图 7-11（a）所示的七段字符显示器，或称七段数码管。常见的七段数码管有液晶显示数码管和半导体数码管两种。

液晶显示数码管是利用液晶材料的透明度或者显示的颜色受外加电场控制的特点制成的，简称 LCD。

半导体数码管是由七段发光二极管（Light Emitting Diode，LED）组成的图 7-11（b）所示为 LED 的等效电路。

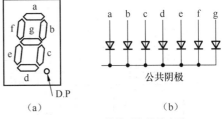

LED 产品的种类繁多，有图 7-11 所示的共阴极电路，还有共阳极电路，常用的数码显示器有 BS201，BS202 等。

要驱动 LED 正常地显示十进制数的 10 个字符，LED 前面必须接一个显示译码器。

显示译码器可实现的逻辑功能是：将输入的

图 7-11 LED 的外型和等效电路

8421BCD 码转化成驱动 LED 发光的高、低电平信号，驱动 LED 显示出不同的十进制数字符。下面来讨论显示译码器的组成。

显示译码器可以驱动 LED 显示出 0～9 这 10 个数字字符，10 个数字字符对应 10 种高、低电平的组合状态，要描述这 10 种高、低电平的组合状态必须用 4 位二进制数，根据 LED 发光的特点可得描述显示译码器逻辑功能的真值表如表 7-7 所示。

表 7-7   显示译码器逻辑功能的真值表

数 字	输 入				输 出							字 形
	A_3	A_2	A_1	A_0	a	b	c	d	e	f	g	
0	0	0	0	0	1	1	1	1	1	1	0	0
1	0	0	0	1	0	1	1	0	0	0	0	1
2	0	0	1	0	1	1	0	1	1	0	1	2
3	0	0	1	1	1	1	1	1	0	0	1	3
4	0	1	0	0	0	1	1	0	0	1	1	4
5	0	1	0	1	1	0	1	1	0	1	1	5
6	0	1	1	0	1	0	1	1	1	1	1	6
7	0	1	1	1	1	1	1	0	0	0	0	7
8	1	0	0	0	1	1	1	1	1	1	1	8
9	1	0	0	1	1	1	1	1	0	1	1	9

4 位二进制数可以描述 16 种状态，上面列真值表时用了 10 种，还有 6 种是显示译码器逻辑问题的无关项。根据从真值表画卡诺图的方法可得显示译码器 a 输出变量的卡诺图如图 7-12 所示。

由图 7-12 可得，显示译码器 a 输出变量的逻辑表达式为

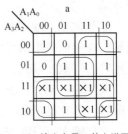

$$a = A_3 + A_1 + A_2 A_0 + \overline{A_2}\,\overline{A_0} \tag{7-23}$$

图 7-12 输出变量 a 的卡诺图

根据相同的方法也可得 b、c、d、e、f、g 输出变量的逻辑表达式为

$$\begin{cases} b = \overline{A_2} + \overline{A_1}\,\overline{A_0} + A_1 A_0 \\ c = A_2 + \overline{A_1} + A_0 \\ d = A_3 + A_1 \overline{A_0} + \overline{A_2} A_1 + \overline{A_2}\,\overline{A_0} + A_2 \overline{A_1} A_0 \\ e = \overline{A_2}\,\overline{A_0} + A_1 \overline{A_0} \\ f = A_3 + A_2 \overline{A_1} + A_2 \overline{A_0} + \overline{A_2}\,\overline{A_0} \\ g = A_3 + A_2 \overline{A_1} + \overline{A_2} A_1 + A_1 \overline{A_0} \end{cases} \tag{7-24}$$

根据式（7-23）和式（7-24）选择与或非门搭建的显示译码器电路如图 7-13 所示。

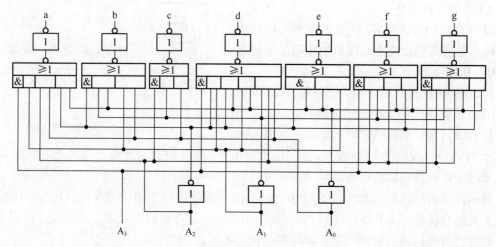

图 7-13　显示译码器

目前市场上有各种不同规格的显示译码器产品，图 7-14 所示为利用显示译码器 7448 组成的数码显示电路。

图 7-14 所示电路的工作原理是：显示译码器将输入的 4 位二进制数码 $A_3A_2A_1A_0$ 转换成不同高、低电平的组合状态输出，驱动七端数码管 BS201 显示 0～9 这 10 个数字中的任意一个。

由图 7-14 可见，显示译码器 7448 除了上面介绍的几个引脚外，还多了几个附加的控制端，下面来介绍附加控制端的功能和使用方法。

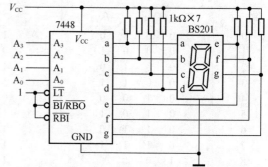

图 7-14　显示译码器 7448 带数码管 BS201 的电路

灯测试输入端 $\overline{\text{LT}}$：灯测试输入信号的作用是检测数码管各段是否能正常发光，当灯测试输入端接低电平信号时，显示译码器的全部输出为高电平，驱动数码管显示字符 8。正常使用时，灯测试输入端应接高电平信号。

灭零输入 $\overline{\text{RBI}}$：灭零输入信号的作用是把不希望显示的零熄灭，使显示的数据更加简洁和醒目。单片显示时，该输入端接低电平信号。

灭灯输入/灭零输出 $\overline{\text{BI}}/\overline{\text{RBO}}$：灭灯输入/灭零输出是一个双功能的输入/输出端。当它作为输入端时，称为灭灯输入控制端，$\overline{\text{RBO}}$ 为低电平，可实现将不希望显示的零熄灭，使显示的数据更加简洁。单片显示时，该输入端接低电平信号。

7.2.5　数据选择器

前面介绍的数据分配器可实现从多个输出通道中选择出合适条件的通道将输入数据输出。在数字电路中，有时也需要能够从多个输入信号中选择出合适条件的信号从输出端输出的逻辑电路，能够实现这种逻辑功能的电路称为数据选择器（Multiplexer，MUX）。双 4 选 1 数据选择器 74LS153 的逻辑图如图 7-15（a）所示。

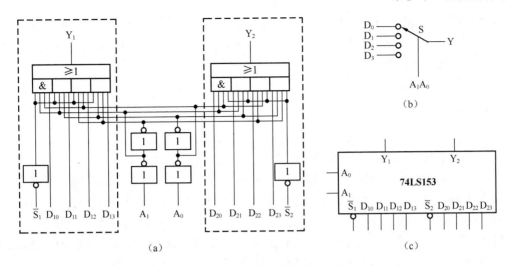

图 7-15 双 4 选 1 数据选择器的逻辑图

由图 7-15 (a) 可见，双 4 选 1 数据选择器内部有两个 4 选 1 数据选择器，图中的 D_{10}、D_{11}、D_{12}、D_{13} 为数据输入端，Y_1 为数据输出端，A_1、A_0 为地址码输入端，$\overline{S}_1$ 为选通控制端，选通控制信号是低电平有效。若不考虑选通信号的作用，由图 7-15 (a) 可得数据选择器输入和输出的逻辑关系为

$$Y_1 = D_{10}(\overline{A}_1 \overline{A}_0) + D_{11}(\overline{A}_1 A_0) + D_{12}(A_1 \overline{A}_0) + D_{13}(A_1 A_0) \tag{7-25}$$

由式 (7-25) 可见，当数据选择器地址码的输入信号 $A_1 A_0$ 为 01，数据选择器的输出信号 Y_1 等于 D_{11}，这种功能相当于数据选择器内部的电子开关将输入端 D_{11} 和输出端 Y_1 接通，将输入数据 D_{11} 传输出去，数据选择器的这种功能等效于图 7-15 (b) 所示的多路开关。图 7-15 (c) 所示为 74LS153 的符号。

利用数据选择器的选通控制端可以将双 4 选 1 的数据选择器连接成 8 选 1 的数据选择器，连接的方法如图 7-16 所示。

连接的原理是：当 A_2 等于低电平"0"时，选通左边的数据选择器，当 A_2 等于高电平"1"时，选通右边的数据选择器，两片数据选择器的输出信号经或门电路合并成一路输出信号，实现 8 选 1 数据选择器的连接。

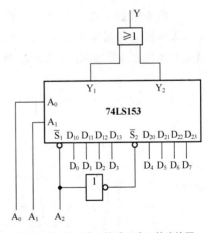

图 7-16 双 4 选 1 接成 8 选 1 的连接图

数据选择器除了可以实现数据选择的功能外，还可以组成具有特定逻辑功能的组合逻辑电路。下面以前面介绍的表决器为例，来具体讨论利用数据选择器组成表决器的方法。

【例 7-4】 用数据选择器 74LS153 组成 3 输入变量的表决器。

解 由前面的内容可知，表决器逻辑函数式的最小项和为

$$Y = m_3 + m_5 + m_6 + m_7 \tag{7-26}$$

因表决器的输入变量有 3 个，所以，应选择地址码为 3 个的 8 选 1 数据选择器来搭建电

路。为了用数据选择器来搭建电路，必须将式（7-26）改写成式（7-25）所示的形式。为了书写方便，可将式（7-25）括号内的与逻辑关系写成最小项，利用最小项符号将式（7-26）改写的式（7-25）所示形式的方法如下：

$$Y = 0(m_0) + 0(m_1) + 0(m_2) + 1(m_3) + 0(m_4) + 1(m_5) + 1(m_6) + 1(m_7) \qquad (7\text{-}27)$$

比较系数后可得

$$D_0=D_1=D_2=D_4=0, \quad D_3=D_5=D_6=D_7=1$$

选择 8 选 1 数据选择器 74LS153 搭建的表决器电路如图 7-17（a）所示。

图 7-17（a）所示电路的工作原理是：当输入的地址码为 100 时，因数据选择器内部的电子开关将 D_4 输入端与输出端相连，输出 $D_4=0$ 的数据，所以，输出 Y 也等于 0；当输入的地址码为 101 时，因数据选择器内部的电子开关将 D_5 输入端与输出端相连，输出 $D_5=1$ 的数据，所以，输出 Y 也等于 1。因图 7-17（a）所示电路输出与输入的逻辑关系满足表决器逻辑关系的真值表（见表 5-10），所以，图 7-17（a）所示电路为表决器电路。

搭建三输入变量的表决器电路若用一个 4 选 1 数据选择器来搭建电路更加简单，方法是：先将式（7-26）写成标准与或式，即

$$\begin{aligned}
Y &= \overline{A}BC + A\overline{B}C + AB\overline{C} + ABC \\
&= A\overline{B}C + AB\overline{C} + (A+\overline{A})BC = A\overline{B}C + AB\overline{C} + BC
\end{aligned} \qquad (7\text{-}28)$$

若设输入变量 BC 作为数据选择器的地址码 A_1A_0，模仿式（7-25）可将式（7-28）改写成

$$\begin{aligned}
Y &= 0(\overline{B}\overline{C}) + A(\overline{B}C) + A(B\overline{C}) + 1(BC) \\
&= 0(\overline{A_1}\overline{A_0}) + A(\overline{A_1}A_0) + A(A_1\overline{A_0}) + 1(A_1A_0)
\end{aligned} \qquad (7\text{-}29)$$

比较系数得 4 选 1 数据选择器的输入信号为 $D_{10}=0$，$D_{11}=D_{12}=A$，$D_{13}=1$，将这些输入信号输入数据选择器相应的输入端即可组成表决器电路。根据式（7-29），用 4 选 1 数据选择器组成的表决器电路如图 7-17（b）所示。

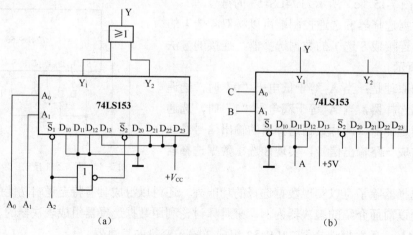

图 7-17 用数据选择器组成三输入变量的表决器

数据选择器除了可组成特定功能的组合逻辑电路外，它与数据分配器组合还可组成总线串行数据传输系统。总线串行数据传输系统可以实现用一根数据线来传输多位并行数据的目的，其组成和示意图如图 7-18 所示。

　　该系统的传输并行数据的原理是：设要传输的 8 位并行数据从 8 选 1 数据选择器的数据输入端输入，数据选择器在顺序变化的地址信号驱动下，输出端 Y 依次接通不同的数据输入端 D_i，将数据输入端上的并行数据依次传输到数据总线上转化成串行数据，实现将并行数据转化成串行数据传输的目的；数据总线上的串行数据从数据分配器（3 线-8 线译码器）的 $\overline{S}_2$ 和 $\overline{S}_3$ 控制端输入，在顺序变化的地址信号驱动下，数据分配器将数据总线上的串行数据依次传输到数据分配器不同的输出端上，实现将串行数据转化成并行数据的目的；串行数据总线传输系统通过并行转串行、串行转并行的两次变换，实现用一根数据总线来传输多位并行数据的目的。

　　由上面的讨论可见，数据总线传输系统可等效于如图 7-19 所示的双刀多掷开关，所以，图 7-18 所示的总线传输系统通常又称为总线开关。

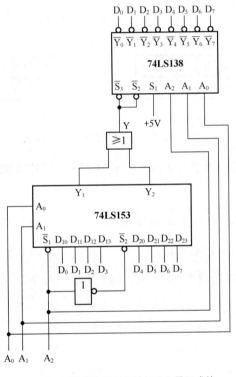

图 7-18　用数据选择器和数据分配器组成的
串行数据总线传输系统

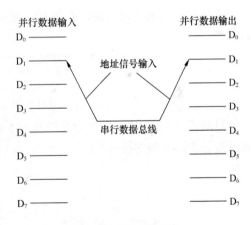

图 7-19　双刀多掷开关

7.2.6　加法器

　　加法器的逻辑功能是实现两个二进制数的相加，因计算机内部的加、减、乘、除算术运算通常是利用加法器来实施的，所以，加法器是构成计算机内部算术逻辑单元（ALU）的基本单元。

　　最基本的加法器是 1 位加法器，不考虑进位的 1 位加法器称为半加器，在前面的讨论中已知，异或门就是半加器，要考虑进位的 1 位加法器称为全加器。

　　设 1 位全加器的输入信号为 A、B，低位来的进位信号为 C_I，加法器的和为 S，向高位

的进位信号为 C_O，根据二进制数的运算法则可得全加器的真值表如表 7-8 所示。

表 7-8　　　　　　　　　　　　全加器的真值表

A	B	C_I		S	C_O
0	0	0		0	0
0	0	1		1	0
0	1	0		1	0
0	1	1		0	1
1	0	0		1	0
1	0	1		0	1
1	1	0		0	1
1	1	1		1	1

根据表 7-8 可得全加器的卡诺图如图 7-20 所示。

图 7-20（a）所示为 S（和）的卡诺图，图 7-20（b）所示为 C_O（进位输出）的卡诺图，根据卡诺图可得加法器逻辑关系的表达式

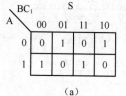
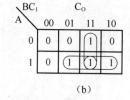

(a)　　　　　　(b)

图 7-20　加法器逻辑变量的卡诺图

$$S = \overline{A}\,\overline{B}C_I + \overline{A}B\overline{C_I} + A\overline{B}\,\overline{C_I} + ABC_I \quad (7\text{-}30)$$

$$C_O = AB + AC_I + BC_I \quad (7\text{-}31)$$

选择与非门来搭建电路，必须利用德·摩根定理将式（7-30）和式（7-31）改写成如下的形式：

$$S = \overline{\overline{\overline{A}\,\overline{B}C_I + \overline{A}B\overline{C_I} + A\overline{B}\,\overline{C_I} + ABC_I}} = \overline{\overline{\overline{A}\,\overline{B}C_I}\,\overline{\overline{A}B\overline{C_I}}\,\overline{A\overline{B}\,\overline{C_I}}\,\overline{ABC_I}} \quad (7\text{-}32)$$

$$C_O = \overline{\overline{AB + AC_I + BC_I}} = \overline{\overline{AB}\,\overline{AC_I}\,\overline{BC_I}} \quad (7\text{-}33)$$

根据式（7-32）和式（7-33）搭建的 1 位全加器逻辑图如图 7-21（a）所示，图 7-21（b）所示为全加器电路的符号。

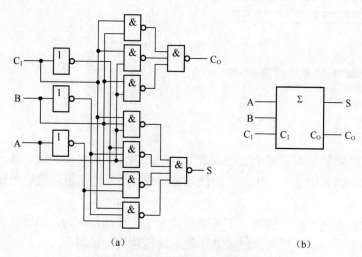

(a)　　　　　　　　　　　　　(b)

图 7-21　全加器的逻辑图及电路符号

　　1 位全加器只能实现两个 1 位二进制数的相加，将多片 1 位全加器组合起来可以实现多位二进制数的相加，组合的关键是进位方法的连接，最简单的进位连接方法是串行进位。串行进位是将低位的进位输出信号作为高位的进位输入信号直接相连的进位连接方法，图 7-22 所示为串行进位的 4 位全加器。

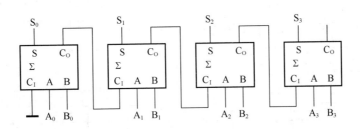

图 7-22　串行进位的 4 位全加器

　　由图 7-22 可见，串行进位全加器电路的结构很简单，但运算的速度很慢，要完成 4 位二进制数的相加，因进位信号的逐级传递必须有 4 个工作周期，提高运算速度的方法是将串行进位改成超前进位。

　　超前进位的加法器可根据加法器的输入信号自动提前产生进位信号，下面来讨论超前进位信号的产生原理。由式（7-31）可得加法器第 i 位的进位信号为

$$(C_O)_i = A_i B_i + A_i (C_I)_i + B_i (C_I)_i = A_i B_i + (A_i + B_i)(C_I)_i \tag{7-34}$$

　　由式（7-34）可见，全加器在两种情况下将产生进位输出信号，一种是 $A_i B_i = 1$，另一种是 $A_i + B_i = 1$，且 $(C_I)_i$ 也等于 1。

　　令 $G_i = A_i B_i$ 为进位产生函数，$P_i = A_i + B_i$ 为进位传递函数。将进位产生函数和进位传递函数代入式（7-34）中可得

$$(C_O)_i = G_i + P_i(C_I)_i \tag{7-35}$$

　　由图 7-21 可见，多位全加器第 i 位的进位输入信号 $(C_I)_i$ 等于前一位电路的进位输出信号 $(C_O)_{i-1}$，即

$$(C_I)_i = (C_O)_{i-1} \tag{7-36}$$

将式（7-36）代入式（7-35）中可得

$$\begin{aligned}
(C_O)_i &= G_i + P_i(C_I)_i = G_i + P_i(C_O)_{i-1} = G_i + P_i[G_{i-1} + P_{i-1}(C_I)_{i-1}] \\
&= G_i + P_i G_{i-1} + P_i P_{i-1}(C_O)_{i-2} = G_i + P_i G_{i-1} + P_i P_{i-1}[G_{i-2} + P_{i-2}(C_I)_{i-2}] = \text{LL} \\
&= G_i + P_i G_{i-1} + P_i P_{i-1} G_{i-2} + \text{L} + P_i P_{i-1} G_{i-2} P_{i-2} \text{LP}_1 G_0 + P_i P_{i-1} G_{i-2} P_{i-2} \text{LP}_1 C_0
\end{aligned} \tag{7-37}$$

　　式（7-37）称为超前进位全加器进位信号的递推公式，利用递推公式可提前计算出各位加法器的进位信号，将进位信号代入式（7-32）中可得第 i 位的和为

$$\begin{aligned}
S_i &= \overline{A}_i \overline{B}_i (C_I)_i + \overline{A}_i B_i (\overline{C_I})_i + A_i \overline{B}_i (\overline{C_I})_i + A_i B_i (C_I)_i \\
&= (\overline{A}_i \overline{B}_i + A_i B_i)(C_I)_i + (\overline{A}_i B_i + A_i \overline{B}_i)(\overline{C_I})_i \\
&= \overline{A_i \oplus B_i}(C_I)_i + A_i \oplus B_i (\overline{C_I})_i = A_i \oplus B_i \oplus (C_I)_i
\end{aligned} \tag{7-38}$$

　　根据式（7-37）和式（7-38）搭建的 4 位超前进位加法器 74LS283 的逻辑图如图 7-23 所示。

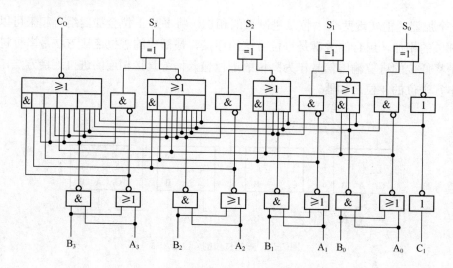

图 7-23 4 位超前进位加法器 74LS283 的逻辑图

图 7-24（a）所示为 4 位加法器的符号。利用加法器可以很方便地组成某些代码转换电路，下面来讨论用加法器实现将 8421 码转换成余 3 码或将余 3 码转换成 8421 码的电路。

【例 7-5】   设计一个将输入的 4 位余 3 码信号转换成 4 位 8421 码输出。

解   设用变量 Y 表示余 3 码，用变量 A 表示 8421 码，由第 1 章的内容可知余 3 码和 8421 码的关系为

$$Y_3Y_2Y_1Y_0 - A_3A_2A_1A_0 = 0011 \qquad (7\text{-}39)$$

由式（7-39）可得输入为余 3 码，输出为 8421 码的转换关系为

$$A_3A_2A_1A_0 = Y_3Y_2Y_1Y_0 - 0011 \qquad (7\text{-}40)$$

式（7-40）是减法运算，利用原码和补码的关系可将式（7-40）转化成相加的运算。因 0011 十六进制数的补码是 1101，所以，式（7-40）可以改写为

$$A_3A_2A_1A_0 = Y_3Y_2Y_1Y_0 + 1101 \qquad (7\text{-}41)$$

根据式（7-41），利用加法器 74LS283 搭建的代码转换电路如图 7-24（b）所示。

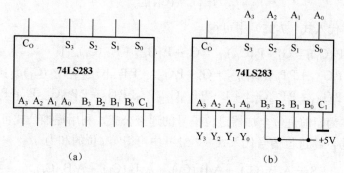

图 7-24 4 位全加器的符号和例 7-5 图

7.2.7 数值比较器

用来比较两个数字大小的电路称为数值比较器。数值比较器同样也有 1 位和多位之分，

下面先来讨论 1 位数值比较器。

设输入的两个数字分别为 A 和 B，两个数字相比较的结果只有 $Y_{A<B}$、$Y_{A=B}$ 和 $Y_{A>B}$ 这 3 种，3 种结果的逻辑关系真值表如表 7-9 所示。

表 7-9　　　　　　　　　　　　　　**数值比较器的真值表**

A	B		$Y_{A<B}$	$Y_{A=B}$	$Y_{A>B}$
0	0		0	1	0
0	1		1	0	0
1	0		0	0	1
1	1		0	1	0

根据表（7-9）可得数值比较器的逻辑表达式为

$$\begin{cases} Y_{A<B} = \overline{A}B \\ Y_{A=B} = \overline{A}\,\overline{B} + AB = \overline{A \oplus B} \\ Y_{A>B} = A\overline{B} \end{cases} \tag{7-42}$$

若选择与非门来搭建电路，则式（7-42）的输出变量变成反码，式（7-42）改写成

$$\begin{cases} \overline{Y}_{A<B} = \overline{\overline{A}B} \\ \overline{Y}_{A=B} = A \oplus B = \overline{A}B + A\overline{B} = \overline{\overline{\overline{A}B + A\overline{B}}} = \overline{\overline{\overline{A}B}\ \overline{A\overline{B}}} \\ Y_{A>B} = \overline{A\overline{B}} \end{cases} \tag{7-43}$$

根据式（7-43）搭建的数值比较器电路如图 7-25（a）所示，图 7-25（b）所示为 4 位数值比较器 CC14585 的符号。

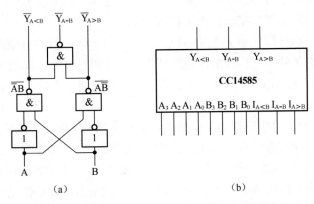

图 7-25　1 位数值比较器的逻辑图和 4 位数值比较器符号

由图 7-25（b）可见，4 位数值比较器 CC14585 除了正常的数据输入端外，还增加了用于扩展功能的扩展输入端 $I_{A<B}$，$I_{A=B}$ 和 $I_{A>B}$。从集成电路手册上可查得这几个输入端的使用方法如下。

（1）只比较两个 4 位数时，扩展输入端 $I_{A<B}$ 接低电平，扩展输入端 $I_{A=B}$ 和 $I_{A>B}$ 接高电平。

（2）当比较两个 4 位以上、8 位以下的二进制数时，可将低位片子的扩展输入端 $I_{A<B}$ 接

低电平，扩展输入端 $I_{A=B}$ 和 $I_{A>B}$ 接高电平，将低位片子的输出信号 $Y_{A<B}$ 和 $Y_{A=B}$ 分别输入高位片子的扩展输入端 $I_{A<B}$ 和 $I_{A=B}$，并将高位片子的扩展输入端 $I_{A>B}$ 接高电平。

将两片 4 位数值比较器 CC14585 组成 8 位数值比较器的连接图如图 7-26 所示。

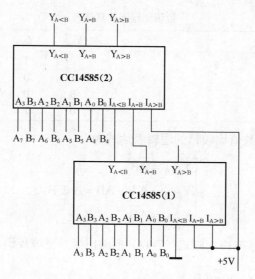

图 7-26　8 位数值比较器的连接图

7.3　组合逻辑电路中的竞争-冒险现象

7.3.1　竞争-冒险现象

在前面讨论电路的逻辑关系时，仅仅考虑电路处在稳态条件下的工作情况，没有考虑信号在转换瞬间电路传输信号的速度对电路工作状态的影响。实际上这种影响是存在的，有时还比较严重，甚至会发生逻辑错误，产生错误的动作。

在数字电路中，这种影响称为竞争-冒险，为了消除竞争-冒险对电路工作状态的影响，有必要对电路在瞬态条件下工作的情况进行研究，对可能出现的竞争-冒险现象预先采取措施加以解决，以提高电路工作的可靠性。下面以一个简单的例子来说明竞争-冒险现象的概念及产生的原因。

在图 7-27（a）所示的 2 输入与门电路中，无论是 A=1、B=0，或是 A=0、B=1，在稳态时输出 Y 都等于 0。现在来讨论当 A 输入信号从高电平"1"向低电平"0"跳变的同时，B 输入信号从低电平"0"向高电平"1"跳变，输出信号 Y 瞬态的输出波形。

当电路对输入信号跳变情况的传输速度相同时，输出波形保持低电平。当电路对输入信号跳变情况的传输速度不相同时，A 输入信号还没有降到 $U_{IL\,(max)}$ 以下，B 输入信号已经跳到 $U_{IL\,(max)}$ 以上，在这个瞬间两输入信号同为"1"，输出信号 Y 也是 1，出现了如图 7-27（a）所示的正尖波信号，因该信号违反了稳态条件下与门电路的逻辑关系，所以该信号为不受欢迎的干扰信号。同理，也可讨论图 7-27（b）所示的或门电路在瞬态出现的负尖波信号。这些干扰信号统称为电压毛刺或噪声。

在数字电路中，将输入信号从高电平向低电平跳变的同时，另一个输入信号从低电平向高电平跳变的现象称为竞争现象，因竞争现象而产生的输出电压毛刺称为竞争-冒险。

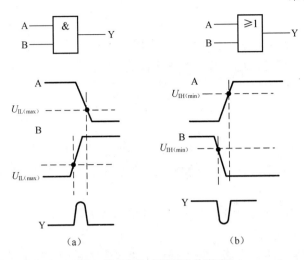

图 7-27　竞争-冒险现象的波形图

在数字电路中，并不是所有的电路都会产生竞争-冒险的现象，不产生竞争-冒险现象的电路工作的可靠性高，会产生竞争-冒险现象的电路工作的可靠性差，要提高这些电路工作的可靠性，必须想办法消除竞争-冒险现象。

消除竞争-冒险现象的关键是判断该电路是否存在竞争-冒险的现象，下面来介绍竞争-冒险现象的判断方法。

7.3.2　竞争-冒险现象的判断方法

在输入逻辑变量每次只有一个改变状态的简单情况下，可通过函数式来判断电路是否存在竞争-冒险现象。

在图 7-28 所示的电路中，设输出端门电路两个输入端的信号是同一个输入信号 A，经过不同的传输途径来的 A 和 $\overline{A}$ 信号，则输出信号为 $Y = A + \overline{A}$ 或 $Y = A\overline{A}$。

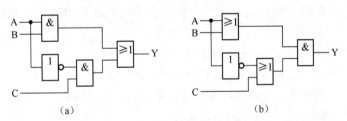

图 7-28　判断竞争-冒险现象的电路

当变量 A 的状态发生跳变时，因 $Y = A + \overline{A}$ 和 $Y = A\overline{A}$ 都存在着竞争-冒险的现象，所以，图 7-28 所示的电路存在着竞争-冒险的现象。

由此可得判断竞争-冒险现象的方法是：在一定条件下，能够将输出端的逻辑函数简化成 $A + \overline{A}$ 或 $A\overline{A}$ 的电路存在着竞争-冒险的现象。

例如，图 7-28（a）所示的电路，输出与输入的逻辑关系式为 $Y = AB + \overline{A}C$，在 B=C=1 的条件下，输出与输入的逻辑关系式可化简成 $Y = A + \overline{A}$，由此可得，该电路存在着竞争-冒险的现象。

在图 7-28（b）所示的电路中，输出与输入的逻辑关系式为 $Y = (A + B)(\overline{A} + C)$，在 B=C=1 的条件下，输出与输入的逻辑关系式可化简成 $Y = A\overline{A}$，由此可得，该电路也存在着竞争-冒险的现象。

竞争-冒险现象对数字电路工作的可靠性有影响，消除竞争-冒险现象主要采用引入封锁脉冲、引入选通脉冲、接滤波电容或修改程序设计的方法。

<h1 style="text-align:center">本 章 小 结</h1>

本章介绍了组合逻辑电路的概念。组合逻辑电路的特点是：在任意时刻，电路的输出信号仅仅取决于当时的输入信号，与电路原来所处的状态无关。组合逻辑电路通常可由若干个基本的逻辑单元组成。

组合逻辑电路研究的问题有分析电路和设计电路两大类。分析电路和设计电路的基础是逻辑代数和门电路的知识。

分析电路的步骤是：根据电路，写出描述电路逻辑关系的逻辑表达式，列出该逻辑表达式的真值表，对真值表中的 0 和 1 进行赋值，根据实际情况说明电路能够实现的逻辑功能。

设计电路的步骤是，将具体的逻辑问题抽象成真值表，根据真值表写出逻辑表达式，利用公式或卡诺图对逻辑表达式进行化简，利用最简与或式选择合适的器件搭建电路。

常用的组合逻辑电路有编码器、译码器、显示译码器、数据选择器、加法器、数值比较器等。这些组合逻辑电路目前已经制作成集成电路，正确使用这些集成电路的关键是熟悉各集成电路的逻辑功能和附加的扩展功能，再根据具体的逻辑表达式组成具有特定逻辑功能的组合逻辑电路。在使用中规模集成电路组成具有特定逻辑功能的组合逻辑电路时，注意使用不同器件组成电路时方法上的差别。

当组合逻辑电路存在竞争-冒险现象时，可利用改进电路设计、增加封闭脉冲等方法来消除它。

<h1 style="text-align:center">习 题</h1>

7.1 组合逻辑电路的特点是什么？分析组合逻辑电路常用的几个步骤是什么？设计组合逻辑电路常用的几个步骤是什么？

7.2 请用 74LS148 组成 64 线-6 线的优先编码器。

7.3 请用 74LS138 组成 6 线-64 线的译码器。

7.4 利用卡诺图将显示译码器真值表（见表 7-9）中的各输出逻辑变量化简成最简与或式，并利用与非门器件来搭建显示译码器电路。

7.5 分析图 7-29 所示电路的逻辑功能，要求列出真值表，写出逻辑表达式，并利用该电路产生逻辑函数 $Y = AC\overline{D} + A\overline{B}CD + B\overline{C} + \overline{B}CD$。

7.6 试用 3 线-8 线译码器 74LS138 和与非门电路搭建产生多输出逻辑函数的电路。

$$Y_1 = AB + \overline{B}C$$
$$Y_2 = \overline{A}BC + A\overline{B}C + A\overline{C}$$
$$Y_3 = A\overline{B}$$

7.7 写出图 7-30 所示电路输出 Y 的逻辑函数式，已知器件 CC4512 为 8 选 1 数据选择器，CC4512 的功能表如表 7-10 所示。

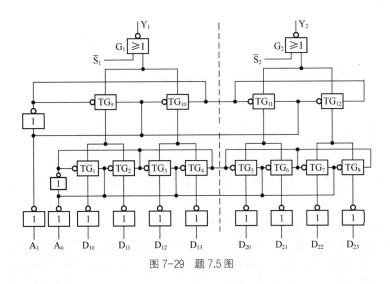

图 7-29 题 7.5 图

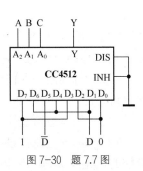

图 7-30 题 7.7 图

表 7-10 8 选 1 数据选择器 CC4512 的功能表

DIS	INH	A_2	A_1	A_0	Y
0	0	0	0	0	D_0
0	0	0	0	1	D_1
0	0	0	1	0	D_2
0	0	0	1	1	D_3
0	0	1	0	0	D_4
0	0	1	0	1	D_5
0	0	1	1	0	D_6
0	0	1	1	1	D_7
0	1	×	×	×	0
0	×	×	×	×	高阻

7.8 请用 8 选 1 数据选择器 CC4512 搭建产生多输出逻辑函数的电路。

$$Y_1 = ABD + \overline{B}CD$$
$$Y_2 = \overline{A}BC + A\overline{B}C + A\overline{C}$$
$$Y_3 = A\overline{B}C + AB\overline{D} + B\overline{C}D$$

7.9 用译码器 74LS138 搭建一个用 3 个开关控制电灯的电路，要求改变任何一个开关的状态，都能控制电灯由亮变暗或由按变亮。若改用 8 选 1 数据选择器 CC4512，电路将如何搭建？

7.10 先用与非门设计一个多功能运算电路，该电路可实现的运算功能如表 7-11 所示。再用中规模集成电路 8 选 1 数据选择器 CC4512 来搭建该电路。

表 7-11 题 7.10 电路的功能表

D_2	D_1	D_0	Y
0	0	0	1
0	0	1	A+B
0	1	0	$A \oplus B$
0	1	1	AB
1	0	0	$\overline{A \oplus B}$

D_2	D_1	D_0	Y
1	0	1	$\overline{A+B}$
1	1	0	$\overline{AB}$
1	1	1	0

7.11　用 4 位并行加法器 74283 和适当的门电路设计一个加/减运算电路。当控制信号 M=1 时，电路实现两输入信号相加；当控制信号 M=0 时，电路实现两输入信号相减。

7.12　分别用与非门电路、译码器 74LS138 和 8 选 1 数据选择器 CC4512 搭建一位全减器电路。

7.13　用 4 位数值比较器 CC14585 搭建 12 位数值比较器电路。

7.14　某安全监控设备分别对 4 个设备 A_1、A_2、A_3、A_4 的运行状态进行监控，已知 A_1 监控的优先级最高，A_2 其次，A_3 再其次，A_4 监控的优先级最低。请设计一个符合监控要求的监控状态报警电路。

7.15　化学实验室常用的药品有 20 种，这 20 种药品以自然数进行编号，已知，在实验的过程中，第 5 号和第 10 号药品不能同时使用，第 6 号、第 8 号不能和第 16 号药品同时使用，第 3 号和第 8 号不能和第 18 号药品同时使用，第 6 号、第 7 号、第 12 号和第 13 号药品也不能同时使用。请设计一个药品使用的监控电路，当出现错误的操作时，电路自动报警，提示操作者注意安全。

7.16　用 8 选 1 数据选择器 CC4512 搭建工作波形图满足图 7-31 所示的电路。

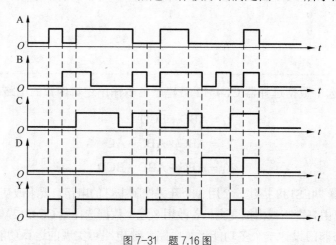

图 7-31　题 7.16 图

7.17　组合逻辑电路为什么会产生竞争-冒险现象？判断下列函数是否存在着竞争-冒险的现象。

$$Y_1 = \sum_m (2,6,8,9,11,12,14)$$

$$Y_2 = \sum_m (0,2,4,6,8,12,14)$$

$$Y_3 = \sum_m (1,3,5,7,9,11,13,15)$$

$$Y_4 = \sum_m (0,2,4,10,12,14)$$

第**8**章　触发器和时序逻辑电路

8.1　概述

在第 7 章中所讨论的组合逻辑电路，任何时刻的输出信号仅取决于当时的输入信号，与电路以前所处的状态无关。实际中的许多电路，任何时刻的输出信号不仅取决于当时的输入信号，而且与电路以前所处的状态也有关，具有这种特征的电路称为时序逻辑电路。例如，计算机中的 CPU，因输出状态不仅与当时的输入有关，而且与 CPU 原来所处的状态也有关，所以它是一个复杂的时序逻辑电路。

因时序逻辑电路的输出信号不仅与电路当时的输入信号有关，而且与电路以前所处的状态也有关，所以在时序逻辑电路中应包含能够记住电路以前所处状态的基本单元电路，该基本单元电路一般是触发器。

含有触发器是时序逻辑电路的特征，也是判断一个电路是属于时序逻辑电路或是属于组合逻辑电路的依据。

触发器是时序逻辑电路的记忆元件，为了实现记忆 1 位二值信号的功能，触发器必须具备两个基本的特点：一个是具有两个能自行保持的稳定状态，用来表示二值信号的"0"或"1"；另一个是不同的输入信号可以将触发器置成"0"或"1"的状态。

触发器的种类很多，根据触发器电路结构的特点，可以将触发器分为基本 RS 触发器、同步 RS 触发器、主从触发器、维持阻塞触发器、CMOS 边沿触发器等几种类型。

根据触发器逻辑功能的不同，又可以将触发器分为 RS 触发器、JK 触发器、T 触发器、D 触发器等几种类型。

在数字电路中，根据在时序逻辑电路中各触发器状态的翻转是否同步的特征，将时序逻辑电路分成同步时序逻辑电路和异步时序逻辑电路。

8.2　触发器的电路结构与工作原理

8.2.1　基本 RS 触发器

1. 电路结构与工作原理

基本的 RS 触发器电路如图 8-1（a）所示，图 8-1（b）所示为 RS 触发器的符号。

由图 8-1（a）可见，把两个与非门的输入端和输出端相互交叉连接，就构成了基本 RS 触发器。正常工作时，触发器的两个输出端 Q 和 $\overline{Q}$ 总是处于相反的状态，即输出端 Q 和 $\overline{Q}$ 的状态具有互补的特点。$\overline{R}$ 和 $\overline{S}$ 是信号输入端，$\overline{S}$ 称为置位端或置 1 输入端，$\overline{R}$ 称为复位端或置 0 输入端，字母上的反号表示低电平有效。下面来讨论 RS 触发器的工作原理。

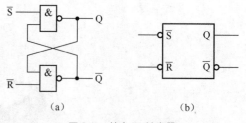

图 8-1 基本 RS 触发器

当 $\overline{S}$ =1，$\overline{R}$ =0 时，触发器被置成 0 状态，即有 Q=0、$\overline{Q}$ =1。

触发器的输出状态不仅与输入有关，而且与触发器原来所处的状态有关。在数字电路中，用触发器输出端 Q 的状态来定义触发器的状态。当触发器的输出端 Q 为高电平信号"1"时，称触发器的状态为"1"；当触发器的输出端 Q 为低电平信号"0"时，称触发器的状态为"0"。

设触发器的初态为 Q^n，末态为 Q^{n+1}，由图 8-1 可列出触发器输入和输出逻辑关系的真值表。在数字电路中，将包含状态变量 Q 的真值表称为特性表，用特性表可直观地描述触发器的动作特点。图 8-1 所示电路的特性表如表 8-1 所示。

表 8-1   **RS 触发器的特性表**

$\overline{R}$	$\overline{S}$	Q^n	Q^{n+1}	功　能
0	0	0	1*	
0	0	1	1*	
0	1	0	0	置 0（复位）
0	1	1	0	
1	0	0	1	置 1（置位）
1	0	1	1	
1	1	0	0	记忆
1	1	1	1	

列触发器特性表的方法与前面介绍的列真值表的方法相同，差别仅在于将触发器的初态 Q^n 当作输入信号，与输入变量 $\overline{R}$ 和 $\overline{S}$ 同时列在表格的左边，触发器的末态 Q^{n+1} 为输出变量，列在表格的右边。

在表 8-1 中，当输入变量 $\overline{R}$ = 0，$\overline{S}$ =1 时，不管初态 Q^n 是"1"或者是"0"，因 $\overline{R}$ 端所在的与非门遵守"有 0 出 1"的逻辑关系，所以，$\overline{Q^{n+1}}$ =1，该信号与 $\overline{S}$ =1 信号与非的结果，使末态 Q^{n+1} 都等于 0。因触发器的这个动作过程称为置"0"或复位，所以触发器的输入端 $\overline{R}$ 称为复位端。

同理可得，当输入变量 $\overline{R}$ =1，$\overline{S}$ =0 时，不管初态 Q^n 是"1"或者是"0"，末态 Q^{n+1} 都等于 1。因触发器的这个动作过程称为置 1 或置位，所以触发器的输入端 $\overline{S}$ 称为置位端。

当输入变量 $\overline{R}$ =1，$\overline{S}$ =1 时，触发器的末态 Q^{n+1} 等于初态 Q^n，触发器的这个动作过程称为记忆。因触发器具备记忆的功能，所以触发器在数字电路中作为记忆元件来使用。

当输入变量 $\overline{R}$ = 0，$\overline{S}$ = 0 时，不管初态 Q^n 是"1"或者是"0"，末态 Q^{n+1} 和 $\overline{Q^{n+1}}$ 同时都为"1"。该状态既不是触发器定义的状态"1"，也不是规定的状态"0"，且当 $\overline{R}$ 和 $\overline{S}$ 同时变为"1"以后，无法断定触发器是处在"1"的状态，或者是处在"0"的状态。为了区别于稳定的状态"1"，用符号"1*"来表示。因这种状态是触发器工作的非正常状态，是不允许出现的，所以图 8-1 所示电路的触发器，在正常工作情况下，应遵守 $\overline{R}+\overline{S}=1$，即 RS=0 的约束条件。

由上面的讨论可见，因图 8-1（a）所示触发器的触发信号是低电平有效的，所以图 8-1（b）所示符号的输入端旁边有小圆圈。

2. 工作波形图

触发器的动作特点除了用特性表来描述外，还可以用工作波形图来描述。图 8-1（a）所示电路的工作波形图如图 8-2 所示。

画触发器工作波形图的方法是：在输入信号的跳变处引入虚线，并在时间轴上标明时间，根据特性表画出每一时间间隔内的信号，画图的过程如下。

在 $0 \sim t_1$ 时间段内，$\overline{R} = 0$，$\overline{S} = 1$，触发器复位，Q=0，$\overline{Q} = 1$；在 $t_1 \sim t_2$ 时间段内，$\overline{R} = 1$，$\overline{S} = 1$，触发器处在记忆的状态下，保持 Q=0，$\overline{Q} = 1$ 的原态；在 $t_2 \sim t_3$ 时间段内，$\overline{R} = 1$，$\overline{S} = 0$，触发器置位，Q=1，$\overline{Q} = 0$；在 $t_3 \sim t_4$ 时间段内，$\overline{R} = 1$，$\overline{S} = 1$，触发器处在记忆的状态下，保持 Q=1，$\overline{Q} = 0$ 的原态；在 $t_4 \sim t_5$ 时间段内，$\overline{R} = 0$，$\overline{S} = 1$，触发器复位，Q=0，$\overline{Q} = 1$；在 $t_5 \sim t_6$ 时间段内，$\overline{R} = 0$，$\overline{S} = 0$，触发器处在 Q=1 和 $\overline{Q} = 1$ 的非正常状态下；在 $t > t_6$ 时间段内，$\overline{R} = 1$，$\overline{S} = 1$，触发器处在记忆的状态下，因前一个时段触发器工作在非正常的状态下，触发器无法保持 Q=1，$\overline{Q} = 1$ 的原态，所以触发器的状态无法确定是 "0" 还是 "1"，可以用斜线来表示这种不确定的状态。

基本 RS 触发器除了可用与非门组成外，还可以用或非门来组成，用或非门组成的 RS 触发器电路如图 8-3（a）所示，图 8-3（b）所示为该电路的符号。

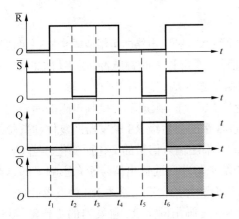

图 8-2　RS 触发器的工作波形图

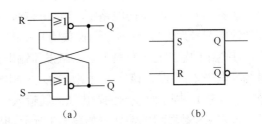

图 8-3　用或非门组成的基本 RS 触发器

根据或非门的逻辑关系式也可列出图 8-3 所示触发器的特性表如表 8-2 所示。

表 8-2　图 8-3 所示的 RS 触发器的特性表

	R	S	Q^n	Q^{n+1}
	0	0	0	0
	0	0	1	1
	0	1	0	1
	0	1	1	1
	1	0	0	0
	1	0	1	0
	1	1	0	1*
	1	1	1	1*

由表 8-2 可见，由或非门组成的 RS 触发器的触发信号是高电平有效，所以图 8-3（b）所示触发器的符号中输入端旁边没有了小圆圈。

8.2.2 同步 RS 触发器的电路结构与工作原理

1. 电路结构与工作原理

由图 8-1 和图 8-3 可见，基本 RS 触发器的输入信号是直接加在输出门电路的输入端，在输入信号存在期间，因触发器的输出状态 Q 直接受输入信号的控制，所以基本 RS 触发器又称为直接复位、置位触发器。

直接复位、置位触发器不仅抗干扰能力差，而且不能实施多个触发器的同步工作。为了解决多个触发器同步工作的问题，引入 RS 同步触发器。RS 同步触发器的电路结构如图 8-4（a）所示，图 8-4（b）所示为 RS 同步触发器的符号。

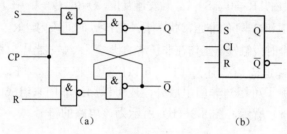

图 8-4　同步 RS 触发器的结构和符号

由图 8-4（a）可见，在基本 RS 触发器前面增加一级输入控制门电路即可组成同步 RS 触发器。

因同步 RS 触发器的同步控制信号为脉冲方波信号，通常称为时钟脉冲，用字母 CP（Clock Pulse）来表示，所以，同步 RS 触发器的同步控制信号输入端也称为 CP 控制端。

在图 8-4（a）所示的电路中，当 CP 信号为低电平"0"时，组成输入控制电路的两个与非门的输出信号为 1（即这两个门被关闭），该输出信号直接加在后级 RS 触发器的复位和置位端上，使电路的输出信号保持原态，触发器输出端的信号不随输入信号的变化而变化。当 CP 信号为高电平"1"时，该信号对组成输入控制电路的两个与非门的输出信号没有影响（即这两个门被打开），同步触发器的输出状态随输入信号变化而变化的情况与基本 RS 触发器相同。

同步 RS 触发器的特性表如表 8-3 所示。根据表 8-3 可画出同步 RS 触发器的工作波形图。

表 8-3 同步 RS 触发器的特性表

CP	R	S	Q^n	Q^{n+1}
0	×	×	0	0
0	×	×	1	1
1	0	0	0	0
1	0	0	1	1
1	0	1	0	1
1	0	1	1	1
1	1	0	0	0
1	1	0	1	0
1	1	1	0	1*
1	1	1	1	1*

2. 工作波形图

同步 RS 触发器的工作波形图如图 8-5 所示。

由图 8-5 可见，在 $0 \sim t_1$ 时间段内，CP=1，R=1，S=0，触发器复位，Q=0，$\overline{Q}=1$；在 $t_1 \sim t_2$ 时间段内，CP=0，触发器的输入信号对触发器的状态不影响，触发器保持 Q=0，$\overline{Q}=1$ 的原态；在 $t_2 \sim t_3$ 时间段内，CP=1，R=0，S=1，触发器置位，Q=1，$\overline{Q}=0$；在 $t_3 \sim t_4$ 时间段内，CP=0，触发器保持 Q=1，$\overline{Q}=0$ 的原态；在 $t_4 \sim t_5$ 时间段内，CP=1，R 和 S 经历从 0 到 1，从 1 到 0 的跳变，触发的输出信号 Q 和 $\overline{Q}$ 也经历了从 0 到 1，从 1 到 0 的跳变，最后的状态为 Q=0；在 $t_5 \sim t_6$ 时间段内，CP=0，触发器保持 Q=0 和 $\overline{Q}=1$ 的原态；在 $t > t_6$ 时间段内，CP=1，R=1，S=0，触发器处在复位的状态下，输出 Q=0，$\overline{Q}=1$ 的状态。

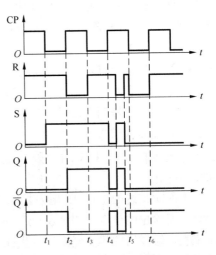

图 8-5 同步 RS 触发器的工作波形图

由上面的讨论可见，同步触发器在一个时钟脉冲时间内（如 $t_4 \sim t_5$ 的时间内），输出状态有可能发生两次或两次以上的翻转，触发器的这种翻转现象在数字电路中称为空翻。因触发器正常工作的干扰信号可能会引起空翻，所以，触发器的空翻影响触发器的抗干扰能力。

8.2.3 主从 RS 触发器的电路结构与工作原理

1. 电路结构与工作原理

同步 RS 触发器虽然解决了同步工作的问题，但还存在着每个 CP 周期内触发器的输出状态多次改变的问题，主从 RS 触发器就是为了解决这个问题而设计的。主从 RS 触发器的电路结构如图 8-6（a）所示，图 8-6（b）所示为主从 RS 触发器的符号。

由图 8-6（a）可见，主从触发器是由两个同步触发器串联组成的，其中与非门 G_1、G_2、G_3 和 G_4 组成主触发器，与非门 G_5、G_6、G_7 和 G_8 组成从触发器，且两个同步触发器 CP 脉冲的相位正好相反。其电路工作原理如下。

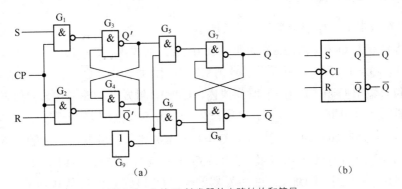

图 8-6 主从 RS 触发器的电路结构和符号

（1）接收输入信号过程

在 CP 信号为高电平"1"时，主触发器的输入控制门 G_1 和 G_2 打开，输入的 RS 信号可以使主触发器的输出状态发生变化，此时主触发器接收输入信号；从触发器的输入控制门 G_5 和 G_6 关闭，主触发器的输出信号 Q' 和 $\overline{Q'}$ 不能输入从触发器使从触发器的状态发生变化，从触发器保持原态。

（2）输出信号过程

当 CP 信号从高电平"1"跳变到低电平"0"时，CP 信号将产生一个脉冲下降沿信号。当脉冲下降沿信号到来以后，主触发器的输入控制门 G_1 和 G_2 关闭，RS 信号不能输入主触发器使主触发器的状态发生变化，主触发器保持脉冲下降沿到来时刻的信号 Q' 和 $\overline{Q'}$；从触发器的输入控制门 G_5 和 G_6 打开，主触发器的输出信号 Q' 和 $\overline{Q'}$ 输入从触发器使从触发器的状态发生变化。

上面所描述的主从 RS 触发器动作的特点，说明主从 RS 触发器中从触发器的输出状态是主触发器输出的延迟。图 8-6（b）所示方框中的 CP 输入控制端旁边的小圆圈和符号">"用来表示触发器的状态变换仅发生在脉冲下降沿到来之时，在列特性表时，CP 脉冲的下降沿用符号"⌐┗"来表示。

根据图 8-6 可列出主从 RS 触发器的特性表（见表 8-4）。根据表 8-4 可画出如图 8-7 所示的主从 RS 触发器的工作波形图。

表 8-4　　　　　　　　　　　主从 RS 触发器的特性表

CP	R	S	Q^n	Q^{n+1}
×	×	×	0	0
×	×	×	1	1
⌐┗	0	0	0	0
⌐┗	0	0	1	1
⌐┗	0	1	0	1
⌐┗	0	1	1	1
⌐┗	1	0	0	0
⌐┗	1	0	1	0
⌐┗	1	1	0	1*
⌐┗	1	1	1	1*

2. 工作波形图及特性方程

主从 RS 触发器的工作波形图如图 8-7 所示。

设触发器的初态 Q=0，由图 8-7 可见，在 $0\sim t_1$ 时间段内，CP=1，R=1，S=0，主触发器复位，$Q'=0$，$\overline{Q'}=1$；在 CP 下降沿信号到来的瞬间，$Q'=0$，$\overline{Q'}=1$ 的信号输入从触发器，从触发器复位，输出 Q=0；在 $t_1\sim t_2$ 时间段内，CP=0，触发器的输入信号对触发器的状态不影响，触发器保持 Q=0 状态。在 $t_2\sim t_3$ 时间段内，R=0，S=1，主触发器置位，$Q'=1$，$\overline{Q'}=0$；在 CP 下降沿信号到来的瞬间，$Q'=1$，$\overline{Q'}=0$ 的信号输入从触发器，从触发器置位，输出 Q=1；在 $t_3\sim t_4$ 时间段内，CP=0，触发器保持 Q=1 的状态；在 $t_4\sim t_5$ 时间段内，CP=1，R 和 S 经历从 1 到 0，从 0 到 1 的跳变，主触发器的输出 Q' 和 $\overline{Q'}$ 也经历从 0 到 1、从 1 到 0 的跳变，即主触发器存在着空翻的现象，但从触发器的状态因脉冲下降沿未到，所以输出保持不变，从触发器不存在空翻的现象，解决了因空翻引起的工作稳定性差的问题。在 $t_5 \sim t_6$ 时间段内，CP=0，触发器保持 t_5 下降沿到时的 Q=0 和 $\overline{Q}=1$ 的状态。

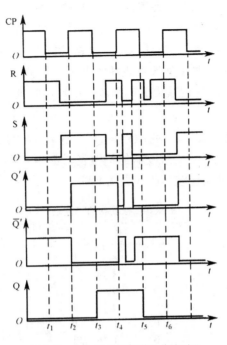

图 8-7 主从 RS 触发器的工作波形图

根据表 8-4 可知，主从 RS 触发器的逻辑功能也可用如下表达式表示：

$$\begin{cases} Q^{n+1} = S + \overline{R}Q^n \\ RS = 0 \end{cases} \tag{8-1}$$

式（8-1）称为触发器的特性方程，也叫状态方程。这个特性方程也适用于同步 RS 触发器。

由上面的讨论过程可见，图 8-6（a）所示的主从 RS 触发器输入变量还必须受约束条件 RS=0 的约束，按照如图 8-8（a）所示的反馈方法改进电路，即将 Q、$\overline{Q}$ 交叉反馈到主触发器的输入控制端，这样可以解决触发器输入变量 RS 受约束条件约束的问题。

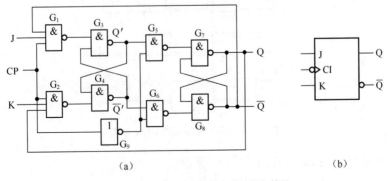

（a）　　　　　　　　　　　　　　　　（b）

图 8-8 主从 JK 触发器的电路结构和符号

为了与原来的 RS 触发器相区别，将触发器的输入端改称为 JK 输入端，触发器称为主从 JK 触发器，图 8-8（b）所示为主从 JK 触发器的符号。

若 J=1、K=0，则 CP=1 时主触发器置 1，待 CP=0 后从触发器也随之置 1，即 $Q^{n+1}=1$。

若 J=0、K=1，则 CP=1 时主触发器置 0，待 CP=0 后从触发器也随之置 0，即 $Q^{n+1}=0$。

若 J=K=0，则由于门 G_1、G_2 被关闭，触发器保持原状态不变，即 $Q^{n+1}=Q^n$。

若 J=K=1，则有：如果 $Q^n=0$，这时门 G_2 被 Q 端的低电平封锁，CP=1 时 G_1 门输出低电平，故主触发器置 1，待 CP=0 后从触发器也随之置 1，即 $Q^{n+1}=1$；如果 $Q^n=1$，这时门 G_1 被 $\overline{Q}$ 端的低电平封锁，CP=1 时 G_2 门输出低电平，故主触发器置 0，待 CP=0 后从触发器也随之置 0，即 $Q^{n+1}=0$。

从上面的分析可知：当 J=K=1，则有 $Q^{n+1}=\overline{Q^n}$。这种工作状态具有计数功能。

由图 8-8（a）分析可得主从 JK 触发器的特性表如表 8-5 所示，根据表 8-5 可得主从 JK 触发器在初态 $Q^n=0$ 条件下的工作波形图（见图 8-9）。

表 8-5 <center>主从 JK 触发器的特性表</center>

CP	J	K	Q^n	Q^{n+1}
×	×	×	0	0
×	×	×	1	1
⌐⌐	0	0	0	0
⌐⌐	0	0	1	1
⌐⌐	0	1	0	0
⌐⌐	0	1	1	0
⌐⌐	1	0	0	1
⌐⌐	1	0	1	1
⌐⌐	1	1	0	1
⌐⌐	1	1	1	0

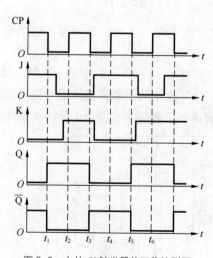

图 8-9 主从 JK 触发器的工作波形图

根据表 8-5 可得主从 JK 触发器的特性方程为

$$Q^{n+1} = J\overline{Q^n} + \overline{K}Q^n \tag{8-2}$$

主从 JK 触发器虽然解决了 RS 触发器的约束条件和多次翻转问题，但在个别输入状态下仍存在着一次翻转的问题。因此要求在 CP=1 期间要保持 J、K 输入状态不变，否则由于一次翻转现象仍会造成输出的误动作，而利用边沿触发器可解决这个问题。

8.2.4　由 CMOS 传输门组成的边沿触发器

由 CMOS 传输门组成的边沿触发器如图 8-10（a）所示，图 8-10（b）所示为边沿触发器的符号。

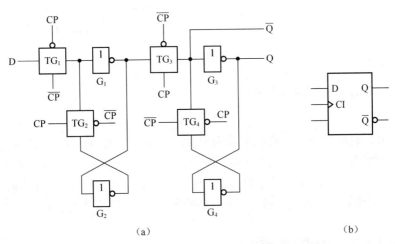

图 8-10　由 CMOS 传输门组成的边沿触发器

图 8-10（a）所示的电路只有一个输入端 D，所以该触发器称为 D 触发器。该触发器也是一个主从触发器，图中的 CMOS 传输门 TG_1、TG_2 和反相器 G_1、G_2 组成主触发器，CMOS 传输门 TG_3、TG_4 和反相器 G_3、G_4 组成从触发器，CMOS 传输门 TG_1 和 TG_3 分别为主触发器和从触发器的输入控制门。

图 8-10（a）所示电路的工作原理是：当 CP=0、$\overline{CP}$ =1 时，TG_1 通，TG_2 断，D 输入端的信号输入主触发器中，反相器 G_1 输出端的信号为 $\overline{D}$ 。但这时的主触发器因 TG_2 断，尚未形成反馈连接，不能自行保持输入的数据，反相器 G_1 输出端的信号随输入信号 D 的变化而变化。同时，由于传输门 TG_3 断，反相器 G_1 的输出信号对从触发器的状态不影响。

当 CP 从 0 到 1 跳变的瞬间，CP 信号将产生一个脉冲的上升沿。当脉冲上升沿到来时，TG_1 截止，切断外界的输入信号 D 对主触发器的影响；TG_2 导通形成反馈连接，主触发器保持脉冲上升沿到达瞬间的输入信号值 D。同时，传输门 TG_3 导通，反相器 G_1 的输出信号输入从触发器，反相器 G_3 的输出信号（从触发器的输出信号）为脉冲上升沿到达瞬间的输入信号值 D。

当脉冲上升沿过后，CP 又恢复到 CP=0、$\overline{CP}$ =1 的状态，TG_3 截止，切断主触发器的输出信号对从触发器状态的影响。同时，TG_4 导通，反相器 G_3 和 G_4 形成反馈连接，自行保持脉冲上升沿到达瞬间的输入信号值 D。

由上面的讨论可见，图 8-10（a）所示电路触发器的输出状态取决于脉冲上升沿到达时的输入信号值 D，所以该触发器称为边沿触发器，且是上升沿有效的 D 触发器。脉冲上升沿有效的边沿触发器在符号的表示上没有了 CP 输入端旁边的小圆圈，如图 8-10（b）所示。

D 触发器的特性表如表 8-6 所示，D 触发器初态 $Q^n=1$ 的工作波形图（见图 8-11）。

表 8-6　D 触发器的特性表

CP	D	Q^{n+1}
$\times$	$\times$	Q^n
⊓	0	0
⊓	1	1

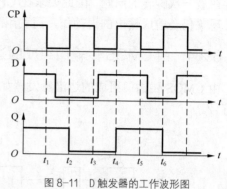

图 8-11　D 触发器的工作波形图

由表 8-6 可得 D 触发器的状态方程为

$$Q^{n+1} = D \tag{8-3}$$

由上面的分析过程可见，边沿触发器输出状态的翻转仅出现在脉冲上升沿或下降沿到来的时刻，所以，边沿触发器抗干扰能力和工作的稳定性较好，被广泛使用在各种电子电路中。

常见的边沿触发器有 CMOS 边沿触发器、维持阻塞触发器和利用传输延迟时间的边沿触发器，这些触发器的电路结构虽然不相同，但它们的逻辑功能和符号都是相同的，这里不再赘述。

8.3　触发器逻辑功能的描述方法

触发器的电路结构和种类繁多，在数字电路中，可将各种各样的触发器按其能够实现的逻辑功能进行分类，并用统一的方法对触发器的逻辑功能进行描述。对一个触发器来说，可以分别通过 5 种方法来描述其逻辑功能，即逻辑图、特性方程、特性表、工作波形图和状态转换图。下面介绍特性方程、特性表和状态转换图。

8.3.1　RS 触发器

1. 特性方程

RS 触发器的特性方程为式（8-1），即

$$\begin{cases} Q^{n+1} = S + \overline{R}Q^n \\ RS = 0 \end{cases}$$

2. 特性表

根据 RS 触发器的特性方程可得 RS 触发器的特性表（见表 8-7）。

3. 状态转换图

触发器的输出有"0"和"1"两个稳定的状态，规定用小圆圈内标注 0 表示触发器的状态"0"，用小圆圈内标注 1 表示触发器的状态"1"，并用箭头表示触发器状态转换的过程，箭头旁边的式子表示触发器状态转换的条件。根据这些规定制作的触发器状态转换的过程图

称为触发器的状态转换图。RS 触发器的状态转换图如图 8-12 所示。

表 8-7　　RS 触发器的特性表

R	S	Q	Q^{n+1}
0	0	0	0
0	0	1	1
0	1	0	1
0	1	1	1
1	0	0	0
1	0	1	0
1	1	0	不定
1	1	1	不定

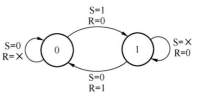

图 8-12　RS 触发器的状态转换图

由图 8-12 可见，触发器的状态转换图非常直观地描述了触发器状态转换的过程。例如，连接 0 到 1 箭头旁边的式子为 S=1、R=0，说明触发器在 S=1、R=0 触发信号的作用下，从状态 0 转换到状态 1；连接 1 到 0 箭头旁边的式子为 S=0、R=1，说明触发器在 S=0、R=1 触发信号的作用下，从状态 1 转换到状态 0；状态 0 和状态 1 旁边的小箭头表示触发器在 S=0、R=× 和 S=×、R=0 条件下状态保持不变。

8.3.2　JK 触发器

凡是在时钟信号的作用下，状态方程满足式（8-2）的触发器统称为 JK 触发器。可利用上面介绍的方法对 JK 触发器的逻辑功能进行描述。

1．特性方程

JK 触发器的状态方程为式（8-2），规定用 Q 来表示触发器的初态 Q^n，则 JK 触发器的状态方程为

$$Q^{n+1} = J\overline{Q^n} + \overline{K}Q^n$$

2．特性表

根据 JK 触发器的状态方程可得 JK 触发器的特性表（见表 8-8）。

3．状态转换图

根据画触发器状态转换图的方法可得 JK 触发器的状态转换图（见图 8-13）。

表 8-8　　JK 触发器的特性表

J	K	Q^n	Q^{n+1}
0	0	0	0
0	0	1	1
0	1	0	0
0	1	1	0
1	0	0	1
1	0	1	1
1	1	0	1
1	1	1	0

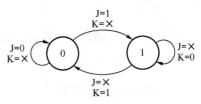

图 8-13　JK 触发器的状态转换图

8.3.3　D触发器

凡是在时钟信号的作用下，特性方程满足式（8-3）的触发器统称为 D 触发器。对 D 触发器逻辑功能的描述也可利用上面介绍的方法。

1．特性方程

D 触发器的特性方程为式（8-3），即 D 触发器的特性方程为

$$Q^{n+1} = D$$

2．特性表

根据 D 触发器的状态方程可得 D 触发器的特性表（见表 8-9）。

3．状态转换图

根据画触发器状态转换图的方法可得 D 触发器的状态转换图（见图 8-14）。

表 8-9　D 触发器的特性表

D	Q^n	Q^{n+1}
0	0	0
0	1	0
1	0	1
1	1	1

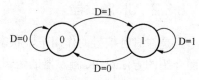

图 8-14　D 触发器的状态转换图

8.3.4　T触发器

凡在时钟信号的作用下，特性方程满足式 $Q^{n+1} = T\overline{Q^n} + \overline{T}Q^n$ 的触发器统称为 T 触发器。用上面介绍的方法对 T 触发器的逻辑功能进行描述。

1．逻辑图

T 触发器的逻辑符号如图 8-15（a）所示，该符号也用来表示 T 触发器的逻辑图。

2．特性方程

T 触发器的特性方程为

$$Q^{n+1} = T\overline{Q^n} + \overline{T}Q^n \qquad (8-4)$$

3．特性表

根据 T 触发器的状态方程可得 D 触发器的特性表（见表 8-10）。

表 8-10　T 触发器的特性表

T	Q	Q^{n+1}
0	0	0
0	1	1
1	0	1
1	1	0

4．T触发器的时序图

设 T 触发器的初态 Q=0，根据式（8-4）得 T 触发器的时序图（见图 8-15（b））。

5．状态转换图

根据画触发器状态转换图的方法可得 T 触发器的状态转换图（见图 8-15（c））。

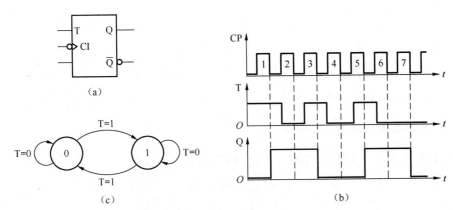

图 8-15　T 触发器的逻辑图、时序图和状态转换图

6．T′ 触发器

输入信号 T 恒等于 1 的 T 触发器称为 T′ 触发器，根据式（8-4）可得 T′ 触发器的状态方程为

$$Q^{n+1} = \overline{Q^n} \tag{8-5}$$

由式（8-5）可见，T′ 触发器的动作特点是，每输入一个触发脉冲，触发器的状态翻转一次。

8.3.5　触发器逻辑功能的转换

因 JK 触发器和 D 触发器分别是双端输入和单端输入功能最完善的触发器，所以，集成电路产品大多是 JK 触发器（如 CC4027，74LS112 等）和 D 触发器（如 CC4013，7474 等）。下面来讨论触发器逻辑功能转换的问题。

1．将 JK 触发器转换为 D 触发器

JK 触发器和 D 触发器的特性方程分别为式（8-2）：$Q^{n+1} = J\overline{Q^n} + \overline{K}Q^n$ 和式（8-3）：$Q^{n+1} = D$，JK 触发器转换为 D 触发器所要满足的条件是两式相等，即

$$Q^{n+1} = J\overline{Q^n} + \overline{K}Q^n = D = D(Q^n + \overline{Q^n}) \tag{8-6}$$

比较系数后可得

$$J = D, \quad K = \overline{D} \tag{8-7}$$

根据式（8-7）搭建的转换电路如图 8-16 所示。

2．将 JK 触发器转换为 T 触发器

根据 JK 触发器和 T 触发器的特性方程相等的条件，可得

$$Q^{n+1} = J\overline{Q^n} + \overline{K}Q^n = T\overline{Q^n} + \overline{T}Q^n \tag{8-8}$$

比较系数后可得

$$J = K = T \tag{8-9}$$

根据式（8-9）搭建的转换电路如图8-17所示。

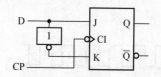

图8-16　JK转D触发器的连接图

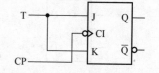

图8-17　JK转T触发器的连接图

3. 将JK触发器转换为RS触发器

根据JK触发器和RS触发器的特性方程相等的条件，可得

$$Q^{n+1} = J\overline{Q^n} + \overline{K}Q^n = S + \overline{R}Q^n$$
$$= S(Q^n + \overline{Q^n}) + \overline{R}Q^n = S\overline{Q^n} + \overline{R}SQ^n \tag{8-10}$$

比较系数后可得

$$J = S, \quad K = R\overline{S} \tag{8-11}$$

将RS触发器的约束条件RS=0代入后可得

$$J = S, \quad K = R\overline{S} = RS + R\overline{S} = R(S + \overline{S}) = R \tag{8-12}$$

根据式（8-12）搭建的转换电路如图8-18所示。由图8-18可见，JK触发器可以直接当RS触发器使用。

注意：RS触发器不能直接当JK触发器使用。

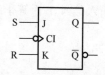

图8-18　JK转RS触发器的连接图

4. 将D触发器转换为JK触发器

根据D触发器和JK触发器状态方程相等的条件，可得

$$Q^{n+1} = D = J\overline{Q^n} + \overline{K}Q^n = \overline{\overline{J\overline{Q^n}} \cdot \overline{\overline{K}Q^n}} \tag{8-13}$$

根据式（8-13）搭建的转换电路如图8-19所示。

5. 将D触发器转换为T触发器

根据D触发器和T触发器状态方程相等的条件，可得

$$Q^{n+1} = D = T\overline{Q^n} + \overline{T}Q^n = \overline{\overline{T\overline{Q^n}} \cdot \overline{\overline{T}Q^n}} \tag{8-14}$$

根据式（8-14）搭建的转换电路如图8-20所示。

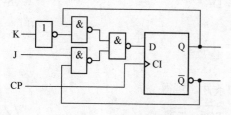

图8-19　D转JK触发器的连接图

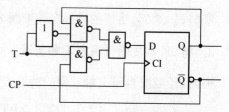

图8-20　D转T触发器的连接图

8.4　时序逻辑电路的分析方法和设计方法

由前面的知识已知，包含触发器的电路是时序逻辑电路。研究时序逻辑电路的问题与组合逻辑电路相类似也是两大类：一类是给定电路，分析该电路所具有的逻辑功能；另一类是给定逻辑问题，设计能够实现该逻辑问题的电路。

8.4.1　同步时序逻辑电路的分析方法

要分析时序逻辑电路，必须先了解时序逻辑电路的组成框图。图 8-21 所示为时序逻辑电路的组成框图。

由图 8-21 可见，时序逻辑电路由组合逻辑电路和触发器两部分组成，图中的 $X(X_1, \cdots, X_i)$ 是时序逻辑电路的输入变量，$Y(Y_1, \cdots, Y_r)$ 是时序逻辑电路的输出变量，$Z(Z_1, \cdots, Z_j)$ 是驱动存储电路（触发器）状态变化的输入变量，$Q(Q_1, \cdots, Q_r)$ 是描述触发器输出状态的状态变量。

图 8-21　时序逻辑电路的组成框图

利用组合逻辑电路的分析法，根据图 8-21 可得时序逻辑电路各变量之间的逻辑关系式为

$$Y = F_1(X, Q^n) \tag{8-15}$$

$$Z = F_2(X, Q^n) \tag{8-16}$$

$$Q^{n+1} = F_3(Z, Q^n) \tag{8-17}$$

式（8-15）称为时序逻辑电路的输出方程，式（8-16）称为时序逻辑电路的驱动方程。式（8-17）称为时序逻辑电路的状态方程。分析时序逻辑电路的一般方法步骤如下。

（1）根据已知的时序逻辑电路，写出各触发器的驱动方程（即每个触发器的输入信号的逻辑函数式）。

（2）将各触发器的驱动方程代入其特性方程，求出每个触发器的状态方程和输出方程。

（3）根据状态方程和输出方程列出该时序电路的状态表，并画出状态转换图和时序波形图。

（4）说明时序逻辑电路可实现的逻辑功能。

时序逻辑电路可分为两大类，即同步时序逻辑电路和异步时序逻辑电路。在同步时序逻辑电路中，存储电路内所有触发器的时钟输入端都接于同一个时钟脉冲源，因而所有触发器状态的变化都与所加的时钟脉冲同步。异步时序逻辑电路中，没有统一的时钟，有的触发器的时钟脉冲输入端与时钟脉冲源相连，而有的触发器的时钟脉冲输入端并不与时钟脉冲源相连。下面举两个同步时序电路的例子。

【例 8-1】　分析如图 8-22 所示电路所具有的逻辑功能。

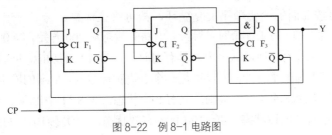

图 8-22　例 8-1 电路图

解 由图 8-22 可见，该时序逻辑电路由 3 个触发器组成，且这 3 个触发器的 CP 控制端接在一起，说明这 3 个触发器的状态翻转同时进行。在数字电路中，将 CP 控制端接在一起的时序逻辑电路称为同步时序逻辑电路。根据图 8-22 可列出该时序逻辑电路的驱动方程为

$$J_1 = K_1 = \overline{Q_3^n}$$
$$J_2 = K_2 = Q_1^n \tag{8-18}$$
$$J_3 = Q_1^n Q_2^n \qquad K_3 = Q_3^n$$

该组合逻辑电路中的触发器为 JK 触发器，JK 触发器的状态方程为 $Q^{n+1} = J\overline{Q^n} + \overline{K}Q^n$，将式（8-18）代入 JK 触发器的状态方程，可得图 8-22 所示电路的状态方程为

$$Q_1^{n+1} = J_1\overline{Q_1^n} + \overline{K}_1 Q_1^n = \overline{Q_3^n}\,\overline{Q_1^n} + Q_3^n Q_1^n$$
$$Q_2^{n+1} = J_2\overline{Q_2^n} + \overline{K}_2 Q_2^n = Q_1^n \overline{Q_2^n} + \overline{Q_1^n} Q_2^n \tag{8-19}$$
$$Q_3^{n+1} = J_3\overline{Q_3^n} + \overline{K}_3 Q_3^n = Q_1^n Q_2^n \overline{Q_3} + \overline{Q_3^n} Q_3^n = Q_1^n Q_2^n \overline{Q_3^n}$$

根据图 8-22 可列出输出方程为

$$Y = Q_3^n \tag{8-20}$$

为了分析电路所具有的逻辑功能，应根据状态方程列出时序逻辑电路的特性表，在触发器的初态 $Q_3^n Q_2^n Q_1^n = 000$ 的情况下，图 8-22 所示电路的特性表如表 8-11 所示。

表 8-11 　　　　　　　　　　　**图 8-22 所示电路的特性表**

Q_3^n	Q_2^n	Q_1^n		Q_3^{n+1}	Q_2^{n+1}	Q_1^{n+1}		Y
0	0	0		0	0	1		0
0	0	1		0	1	0		0
0	1	0		0	1	1		0
0	1	1		1	0	0		0
1	0	0		0	0	0		1
1	0	1		0	1	1		1
1	1	0		0	1	0		1
1	1	1		0	0	1		1

列特性表的方法是：将左边的 $Q_3^n Q_2^n Q_1^n$ 值作为触发器的初态，代入式（8-19）中计算出触发器的末态 $Q_3^{n+1} Q_2^{n+1} Q_1^{n+1}$，并将计算出的末态写在右边。

例如，$Q_3^n Q_2^n Q_1^n$ 为 000，表示电路的初态为 000，将这个初态的值代入状态方程可计算出末态 $Q_3^{n+1} Q_2^{n+1} Q_1^{n+1} = 001$。又如，第 5 行的 $Q_3^n Q_2^n Q_1^n$ 为 100，将这些值当做触发器的初态代入式（8-19）中可计算出末态 $Q_3^{n+1} Q_2^{n+1} Q_1^{n+1} = 000$，又回到了初始状态，此时若继续算下去，电路的状态和输出将按前面的变化顺序反复循环，故可终止计算。

根据以上的分析可知，每来 5 个时钟脉冲，电路的状态从 000 开始，经 001、010、011、100，又返回到 000 形成一次循环，所以这个电路具有对时钟信号计数的功能。同时，每经过 5 个时钟脉冲，Y 端就输出一个高电平脉冲，所以这是一个五进制计数器，Y 端的输出就是进位脉冲。因 3 个触发器输出变量所描述的 3 位二进制数共有 8 个状态，表 8-11 中出现了 5 个状态循环一次，还有 3 个状态没有出现，所以状态 000～100 称为有效状态，而状态 101～111 称为无效状态。

为了直观地描述该电路所具有的逻辑功能，还可根据表 8-11 画出电路的状态转换图如图 8-23 所示。用圆圈内加 $Q_3^n Q_2^n Q_1^n$ 的标注来表示电路的状态。

在图 8-23 中，箭头表示电路状态转换的过程，箭头旁边分式的分子表示输入信号，分母表示电路的输出信号。跳变的过程中输出为 0 的，分母写 0；输出为 1 的，分母写 1。

从状态转换图中也清楚地看出图 8-22 所示电路每输入 5 个脉冲（闭合循环圈内有 5 个箭头），电路的状态将重复一次，说明图 8-22 所示电路具有五进制计数的功能。在计数器电路中，闭合圈内的状态称为有效循环状态，闭合圈外的状态称为无效循环状态。无效循环状态在触发脉冲的作用下自动进入有效循环状态的过程称为电路自启动的过程。可以实现自启动的时序逻辑电路称为带自启动功能的时序逻辑电路。

由图 8-23 可见，图 8-22 所示的电路可以实现自启动，所以图 8-22 所示电路的全称为带自启动功能的五进制同步计数器。

电路的逻辑功能除了用特性表和状态转换图来表示外，还可以用时序图来描述。设图 8-22 所示电路的初态为 $Q_3^n Q_2^n Q_1^n = 000$，根据前面介绍的画时序图的方法，可得图 8-22 所示电路的时序图（见图 8-24）。

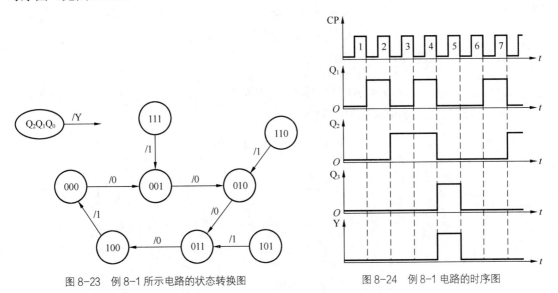

图 8-23 例 8-1 所示电路的状态转换图　　　　　图 8-24 例 8-1 电路的时序图

由图 8-24 可见，在图 8-22 所示电路的 CP 输入端输入 5 个脉冲，输出信号 Y 输出 1 个脉冲，说明输出信号频率是输入信号频率的 1/5，即五进制的计数器电路可以当五分频器使用。五分频器电路可以实现将输入信号的频率降低到 1/5 后输出的目的。

由上面的分析过程可得时序逻辑电路的分析步骤为：根据电路列驱动方程、状态方程和输出方程，根据状态方程列出特性表，画出状态转换图和工作时序图，说明电路可实现的逻辑功能。

【例 8-2】　分析如图 8-25 所示电路所具有的逻辑功能。

解　因图 8-25 所示电路的触发脉冲输入端接在一起，触发器的状态同时翻转，所以该电路是同步时序逻辑电路。根据前面所述分析时序逻辑电路的步骤，有如下分析过程。

根据图 8-25 可得电路的驱动方程为

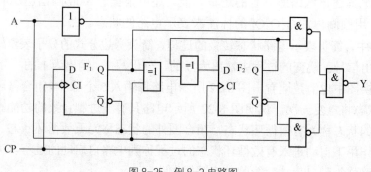

图 8-25 例 8-2 电路图

$$D_1 = \overline{Q_1^n}$$
$$D_2 = Q_1^n \oplus A \oplus Q_2^n \qquad (8\text{-}21)$$

根据 D 触发器的状态方程 $Q^{n+1} = D$，可得电路的状态方程为

$$Q^{n+1} = D_1 = \overline{Q_1^n}$$
$$Q^{n+1} = D_2 = Q_1^n \oplus A \oplus Q_2^n \qquad (8\text{-}22)$$

根据图 8-25 所示的电路可得输出方程为

$$Y = \overline{\overline{\overline{AQ_1^n Q_2^n}} \cdot \overline{\overline{\overline{A}Q_1^n Q_2^n}}} = \overline{A}Q_1^n Q_2^n + A\overline{Q_1^n Q_2^n} \qquad (8\text{-}23)$$

根据电路的状态方程可得电路的特性表如表 8-12 所示。

表 8-12　　　　　　　　　　图 8-25 所示电路的特性表

$Q_2^n Q_1^n$ ＼ $Q_2^{n+1}Q_1^{n+1}$ / Y ＼ A	0	1
0　0	01/0	11/1
0　1	10/0	10/0
1　0	11/0	01/0
1　1	00/1	00/0

列特性表的方法也是先填入电路初态 $Q_2^n Q_1^n$ 的所有组合状态以及输入信号 A 的所有组合状态，然后根据输出方程及状态方程，逐行填入当前输出 Y 的相应值，以及末态 $Q_2^{n+1}Q_1^{n+1}$ 的相应值。

根据表 8-12 所画的状态转换图如图 8-26 所示。

由图 8-26 可见，图 8-25 所示电路是四进制可逆计数器。当输入变量 A=0 时，电路为四进制递增计数器；当输入变量 A=1 时，电路为四进制递减计数器。

在数字电路中，将除了有触发脉冲 CP 输入外，还有外界输入信号 A 输入的时序逻辑电路称为米莉（Mealy）型时序逻辑电路。

在给定电路的初始状态后，根据状态表及状态图，可以画出电路的时序图。图 8-27 所示为初态 Q_2Q_1=00 时的时序图。

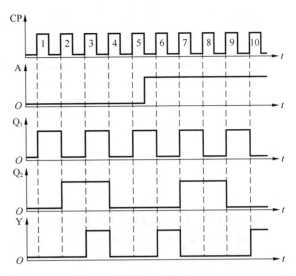

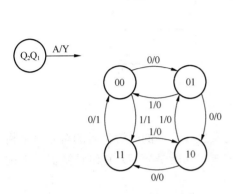

图 8-26　例 8-2 所示电路的状态转换图

图 8-27　例 8-2 电路的时序图

8.4.2　异步时序逻辑电路的分析方法

在异步时序逻辑电路中，由于没有统一的时钟脉冲，分析时必须注意触发器只有在加到其 CP 端上的信号有效时，才有可能改变状态。否则，触发器将保持原有的状态不变。故在考虑各触发器状态转变时，除了要分析触发信号外，还必须考虑其 CP 端的情况，其他的方法和步骤与同步时序逻辑电路的分析方法相同。

【例 8-3】　分析如图 8-28 所示电路所具有的逻辑功能，画出电路的时序图。

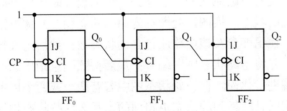

图 8-28　例 8-3 电路图

解　因图 8-28 所示电路各触发器的触发脉冲输入端没有接在一起，触发器的状态翻转不同步，所以该电路是异步时序逻辑电路。

根据图 8-28 可得各触发器的驱动方程为

$$J_0 = K_0 = 1$$
$$J_1 = K_1 = 1 \qquad\qquad (8\text{-}24)$$
$$J_2 = K_2 = 1$$

将触发器的驱动方程代入触发器的状态方程，可得电路的状态方程为

$$Q_0^{n+1} = \overline{Q_0^n} \quad \text{CP 的下降沿到来有效}$$
$$Q_1^{n+1} = \overline{Q_1^n} \quad Q_0^n \text{ 的下降沿到来有效} \qquad (8\text{-}25)$$
$$Q_2^{n+1} = \overline{Q_2^n} \quad Q_1^n \text{ 的下降沿到来有效}$$

画出时序图为

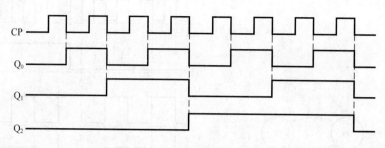

图 8-29　例 8-3 电路的波形图

由图 8-29 可见，该电路的每个触发器的状态变化均发生在它们的时钟信号的有效沿来临时，且电路每来 8 个时钟脉冲循环一次，所以此电路的逻辑功能是异步八进制计数器或 3 位二进制加法计数器。

由图 8-29 可见，计数器不仅有计数的功能，还可以当分频器使用。在计数器的 CP 控制端输入信号，从计数器 Q_0 输出端引出信号，可得到二分频的输出信号；从计数器的 Q_1 输出端引出信号，可得到四分频的输出信号；从计数器的 Q_2 输入端引出信号，可得到八分频的输出信号。

8.4.3　时序逻辑电路的设计方法

例 8-1、例 8-2 和例 8-3 详细地介绍了时序逻辑电路的分析方法，下面来介绍时序逻辑电路的一般设计方法。

（1）根据设计要求，建立原始状态图。由于时序电路在某一时刻的输出信号，不仅与当时的输入信号有关，而且与电路原来的状态有关。所以设计时序电路时首先必须分析给定的设计要求，画出其对应的状态转换图，此图称为原始状态图。具体方法是先根据给定的设计要求，确定输入变量、输出变量及该电路应包含的状态数；然后定义输入、输出逻辑状态和每个电路状态的含义，并将电路状态顺序编号；最后按照题意画出原始状态图。

（2）将原始状态图进行化简。在原始状态图中若有两个或两个以上的状态，它们在输入相同的条件下，输出相同且转换到的次态也相同的，那么这些状态称为等价状态；对电路外部特性来说，等价状态是可以合并的。将多个等价状态合并成一个状态，就可以化简状态图，从而使设计出来的电路更为简单。

（3）选择触发器类型。根据电路的状态数确定所需的触发器个数，然后导出状态方程和输出方程，最后求出触发器的驱动方程。

（4）根据输出方程和驱动方程画出逻辑电路图。

（5）检查电路能否自启动。

下面通过例题详细讨论时序逻辑电路的设计方法。

【例 8-4】　用上升沿触发的 D 触发器设计一个串行数据检测电路，该电路只有在连续输入 3 个或 3 个以上 1 时输出为 1，在其他的情况下输出都是 0。

解　设计电路，首先要进行状态分析，确定描述电路的状态数目。设电路的输入变量为 X，输出变量为 Y。本电路为串行数据检测电路，在串行数据的驱动下，电路可能的状态有：输入信号为 0，输入信号为 1，连续输入两个信号 1，连续输入 3 个和 3 个以上的信号 1。根据上面的分析可知本电路的状态数为 4，用 2 位二进制数可描述这 4 个状态。根据题意可得电路的状态转换图如图 8-30（a）所示。

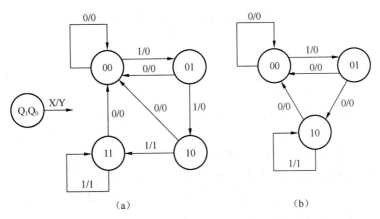

图 8-30　例 8-4 的状态转换图

由图 8-30（a）可见，状态 $Q_1^n Q_0^n = 11$ 和 $Q_1^n Q_0^n = 10$ 在相同的输入为 1 的情况下有相同的输出为 1，且电路的末态也相同（$Q_1^n Q_0^n = 11$），所以，这两个状态实际上是相同的，可以合并，合并后的状态转换图如图 8-30（b）所示。

画图 8-31（a）的方法是：根据初态值找出其所对应的最小项位置，将触发器的末态写在相应的最小项方框内分式的分子上，将此状态下时序逻辑电路的输出状态写在最小项方框内分式的分母上。

例如，当 X 为 0 时，不管初态为 00、01、10 这 3 个有效状态中的哪一个，末态都是 00，且其输出都为 0，所以在它们各自的方格里填上末态/输出，即 00/0；当 X 为 1 时，根据状态转换图 8-30（b），若初态值为 00，则所对应的最小项位置上写末态和输出状态的分式为 01/0；若初态值为 10，则所对应的最小项位置上写末态和输出状态的分式为 10/1。11 是无效状态，其末态及输出为××/×。

为了利用卡诺图进行逻辑函数式的化简，将图 8-31（a）所示的卡诺图拆成如图 8-31（b）所示的 Q_1^{n+1}、Q_0^{n+1} 和 Y 的 3 个卡诺图，每一个卡诺图都表示一个触发器的末态随初态变化的逻辑函数关系，对这些卡诺图进行化简可得时序逻辑电路中各触发器的状态方程。

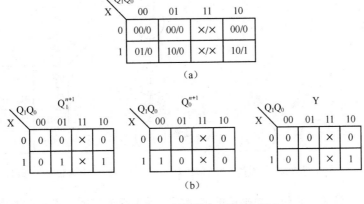

图 8-31　例 8-4 的状态变量卡诺图

选择 D 触发器，利用卡诺图化简方法对图 8-31（b）所示的各卡诺图进行化简，可得电路的状态方程和输出方程为

$$Q_1^{n+1} = XQ_0^n + XQ_1^n = X\overline{\overline{Q_1^n}\ \overline{Q_0^n}} = D_1$$

$$Q_0^{n+1} = X\overline{Q_1^n}\ \overline{Q_0^n} = D_0 \tag{8-26}$$

$$Y = XQ_1^n$$

利用 D 触发器搭建的电路如图 8-32 所示。

【例 8-5】 用下降沿触发的 JK 触发器设计一个 4 位同步二进制加法计数器。

能够实现二进制数计数功能的器件称为二进制计数器。二进制计数器有加法和减法、同步和异步之分。

1 位二进制数计数器只能对 0 和 1 两个状态进行计数，2 位二进制数计数器可计数 4 个状态，3 位二进制数计数器可计数 8 个状态，4 位二进制数计数器可计数 16 个状态。

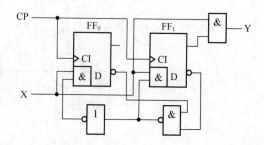

图 8-32 例 8-4 的逻辑电路图

4 位二进制数计数器是数字电路中常用的器件，4 位二进制数计数器又称为十六进制计数器，目前市场上已经有十六进制加法计数器的集成电路产品 74161，下面来讨论十六进制加法计数器的设计问题。

根据前面介绍的知识，时序逻辑电路设计的第 1 步是根据具体的逻辑问题，画出时序逻辑电路的状态转换图。设所设计的电路为 4 位同步二进制加法计数器，即十六进制加法计数器，根据计数器状态转换的特点可得十六进制加法计数器的状态转换图如图 8-33 所示。

根据时序逻辑电路的状态转换图可画出时序逻辑电路状态变量末态的卡诺图如图 8-34 所示。

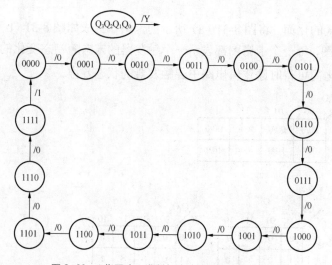

图 8-33 4 位同步二进制加法计数器的状态转换图

Q_3Q_2 \ Q_1Q_0	00	01	11	10
00	0001/0	0010/0	0100/0	0011/0
01	0101/0	0110/0	1000/0	0111/0
11	1101/0	1110/0	0000/1	1111/0
10	1001/0	1010/0	1100/0	1011/0

图 8-34 4 位同步二进制加法计数器的卡诺图

画图 8-34 的方法是：将纵、横坐标的变量当作触发器的初态，根据初态值找出初态值所

对应的最小项位置，将触发器的末态写在最小项方框内分式的分子上，将时序逻辑电路的输出状态写在最小项方框内分式的分母上。

例如，初态为 0111，在 0111 所对应的最小项位置上写末态和输出状态的分式为 1000/0。

为了利用卡诺图进行逻辑函数式的化简，将图 8-34 所示的卡诺图拆成如图 8-35 所示的 5 个卡诺图，每一个卡诺图都表示一个触发器的末态随初态变化的逻辑函数关系，对这些卡诺图进行化简可得时序逻辑电路中各触发器的状态方程。

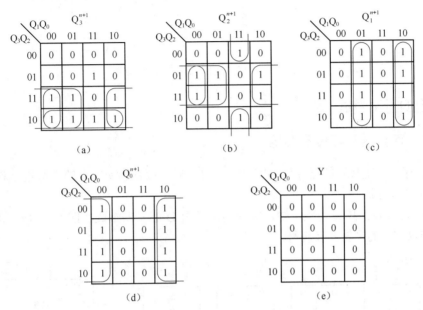

图 8-35　4 位同步二进制加法计数器各触发器的状态变量的卡诺图

根据图 8-35 可得各触发器的状态方程和输出方程为

$$Q_3^{n+1} = Q_2^n Q_1^n Q_0^n \overline{Q_3^n} + (\overline{Q_2^n} + \overline{Q_1^n} + \overline{Q_0^n})Q_3^n = Q_2^n Q_1^n Q_0^n \overline{Q_3^n} + \overline{Q_2^n Q_1^n Q_0^n} Q_3^n$$

$$Q_2^{n+1} = Q_1^n Q_0^n \overline{Q_2^n} + (\overline{Q_1^n} + \overline{Q_0^n})Q_2^n = Q_1 Q_0 \overline{Q_2^n} + \overline{Q_1^n Q_0^n} Q_2^n$$

$$Q_1^{n+1} = Q_0^n \overline{Q_1^n} + \overline{Q_0^n} Q_1^n \qquad\qquad (8\text{-}27)$$

$$Q_0^{n+1} = \overline{Q_0^n}$$

$$Y = Q_3^n Q_2^n Q_1^n Q_0^n$$

若选择 JK 触发器来搭建电路，因为 JK 触发器的状态方程为 $Q^{n+1} = J\overline{Q}^n + \overline{K}Q^n$，所以利用比较系数的方法可得电路的驱动方程为

$$J_3 = K_3 = Q_2^n Q_1^n Q_0^n$$

$$J_2 = K_2 = Q_1^n Q_0^n$$

$$J_1 = K_1 = Q_0^n \qquad\qquad (8\text{-}28)$$

$$J_0 = K_0 = 1$$

根据式（8-28）搭建的电路如图 8-36 所示。

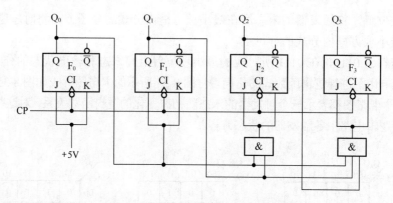

图 8-36　4 位同步二进制加法计数器逻辑图

8.5　常用的时序逻辑电路

8.5.1　寄存器和移位寄存器

可以寄存二进制代码的器件称为寄存器，可以对寄存器内所寄存的数据进行移位操作的器件称为移位寄存器。

根据 D 触发器的逻辑功能可知，寄存器可以由 D 触发器组成，图 8-37 所示的电路为 4 位寄存器 74LS75 的逻辑图及符号。

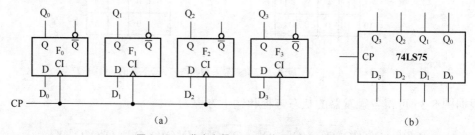

图 8-37　4 位寄存器 74LS75 的逻辑图及符号

图 8-37 所示电路的工作原理是：在 CP 脉冲信号的驱动下，寄存器将输入的数据 $D_3D_2D_1D_0$ 记住，寄存器的输出 $Q_3Q_2Q_1Q_0=D_3D_2D_1D_0$。

为了增加使用的灵活性，在寄存器的集成电路中都有附加的控制信号输入端，这些控制信号输入端主要有异步置 0、输出三态控制、移位等功能。

具有移位功能的寄存器又称为移位寄存器。移位寄存器的逻辑图如图 8-38 所示。图中的 D 称为数据信号输入端，Y 称为数据信号输出端，Q 为触发器状态信号输出端。

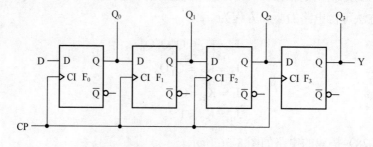

图 8-38　移位寄存器逻辑图

移位寄存器除了可以实现寄存数据的功能外，还可实现串、并行数据的转换和实现乘、除运算的功能。

例如，将一列串行数据 1101 从移位寄存器的数据信号输入端 D 输入，在触发脉冲的作用下，串行数据逐个输入移位寄存器，经 4 个触发脉冲以后，4 位串行数据全部输入移位寄存器，移位寄存器内 4 个触发器 FF_3、FF_2、FF_1、FF_0 状态信号输出端的信号 $Q_3Q_2Q_1Q_0$= 1101 是一个并行的输出数据。再输出 4 个触发脉冲，并行数据 1101 又从移位寄存器的数据信号输出端 Y 以串行数据的形式输出。移位寄存器串行数据转并行数据的时序图如图 8-39 所示。

根据图 8-39 可以详细说明串行数据转并行数据的过程。4 个触发器的初态都是 0。在第 1 个触发脉冲作用下，FF_0 接收输入的数据 1，其余的触发器接收的数据都是 0，在 $t_1 \sim t_2$ 时间间隔内，移位寄存器各触发器输出的数据为 0001；在第 2 个触发脉冲作用下，FF_0 接收输入的数据 1，FF_1 接收 Q_0 的输出数据 1，其余的触发器接收的数据都是 0，在 $t_2 \sim t_3$ 时间间隔内，移位寄存器各触发器输出的数据为 0011；在第 3 个触发脉冲作用下，FF_0 接收输入的数据 0，FF_1 接收 Q_0 的输出数据 1，FF_2 接收 Q_1 的输出数据 1，FF_3 接收 Q_2 的输出数据 0，在 $t_3 \sim t_4$ 时间间隔内，移位寄存器各触发器输出的数据为 0110；在第 4 个触发脉冲作用下，FF_0 接收输入的数据 1，FF_1 接收 Q_0 的输出数据 0，FF_2 接收 Q_1 的输出数据 1，FF_3 接收 Q_2 的输出数据 1，在 $t_4 \sim t_5$ 时间间隔内，移位寄存器各触发器输出的数据为 1101。

移位寄存器除了可实现上述数据转换的功能外，还可实现乘、除的运算功能。

例如，将数据 0001 向高位移一位，变成 0010，等效于将原数据乘以 2；向高位移两位，变成 0100，等效于原数据乘以 4。依次类推，可得在多位二进制数的情况下，低位的数据向高位移 n 位，等效于原数据乘以 2^n。

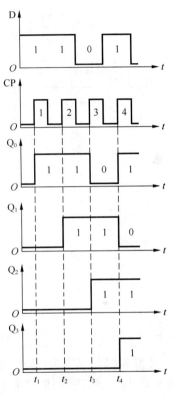

图 8-39　移位寄存器数据转换示意图

反过来，将数据 1000 的高位向低位移一位，等效于原数据除以 2，向低位移两位，等效于将原数据除以 4。依次类推，可得在多位二进制数的情况下，高位的数据向低位移 n 位，等效于原数据除以 2^n。

为了便于扩展移位寄存器的功能和增加使用的灵活性，集成电路的移位寄存器产品通常附加有左、右移位控制，并行数据输入，保持和复位等功能控制输入端。图 8-40 所示为 4 位双向移位寄存器 74LS194 的逻辑图和符号。

正确使用 74LS194 的关键是了解 74LS194 器件的功能表，74LS194 的功能表如表 8-13 所示。

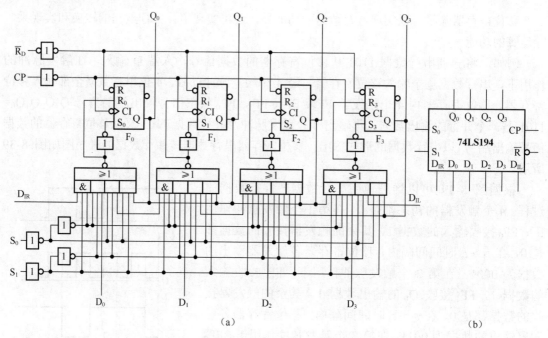

图 8-40　双向移位寄存器 74LS194 的逻辑图及符号

表 8-13　　　　　　　　　　　　　　**74LS194 的功能表**

R_D	S_1	S_0	工 作 状 态
0	×	×	置零
1	0	0	保持
1	0	1	右移
1	1	0	左移
1	1	1	并行输入

【**例 8-6**】　在如图 8-41（a）所示的电路中，设输入信号 M 和 N 保持不变，试分析在如图 8-41（b）所示信号的作用下，t_4 时刻以后，输出信号 Y 与输入信号 M 和 N 的逻辑关系。

解　图 8-41（a）所示的电路由 4 片双向移位寄存器 74LS194 和两片 4 位加法器 74283 组成 8 位并行数据加法器。

图 8-41（a）所示的电路在图 8-41（b）所示的输入信号驱动下的工作情况是：在 $t_1 \sim t_2$ 的时间内，因 $S_1S_0=11$，根据移位寄存器 74LS194 的功能表可知，移位寄存器处在并行数据输入的工作状态下，并行数据 M 和 N 分别从两片移位寄存器的输入端输入；在 $t_2 \sim t_3$ 的时间内，因 $S_1S_0=01$，根据移位寄存器 74LS194 的功能表可知，移位寄存器处在数据右移的工作状态下，并行数据 M 和 N 在两片移位寄存器中同时将原输入的并行数据向高位移一位，原数据变成 2M 和 2N；在 t_3 以后的时间内，因 $S_1S_0=01$ 保持不变，移位寄存器还处在数据右移的工作状态下，但在此期间 CP_2 没有上升沿的触发脉冲，所以并行数据 2N 保持不变，CP_1 连续输入两个脉冲上升沿，将 2M 的数据再右移两位变成 8M；在 t_4 以后的时间内，因没有了触发脉冲的作用，移位寄存器中的数据保持 8M 和 2N 不变。8M 和 2N 的数据输入加法器中进行并行数据的相加，最后的输出结果 Y 为

$$Y = 8M + 2N$$

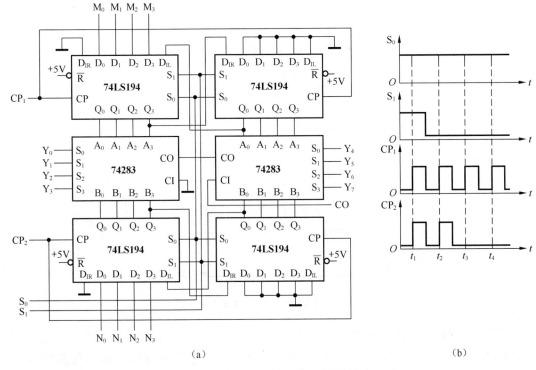

（a）　　　　　　　　　　　　　　　　（b）

图 8-41　例 8-6 电路图及输入信号波形图

8.5.2　同步计数器

1．4 位二进制同步计数器

在数字电路中，将能够实现计数逻辑功能的器件称为计数器，计数器计数的脉冲信号是触发器输入的 CP 信号。

数字电路所接触到的计数器种类繁多，对计数器按进制来分有二进制、十进制和任意进制的计数器；按触发方式来分有同步和异步计数器；按计数的规则来分有加法和减法计数器等。

描述计数器的一个重要参数称为计数器的计数容量。计数器容量的定义是：计数器所能够记忆的输入脉冲个数。

因例 8-1 所分析的时序逻辑电路能够记忆的输入脉冲个数是 5，所以例 8-1 所示电路的计数容量为 5，又称为五进制加法同步计数器。

因例 8-5 所设计的 4 位二进制同步计数器能够记忆的输入脉冲个数是 16，所以，例 8-5 所示电路的计数容量为 16，又称为十六进制加法同步计数器。

计数器的容量又称为计数器的长度或模，简称计数容量。由上面的分析可见，计数容量描述了计数器电路所能够输出的有效状态数。若用 n 表示计数器输出的二进制数的位数，则该计数器的最大计数容量 M 为 2^n。

前面的例 8-5 题已分析过，用 JK 触发器构成的 4 位二进制加计数器的状态转换图为图 8-33，共 16 个状态，其时序图如图 8-42 所示。

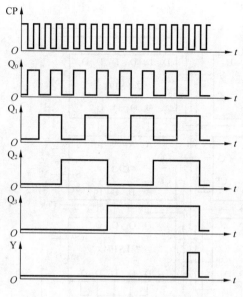

图 8-42　4 位同步二进制计数器的时序图

由图 8-42 可见，若将 CP 当作输入的基准信号，从 Q_0 引出输出信号，因 Q_0 是触发器 FF_0 的输出信号端，单个触发器组成二进制计数器，所以触发器 FF_0 组成二分频电路，从 Q_0 引出信号的频率是 CP 信号频率的 1/2；若从 Q_1 引出输出信号，因 Q_1 是触发器 FF_1 的输出信号端，两个触发器组成四进制计数器，所以触发器 FF_0 和 FF_1 组成四分频电路，从 Q_1 引出信号的频率是 CP 信号频率的 1/4；同理可得从 Q_2 引出信号的频率是 CP 信号频率的 1/8，从 Q_3 引出信号的频率是 CP 信号频率的 1/16，Y 是计数器中当 $Q_3 Q_2 Q_1 Q_0 = 1111$ 时产生的一个进位信号。

若将例 8-5 电路中触发器 FF_1、FF_2 和 FF_3 的驱动方程表达式（8-28）改为如下面表达式所示，并按其表达式关系去连接电路，则可构成 4 位同步减法计数器。

$$J_3 = K_3 = \overline{Q_2^n Q_1^n Q_0^n}$$
$$J_2 = K_2 = \overline{Q_1^n Q_0^n}$$
$$J_1 = K_1 = \overline{Q_0^n}$$
$$J_0 = K_0 = 1$$

（8-29）

若在电路中将加法计数器和减法计数器的控制电路合并，再通过一根加/减控制线选择加计数或减计数，就可构成加/减计数器。

在实际生产的计数器芯片中，为了增加芯片的功能和使用的灵活性，通常在电路中附加有扩展功能的控制输入端。4 位同步二进制数计数器 74161 的逻辑图如图 8-43（a）所示，图 8-43（b）所示为 74161 的符号。

由图 8-43（a）可见，集成电路 74161 具有并行数据输入端 D_3、D_2、D_1、D_0，置零（复位）控制信号输入端 $\overline{R}$，预置数控制信号输入端 $\overline{LD}$，工作状态控制端 EP 和 ET。正确使用 74161 的关键是熟悉这些输入控制端引脚的功能，74161 输入控制端引脚的功能表如表 8-14 所示。

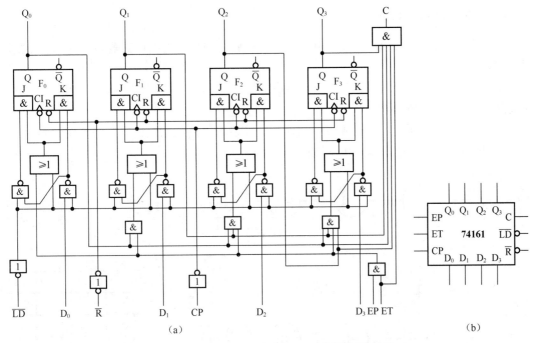

图 8-43　4 位同步二进制计数器 74161 的逻辑图及符号

表 8-14　　　　　　　　　　　　74161 输入控制端引脚的功能表

CP	$\overline{R}$	$\overline{LD}$	EP	ET	工 作 状 态
×	0	×	×	×	置零
⊓	1	0	×	×	预置数
×	1	1	0	1	保持
×	1	1	×	0	保持（但 C=0）
⊓	1	1	1	1	计数

由表 8-14 可见，74161 具有以下功能。

（1）异步清零：$\overline{R}=0$ 时，计数器被置零（复位），不管其他输入端的状态如何（包括时钟信号 CP），计数器的输出将被直接置零，即 $Q_3Q_2Q_1Q_0=0000$，称为异步清零。

（2）同步并行预置数：当 $\overline{R}=1$、$\overline{LD}=0$，且有时钟脉冲 CP 的上升沿作用时，计数器进入预置数的状态，此时并行数据输入端的并行数据 $D_3D_2D_1D_0$ 输入计数器，计数器的末态为 $Q_3Q_2Q_1Q_0= D_3D_2D_1D_0$。

（3）保持：在 $\overline{R}=1$、$\overline{LD}=1$ 的条件下，当 EP·ET=0 时，即两个计数器使能控制端中有 0 时，不管有无 CP 脉冲作用，计数器都将保持原有状态不变（停止计数）。注意，当 EP=0、ET=1 时，进位输出 C 也保持不变；而当 ET=0 时，不管 EP 状态如何，进位输出 C=0。

（4）当 $\overline{R}=1$、$\overline{LD}=1$，且 EP=ET=1 时，计数器才工作在计数的状态下。

74LS191 是带有异步预置数功能的十六进制加/减计数器。另外，74LS193 是带有异步置零和预置数功能的双时钟同步十六进制加/减计数器。

2. 同步十进制计数器

能够实现十进制数计数功能的器件称为十进制计数器。十进制计数器同样有加法和减法、同步和异步之分。

设计同步十进制计数器的第一步也是画出时序逻辑电路的状态转换图，同步十进制加法计数器的状态转换图如图 8-44 所示。

根据图 8-44 所示的状态转换图，可画出时序逻辑电路状态变量末态的卡诺图如图 8-45 所示。图 8-45 中打×的各项表示电路的无关项。

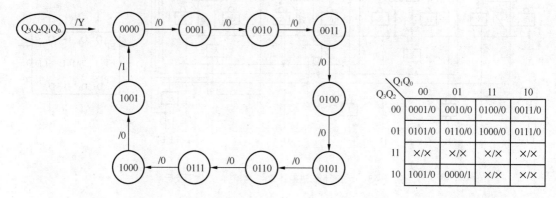

图 8-44 同步十进制加法计数器状态转换图　　　图 8-45 同步十进制计数器的卡诺图

为了利用卡诺图进行逻辑函数式的化简，必须将图 8-45 所示的卡诺图拆成如图 8-46 所示的 5 个卡诺图。

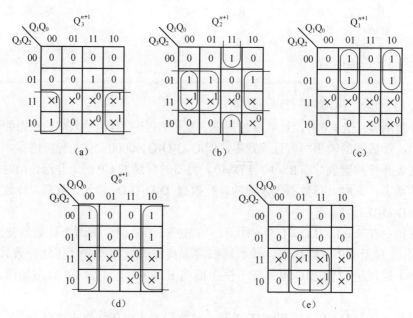

图 8-46 同步十进制计数器状态变量的卡诺图

根据卡诺图化简的方法，可得时序逻辑电路中各触发器的状态方程和输出方程为

$$Q_3^{n+1} = Q_2Q_1Q_0\overline{Q_3} + \overline{Q_0}Q_3$$

$$Q_2^{n+1} = Q_1Q_0\overline{Q_2} + (\overline{Q_1} + \overline{Q_0})Q_2 = Q_1Q_0\overline{Q_2} + \overline{Q_1Q_0}Q_2$$

$$Q_1^{n+1} = \overline{Q_3}Q_0\overline{Q_1} + (\overline{Q_0} + Q_3)Q_1 = \overline{Q_3}Q_0\overline{Q_1} + \overline{\overline{Q_3}Q_0}Q_1 \tag{8-30}$$

$$Q_0^{n+1} = \overline{Q_0}$$

$$Y = Q_3Q_0$$

注意:

（1）为了书写方便，在分析过程中将 $Q_3^n Q_2^n Q_1^n Q_0^n$ 分别用 $Q_3 Q_2 Q_1 Q_0$ 来表示。

（2）上面对 Q_3^{n+1} 和 Q_1^{n+1} 进行化简的方法与前面介绍的内容有所差别。

在对 Q_1^{n+1} 进行化简时，根据前面介绍的知识，最小项 m_{15} 和 m_{11} 应取 0，此时 Q_1^{n+1} 的最简表达式为 $Q_1^{n+1} = \overline{Q_3}Q_0\overline{Q_1} + \overline{Q_0}Q_1$，比式（8-30）中的 Q_1^{n+1} 表达式更简单，但对称性不好。在搭建计数器电路时，为了使电路具有很好的对称性，通常令 JK 触发器的输入信号 J=K，在这种情况下，JK 触发器转化成 T 触发器，使用 T 触发器搭建电路可以实现电路的对称性。为了使 Q_1^{n+1} 的状态方程与 T 触发器的状态方程 $Q^{n+1} = T\overline{Q} + \overline{T}Q$ 相对应，特将最小项 m_{15} 和 m_{11} 的值取 1，化简得到式（8-30）所示的结果。

根据前面介绍的知识可知，对 Q_3^{n+1} 进行化简时，最小项 m_{15} 若取"1"，Q_3^{n+1} 的最简表达式为 $Q_3^{n+1} = Q_2Q_1Q_0 + \overline{Q_0}Q_3$，该式虽然比式（8-30）中 Q_3^{n+1} 的表达式更简单，但 Q_3^{n+1} 最简表达式的第一项中不含触发器的初态 Q_3 项，列触发器的驱动方程时需采用配项的方法将触发器的初态 Q_3 项前的系数求出，比较麻烦。为了避免配项的麻烦，利用卡诺图进行触发器状态方程的化简时，不能盲目地追求状态方程的最简而将触发器的初态消掉。正确的化简法是：注意保留触发器的初态，并使初态前的系数为最简。

在利用 T 触发器搭建电路时还要对 Q_3^{n+1} 的状态方程进行处理，使 Q_3^{n+1} 状态方程的形式与 T 触发器状态方程的形式相对应。处理的过程如下：

$$\begin{aligned}
Q_3^{n+1} &= Q_2Q_1Q_0\overline{Q_3} + \overline{Q_0}Q_3 = Q_2Q_1Q_0\overline{Q_3} + Q_0\overline{Q_3}Q_3 + \overline{Q_0}Q_3 \\
&= (Q_2Q_1Q_0 + Q_0Q_3)\overline{Q_3} + \overline{Q_0}Q_3 \\
&= (Q_2Q_1Q_0 + Q_0Q_3)\overline{Q_3} + \overline{Q_0}Q_3 + Q_0\overline{Q_3}Q_3 \\
&= (Q_2Q_1Q_0 + Q_0Q_3)\overline{Q_3} + (\overline{Q_0} + Q_0\overline{Q_3})Q_3 \\
&= (Q_2Q_1Q_0 + Q_0Q_3)\overline{Q_3} + (\overline{Q_0} + \overline{Q_3})Q_3 \\
&= (Q_2Q_1Q_0 + Q_0Q_3)\overline{Q_3} + \overline{\overline{Q_0}Q_3}Q_3 \\
&= (Q_2Q_1Q_0 + Q_0Q_3)\overline{Q_3} + \overline{Q_0}Q_3Q_3(\overline{Q_2Q_1Q_0} + Q_2Q_1Q_0) \\
&= (Q_2Q_1Q_0 + Q_0Q_3)\overline{Q_3} + \overline{Q_0}Q_3Q_3\overline{Q_2Q_1Q_0} + \overline{Q_0}Q_3Q_0Q_3Q_2Q_1 \\
&= (Q_2Q_1Q_0 + Q_0Q_3)\overline{Q_3} + \overline{Q_0}Q_3Q_3\overline{Q_2Q_1Q_0} \\
&= (Q_2Q_1Q_0 + Q_0Q_3)\overline{Q_3} + \overline{(Q_2Q_1Q_0 + Q_0Q_3)}Q_3
\end{aligned} \tag{8-31}$$

注意: 在上面运算的过程中使用了 $Q_0\overline{Q_3}Q_3 = 0$ 和 $\overline{Q_0}Q_3Q_0Q_3Q_2Q_1 = 0$ 的关系。

根据式（8-31）和式（8-30）可得触发器的驱动方程为

$$T_3 = Q_2 Q_1 Q_0 + Q_0 Q_3$$
$$T_2 = Q_1 Q_0$$
$$T_1 = Q_0 \overline{Q_3}$$
$$T_0 = 1$$

(8-32)

根据式（8-32）搭建的电路如图 8-47 所示。

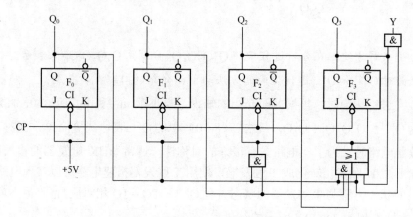

图 8-47　同步十进制计数器的逻辑图

十进制计数器内部含有 4 个触发器，4 个触发器可输出 4 位二进制数，4 位二进制数可描述 16 种状态。而十进制计数器仅用这 16 种状态中的 10 种，还有 6 种状态作为电路的无关项没有用。

计数器在正常工作的状态下，电路的状态应处在有效循环的圈内，这些无关项将不会出现。但是，计数器在刚接通电源工作的时候，这些无关项有可能出现。当无关项出现的时候，电路处在无效循环的工作状态下，在触发脉冲的作用下，电路的状态可以从无效循环自动进入有效循环的过程称为自启动。为了计数器工作的稳定，要求计数器应工作在能够自启动的状态下。为了保证所设计的计数器可以自启动，电路设计完之后，应对所设计的电路进行自启动的分析。

当自启动分析证明所设计的电路具有自启动的功能时，所设计的电路才是合理的。若自启动分析证明所设计的电路没有自启动的功能，应改进电路的设计使电路具有自启动的功能。根据例 8-3 所介绍的方法可得图 8-47 所示电路包含自启动过程的状态转换图，如图 8-48 所示。

由图 8-48 可见，图 8-47 所示的电路具有自启动的功能。在图 8-47 所示电路的基础上增加与 74161 芯片相同的控制信号输入端即可组成同步十进制加法计数器集成电路芯片 74160。图 8-49（a）所示为 74160 芯片的逻辑图，图 8-49（b）所示为 74160 芯片的符号。

正确使用 74160 芯片的关键也是熟悉这些输入控制端引脚的功能，因 74160 芯片输入控制端引脚的功能与 74161 芯片输入控制端引脚的功能完全相同，所以表 8-14 也是 74160 芯片输入控制端引脚的功能表。

依照设计同步十进制加法计数器的方法同样可设计出同步十进制减法计数器。目前常用的同步十进制减法计数器集成芯片有 CC14522 等，另外还有同步十进制加/减计数器如

74LS190、74LS168、CC4510（单时钟）、74LS192、CC40192（双时钟）等。

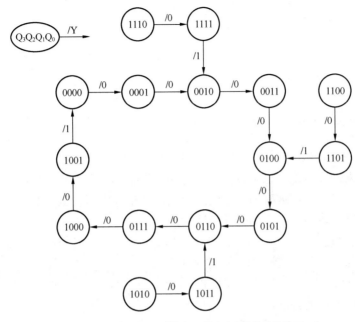

图 8-48 时序逻辑电路检查自启动过程的状态转换图

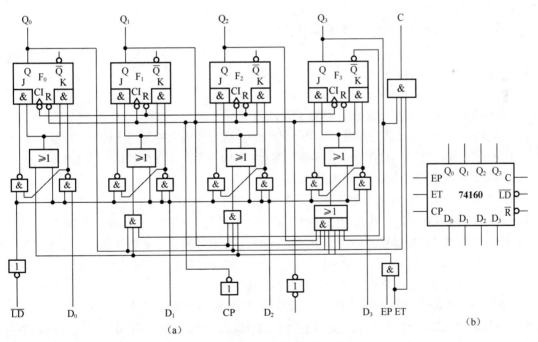

图 8-49 74160 芯片的逻辑图和符号

典型的同步十进制可逆计数器芯片是 74LS190，74LS190 芯片在不同的输入控制信号作用下，可实现加法或减法计数的功能。74LS190 输入控制端引脚的功能表如表 8-15 所示。74LS190 的符号与 74160 芯片的符号相同，差别仅在状态控制端引脚的名称上。

表 8-15   74LS190 输入控制端引脚的功能表

CP	$\overline{S}$	$\overline{LD}$	$\overline{U}/D$	工 作 状 态
×	1	1	×	保持
×	×	0	×	预置数
⊓	0	1	0	加法计数
⊓	0	1	1	减法计数

3. 任意进制的计数器

能够实现 N 进制计数功能的计数器称为任意进制的计数器。任意进制的计数器可以利用前面介绍的方法来设计实现，也可以利用现有的十进制或十六进制集成电路计数器通过适当的连接来实现。显然，利用现有的十进制或十六进制集成电路计数器通过适当的连接来实现任意进制的计数器比较简单，下面来介绍连接的方法。

（1）$N<M$ 的情况

设已有 M 进制的集成电路芯片，现要将该芯片改成 N 进制的计数器，且 $N<M$。下面以一个具体的例子来说明连接的方法。

【例 8-7】 用十进制加法计数器芯片 74160 组成同步七进制加法计数器。

解 在 74160 的状态转换图上设法将 3（10−7=3）个状态跳跃掉，即可组成七进制的计数器，七进制加法计数器的状态转换图如图 8-50 所示。

图 8-50 说明在十进制加法计数器上设法将

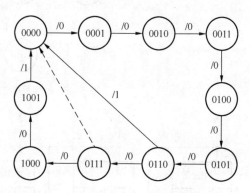

图 8-50 七进制加法计数器的状态转换图

0111、1000 和 1001 3 个状态跳跃掉，将十进制的计数器变成七进制的计数器。根据 74160 芯片的功能表可知，跳跃可以在异步置零输入端 $\overline{R}$ 或预置数输入端 $\overline{LD}$ 加适当的信号来实现。图 8-50 说明了两种不同的连接方法的跳跃情况。

若选择异步置零输入端 $\overline{R}$ 作为跳跃控制信号的输入端，因 74160 异步置零输入端 $\overline{R}$ 动作的特点是：当 $\overline{R}=0$ 时，计数器内部的触发器马上全部复位，输出为 0000。根据 74160 动作的这个特点可知，计数器状态转换图中的状态 0111 为七进制计数器的暂稳态，当该状态出现时，74160 异步置零信号输入端 $\overline{R}=0$，将计数器内部的触发器全部复位，计数器回到初态输出为 0000，图 8-50 虚线箭头即代表异步置零的跳跃过程。

利用 74160 异步置零控制端改接的七进制计数器如图 8-51（a）所示。

由图 8-51（a）可见，当 74160 的输出为 0111 时，与非门 G 输出为"0"，该信号输入 74160 的异步置零输入端 $\overline{R}$，使计数器的异步置零输入端 $\overline{R}=0$，将计数器内部的触发器全部复位，计数器将 0111、1000、1001 3 个状态跳跃掉，计数器的输出为 0000，形成七进制计数器。

因图 8-51（a）中将 1001 状态跳跃掉，与该状态相关联的进位信号 C 同时也被跳跃掉，利用非门电路，按如图 8-51（a）所示的连接方法，可从与非门 G 的输出信号中引出进位信号 C。

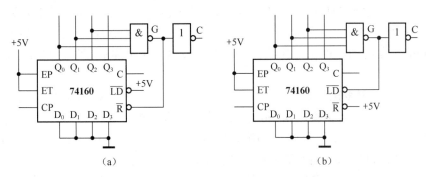

图 8-51　将 74160 改成七进制计数器的连接图

图 8-51（b）所示为利用 74160 芯片预置数的功能来实现的七进制计数器。因 74160 预置数输入端 $\overline{LD}$ 动作的特点是：当 $\overline{LD}$ =0 时，计数器进入预置数的工作状态，在触发脉冲的作用下，并行数据输入端 $D_3D_2D_1D_0$ 的数据输入计数器，使计数器的输出 $Q_3Q_2Q_1Q_0=D_3D_2D_1D_0$。根据 74160 动作的这个特点可知，计数器状态转换图中的状态 0110 为七进制计数器预置数信号产生的状态，当该状态出现时，与非门电路 G 输出为 0，该信号输入 74160 预置数输入端 $\overline{LD}$，使 74160 进入预置数的工作状态，在触发脉冲的驱动下，并行数据输入端 $D_3D_2D_1D_0=0000$ 的数据输入计数器，使计数器回到初态，计数器的输出 $Q_3Q_2Q_1Q_0=0000$，将计数器的 0111、1000、1001 这 3 个状态全部跳跃掉，十进制计数器就变成七进制计数器。图 8-51（b）中的非门电路也用来产生进位信号 C。

由上面的分析过程可见，用异步置零输入端 $\overline{R}$ 和预置数输入端 $\overline{LD}$ 来改接电路时，产生 $\overline{R}$ 和 $\overline{LD}$ 译码信号的状态不相同。因 $\overline{R}$ 的动作特点是直接置零，所以产生 $\overline{R}$ =0 信号的状态是电路的暂稳态，该状态在电路工作的过程中仅短暂出现，以产生 $\overline{R}$ =0 的置零信号，随着触发器置零工作的完成，该状态自动消失。产生置零信号的暂稳态就是计数器的进制 N。

例如，产生七进制计数器置零信号的暂稳态即为 0111，即二进制数的 7；产生五进制计数器置零信号的暂稳态为 0101，即二进制数的 5。

因 $\overline{LD}$ 动作的特点是：$\overline{LD}$ =0 时计数器进入预置数（等待置数）的状态，在 CP 触发脉冲的作用下，计数器置数，将并行数据输入端的数据 0000 输入计数器，使计数器的输出数据等于并行数据输入端的数据 0000，所以产生预置数输入信号 $\overline{LD}$ =0 的状态是计数器的进制减 1。

例如，产生七进制计数器预置数信号 $\overline{LD}$ =0 的状态是 0110，即二进制数的 6（7–1）；产生五进制计数器预置数信号 $\overline{LD}$ =0 的状态是 0100，即二进制数的 4（5–1）。

因图 8-51（a）所示的电路存在着置零信号持续时间极短，在触发器复位的速度不相同的情况下，可能产生复位动作慢的触发器复位动作还未完成时，复位信号已经消失，导致电路产生没有完全复位的误动作，所以，图 8-51（a）所示电路工作的可靠性较差。利用 RS 触发器来延长触发器复位信号的持续时间可改进图 8-51（a）电路工作的可靠性，改进后的电路如图 8-52 所示。

图 8-52 所示电路的工作原理是：当触发器的输出信号为 0110 时，在 CP 脉冲上升沿的触发下，计数器进入暂稳态 0111，与非门 G 输出低电平信号"0"将基本 RS 触发器置位，从基本 RS 触发器的 Q 输出端产生进位输出的高电平信号，从基本 RS 触发器的 $\overline{Q}$ 输出端产

生低电平置零信号输入 74160，使 74160 内部的计数器复位，与非门 G 输出为高电平 1；在 CP 脉冲为高电平 1 的期间，基本 RS 触发器在 $\overline{RS}=11$ 信号的驱动下进入保持的状态，延长了复位信号的持续时间，以保证计数器内部的触发器完全可靠的复位，提高电路工作的可靠性。

当输入的 CP 信号变成低电平 0 时，低电平 0 的信号使基本 RS 触发器复位，输出 Q=0，$\overline{Q}=1$，74160 的复位信号消失，74160 进入正常的计数状态。

由上面的分析可见，采用异步置零输入端改进电路较麻烦，所以，在实际电路中通常是采用图 8-51（b）所示的电路进行任意进制计数器的改接。

若实际的电路只要求是七进制的计数器，并不一定要从 0000 开始计数，还可以采用如图 8-53 所示的电路连接七进制计数器。

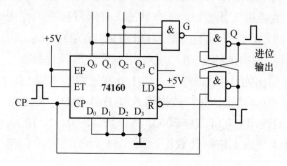

图 8-52 延长复位信号的连接图

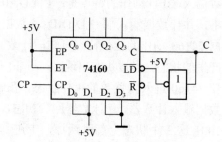

图 8-53 七进制计数器的连接图

图 8-53 所示电路的工作原理是：当 74160 的状态为 1001 时，74160 的进位信号输出端 C 输出高电平的进位信号，该信号经非门电路产生 $\overline{LD}=0$ 的预置数信号输入 74160 的预置数信号输入端，使 74160 进入预置数的工作状态，在 CP 触发脉冲的驱动下，74160 将并行数据输入端的信号 0011 输入计数器，使计数器的状态变成 0011，将 74160 的 3 个状态 0000、0001 和 0010 跳跃掉，组成七进制的计数器。

（2）N>M 的情况

在 N>M 的情况下，必须用多片 M 进制的计数器组合成 N 进制的计数器。在组合的过程中，片与片之间的连接方式有串行进位和并行进位两种，进制改变的方法也有整体复位和整体置数两种，下面以具体的例子来说明任意进制计数器的组成方法。

【例 8-8】　用十六进制加法计数器 74161 组成同步六十进制加法计数器。

解　因六十进制计数器的 N 大于十六进制计数器的 M，所以，要用两片 74161 来组成六十进制的计数器。

因 60 可写成 10×6，也可写成 5×12 等，这种情况说明，在 N 可分解为两个小于 M 的因数 M_1 和 M_2 相乘时，可采用串行进位或并行进位的方式将进制分别为 M_1 和 M_2 的两个计数器串联组成 N 进制的计数器。以 10×6 为例，用串行进位方式组成的六十进制计数器如图 8-54 所示。

该电路的工作原理是：芯片 74161（1）组成十进制的计数器，芯片 74161（2）组成六进制计数器。当芯片 74161（1）的输出为 1001 时，其与非门的输出为低电平信号，该输出信号除了产生芯片 74161（1）所需的预置数 $\overline{LD}=0$ 的信号外，还作为芯片 74161（2）的触发信号，但由于 74161（2）是在 CP_2 的上升沿触发，故此时芯片 74161（2）并没计数。当下一个 CP_1 上升沿来时，74161（1）的 Q_3、Q_2、Q_1、Q_0 置成 0000，74161（1）的与非门输出高电平，在 CP_2 上升沿作用下，触发芯片 74161（2）计数一次。

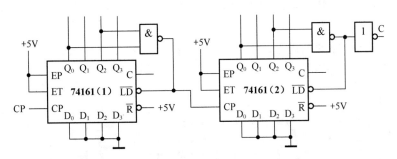

图 8-54 用串行进位方式组成的六十进制计数器

上述的工作过程说明，芯片 74161（1）计数 10 个脉冲，芯片 74161（2）计数 1 个脉冲。两个计数器之间的进制为十进制，两个计数器进制数相乘的结果为六十，组成六十进制的计数器。

由图 8-54 可见，串行进位连接方式的特点是第 1 片的进位信号与第 2 片的触发脉冲信号以串联的形式相连接，所以称为串行进位连接方式。工作在串行进位连接方式的两片计数器处在异步工作的状态下，因这种工作状态不利于整体复位或置数功能的实现，所以在实际电路中通常采用并行进位的方式来连接电路。用并行进位方式组成的六十进制计数器如图 8-55 所示。

由图 8-55 所示可见，并行进位方式两片计数器的触发信号是相同的，工作在同步计数的状态下。

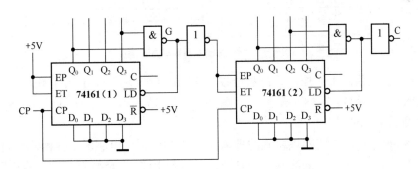

图 8-55 用并行进位方式组成的六十进制计数器

并行进位方式计数器的工作原理是：在工作的过程中，因芯片 74161（1）的 EP 和 ET 控制端接高电平信号 1，该芯片始终工作在计数的状态下；因芯片 74161（2）的 EP 和 ET 控制端通过非门电路与芯片 74161（1）与非门 G 的输出信号相接，只有当与非门 G 输出低电平时，芯片 74161（2）才进入计数的工作状态，反之芯片 74161（2）不计数。

由图 8-55 可见，芯片 74161（1）为十进制计数器，芯片 74161（2）为六进制计数器。当芯片 74161（1）的状态为 1001 时，与非门 G 输出低电平，该信号通过非门电路成为高电平，使芯片 74161（2）的 EP 和 ET 控制端为高电平，芯片 74161（2）进入计数的状态，在下一个触发脉冲上升沿的驱动下，芯片 74161（1）回到初态 0000 的同时，芯片 74161（2）计数一个输入脉冲后退出计数的状态。

综上所述，图 8-55 电路动作的特点是：第 1 片芯片计数 10 个脉冲，第 2 片芯片只计数 1 个脉冲，两片计数器进制数相乘的结果为 60，所以图 8-55 所示的电路为六十进制计数器。

在图 8-55 所示电路的基础上，接上显示译码器和七段字符显示器即可组成如图 8-56 所示的六十进制计数器数码显示电路。

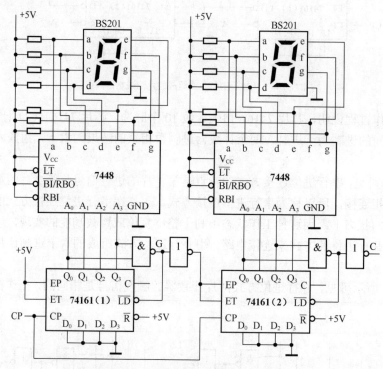

图 8-56　六十进制计数器数码显示电路

图 8-56 所示电路的工作原理是：从计数器 74161（1）和 74161（2）输出的二进制数代码，分别输入显示译码器 7448 的数据输入端，驱动数码显示管显示 0～9 和 0～5 的数码，给出六十进制数码显示的结果。

若给图 8-56 所示的电路提供精确的秒脉冲信号 CP，则可组成电子钟秒针时间显示电路。再搭建一个与图 8-56 完全相同的六十进制计数器显示电路，并将秒针时间显示电路的进位输出信号作为该电路的触发脉冲信号，即可组成电子种的分针时间显示电路。在分针时钟显示电路的前面再加一级十二进制或二十四进制的计数器显示电路，并将分针时间显示电路的进位输出信号作为该电路的触发脉冲信号，即可组成时钟时间显示电路。

时钟时间显示电路、分针时间显示电路和秒针时间显示电路组合起来，即可组成用数码显示的电子钟。利用计数器组成的分频器，对晶体振荡器输出的高频信号进行分频处理后，即可获得电子钟所需的秒脉冲信号。

例 8-8 说明的是 $N=M_1 \times M_2$ 的情况，当 N 不能写成 $M_1 \times M_2$ 的情况下，必须用整体置数或整体置零的方法来组成任意进制的计数器。

整体置数的特点是：多片计数器采用并行进位的连接方式，且各计数器预置数输入控制端 $\overline{LD}$ 连接在一起。

整体置零的特点是：多片计数器采用并行进位的连接方式，且各计数器置零输入控制端 $\overline{R}$ 连接在一起。

因整体置数电路较整体置零电路工作的可靠性高，所以，实际电路大多是采用整体置数的连接方法。采用整体置数连接方法的电路如图 8-57 所示。

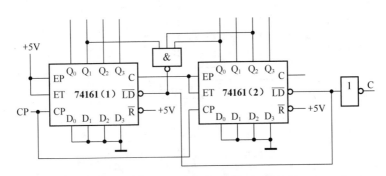

图 8-57　整体置数法组成的任意进制计数器

【例 8-9】　试分析图 8-57 所示电路的进制数，并说明该电路的分频比是多少。

解　图 8-57 所示的电路是由两级并行进位方式组成的任意进制计数器，其中的 74161（1）芯片的 EP 和 ET 控制端接高电平，该芯片在任何时刻都处在计数的工作状态下，该芯片的输出信号为任意进制计数器输出二进制数的低位；因 74161（2）芯片的 EP 和 ET 控制端接 74161（1）芯片的进位信号输出端 C，所以 74161（2）芯片只有在 74161（1）芯片有进位输出信号时才处在计数的工作状态下。因 74161 为十六进制的计数器，所以 74161（2）芯片计数状态的特点是输入 16 个脉冲，74161（2）只计数一个脉冲。

因图 8-57 所示电路的两个计数器芯片的预置数输入控制端 $\overline{LD}$ 相连，所以，该电路为整体置数连接方式的任意进制计数器，预置数信号由与非门电路的输出来提供。由图 8-57 可见，当芯片 74161（2）的输出为 0101，芯片 74161（1）的输出为 0010 时，由与非门输出为低电平 0 的信号。在该信号的作用下，图 8-57 所示的计数器电路将进入预置数的工作状态，在下一个 CP 信号的驱动下，图 8-57 所示的电路回到初态 00000000。综上所述，可得图 8-57 所示计数器电路的进制 N 为

$$N = 01010010 + 1 = (53)_H = 83$$

即图 8-57 所示的电路为八十三进制的计数器，所以该电路的分频比为 1/83。

注意：74161 芯片是十六进制的计数器，芯片 74161（1）和 74161（2）的进位关系为十六进制，所以，利用 8421 码将 8 位二进制数 01010010 写成数字 53 时是十六进制数的 53，括号下角标的 H 即代表十六进制数。因为在说明一个计数器的进制数时要用十进制数，所以最后的结果应将十六进制数的 53 转化成十进制数的 83。

4．异步计数器 74LS290

该器件的逻辑图及符号如图 8-58 所示。

图 8-58 中的 Q_3、Q_2、Q_1、Q_0 是计数信号输出端；R_{D1}、R_{D2} 为置 0 信号输入端，正常计

数时，这两个输入端要接低电平信号，当这两个输入端接高电平信号时，计数器的输出为 0000；S_{D1}、S_{D2} 为置 9 信号输入端，正常计数时，这两个输入端也要接低电平信号，当这两个输入端接高电平信号时，计数器的输出为 1001。

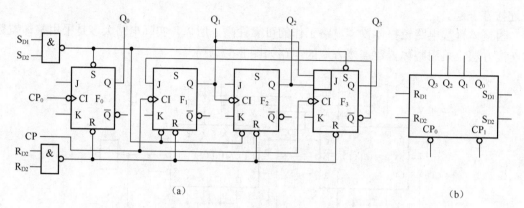

(a)　　　　　　　　　(b)

图 8-58　74LS290 的逻辑图及符号

CP_0 为 FF_0 触发器的 CP 信号输入端，为了增加器件使用的灵活性，FF_1 和 FF_3 触发器的 CP 信号输入端没有与 Q_0 输出端连在一起，而是从 CP 端口单独引出。

将 Q_0 输出端与 FF_1 和 FF_3 触发器的 CP 信号输入端断开的目的是：若以 CP_0 为计数信号输入端，以 Q_0 为输出端，可得二进制的计数器；若以 CP_1 为计数信号输入端，以 $Q_3Q_2Q_1$ 为输出端，可得五进制的计数器；若以 CP_0 为计数信号输入端，并将 Q_0 输出端和 CP_1 输入端连接起来，以 $Q_3Q_2Q_1Q_0$ 为输出端，可得十进制的计数器。

因处在不同连接方式下的 74LS290 为不同进制的计数器，所以 74LS290 又称为二-五-十进制计数器。

8.5.3　移位寄存器型计数器

计数器除了可以利用各种触发器组成外，还可以利用移位寄存器组成移位寄存器型计数器。用移位寄存器组成的移位寄存器型计数器的逻辑图如图 8-59 所示。

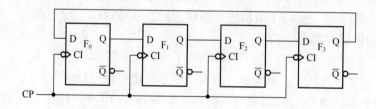

图 8-59　用移位寄存器组成的计数器

根据图 8-59 可得电路中各触发器的驱动方程和状态方程为

$$
\begin{aligned}
Q_0^{n+1} &= D_0 = Q_3 \\
Q_1^{n+1} &= D_1 = Q_0 \\
Q_2^{n+1} &= D_2 = Q_1 \\
Q_3^{n+1} &= D_3 = Q_2
\end{aligned}
\qquad (8\text{-}33)
$$

根据式（8-33）可得图 8-59 所示电路的状态转换图，如图 8-60 所示。

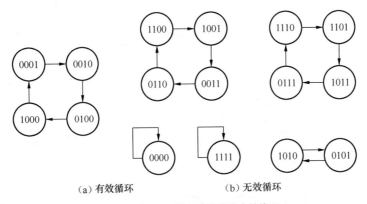

（a）有效循环　　　　　　　　　（b）无效循环

图 8-60　图 5-59 所示电路的状态转换图

由图 8-60 可见，图 8-59 所示的电路没有自启动的功能，状态转换图组成几个不同的循环。在这些循环中，图 8-60（a）所示的循环具有环行计数的特征，规定该循环为电路的有效循环，其他形式的循环都是无效的循环。

因图 8-60（a）所示的循环具有环行计数的功能，所以图 8-59 所示的电路称为环行计数器。

为了确保环行计数器工作在有效的循环内，希望环行计数器具有自启动的功能，若将图 8-59 所示的电路改成如图 8-61 所示的电路就可以使环行计数器具有自启动的功能。下面来讨论图 8-61 所示电路自启动的问题。

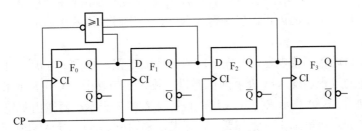

图 8-61　带自启动功能的环行计数器

根据图 8-61 可得时序逻辑电路的驱动方程和状态方程为

$$
\begin{aligned}
Q_0^{n+1} &= D_0 = \overline{Q_0 + Q_1 + Q_2} \\
Q_1^{n+1} &= D_1 = Q_0 \\
Q_2^{n+1} &= D_2 = Q_1 \\
Q_3^{n+1} &= D_3 = Q_2
\end{aligned}
\tag{8-34}
$$

根据式（8-34）可得图 8-61 所示电路的状态转换图，如图 8-62 所示。

由图 8-62 可见，图 8-61 所示的电路具有自启动的功能。根据图 8-62 还可画出图 8-61 所示电路的时序图，如图 8-63 所示。

由图 8-63 可见，图 8-61 所示的电路可以产生顺序脉冲，所以，环行计数器又称为顺序脉冲发生器。

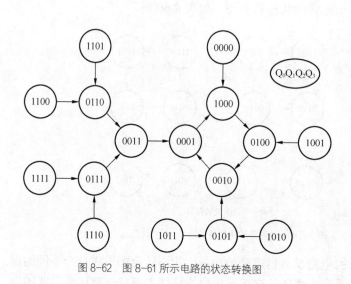

图 8-62　图 8-61 所示电路的状态转换图

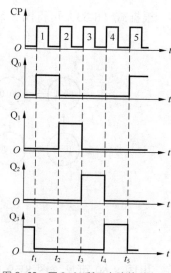

图 8-63　图 8-61 所示电路的时序图

8.6　时序逻辑电路分析设计综合例题

　　研究时序逻辑电路的问题与研究组合逻辑电路的问题一样，都是给定电路分析功能和给定逻辑问题设计电路。前面结合具体的电路介绍了时序逻辑电路的分析和设计方法，下面再举几个例子帮助大家复习总结。

　　【例 8-10】　设计一个自动售邮票的机器，已知每张邮票的价格为 1.5 元，投币口每次只允许投入一枚 5 角或一元的硬币，当顾客投入 2 元硬币时，机器在输出一张邮票的同时输出一枚 5 角的硬币。

　　解　要设计自动售邮票电路，首先要对售邮票的过程进行逻辑分析。用输入变量 A 和 B 表示向机器投币的过程，设 A=1 表示向机器投一枚 5 角的硬币，A=0 表示未投入。B=1 表示投一枚 1 元的硬币，B=0 表示未投入。用输出变量 Y 和 Z 表示机器输出邮票和输出 5 角硬币的过程，设 Y=1 表示机器输出一张邮票，Y=0 表示未输出。Z=1 表示机器输出一枚 5 角硬币，Z=0 表示未输出。

　　自动售邮票机在顾客没有投入硬币时应保持待命的初态 S_0，投入一枚 5 角的硬币后，机器应记忆接收 5 角硬币后的状态 S_1；再投入一枚 5 角的硬币后，机器应记忆接收两个 5 角硬币后的状态 S_2，该状态也是机器接收 1 元硬币后的状态；在 S_2 状态下，再给机器投入一枚 5 角的硬币，机器在输出一张邮票的同时回到待命的初态 S_0，或者再给机器投入一枚 1 元的硬币，机器在输出一张邮票和 5 角硬币的同时回到待命的初态 S_0。

　　根据上面的分析可知，自动售邮票机的状态数有 3 个，用 2 位二进制数来描述这 3 个状态。根据题意可得电路的状态转换图如图 8-64 所示。

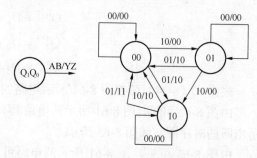

图 8-64　例 8-10 的状态转换

根据图 8-64 可画出电路状态变量的卡诺图如图 8-65（a）所示。图 8-65（a）可拆成图 8-65（b）的形式。

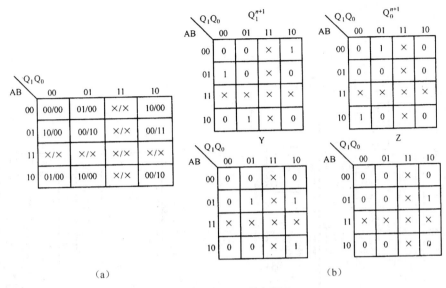

（a） （b）

图 8-65 例 8-10 的卡诺图

选择 D 触发器，利用卡诺图化简方法对图 8-65（b）所示的各卡诺图进行化简，可得电路的状态方程和输出方程为

$$Q_1^{n+1} = B\overline{Q_1}\,\overline{Q_0} + \overline{A}BQ_1 + AQ_0 = D_1$$
$$Q_0^{n+1} = A\overline{Q_1}\,\overline{Q_0} + \overline{A}BQ_0 = D_0$$
$$Y = BQ_1 + BQ_0 + AQ_1$$
$$Z = BQ_1$$

（8-35）

图 8-66 为根据式（8-35）画出的逻辑图。但要注意一点，当电路进入无效状态 11 后，当无输入信号时（即 AB=0）不能自动转到有效状态，所以不能自启动。当 AB=01 或 AB=10 时电路在 CP 作用下虽能返回到有效状态，但收费结果是错误的。所以在开始工作时应将电路复位，即置为 00 状态。

【例 8-11】 分析图 8-67 所示电路在不同输入信号的驱动下，电路输出信号 Y 的频率。

解 图 8-67 所示电路中的 74LS147 是二-十进制优先编码器，该器件可实现将输入的低电平编码信号转化十进制数的二进制代码输出，且输出的代码是编码信号角标十进制数的反码。再经反相器输出的 $D_3D_2D_1D_0$ 为原码。74160 为可预置数的十进制计数器，每当计数器的进位输出 C=1 时（$Q_3Q_2Q_1Q_0$=1001 时），在下一个 CP 上升沿到达时置入编码器 74LS147 的输出状态 $Y_3Y_2Y_1Y_0$。如当输入信号 A 为低电平时，则 $Y_3Y_2Y_1Y_0$= $D_3D_2D_1D_0$=0001，计数器从十进制数 1 一直计到 9（对应的二进制数为 1001），电路完成九进制计数器功能。输出脉冲 Y 的频率为 CP 频率的 1/9，即电路完成对 CP 的九分频功能；如当输入信号 C 为低电平时，则 $Y_3Y_2Y_1Y_0 = D_3D_2D_1D_0$=0011，此时电路完成七进制计数器功能，输出脉冲 Y 的频率为 CP 频率的 1/7。

同理可得，当电路的输入信号 E、G、I 分别为低电平时，电路将分别完成五分频、三分频和零分频。

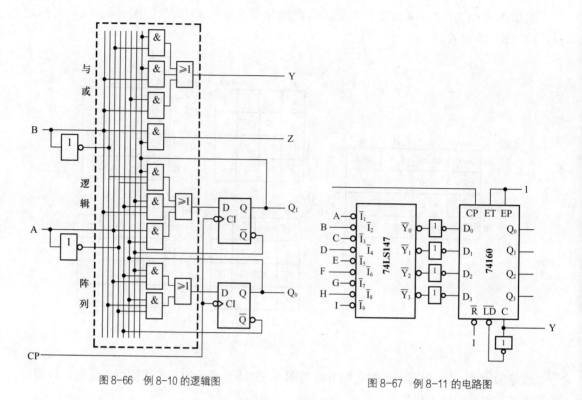

图 8-66 例 8-10 的逻辑图   图 8-67 例 8-11 的电路图

根据以上分析可知，该电路具有可控分频器的功能。

本 章 小 结

本章介绍了时序逻辑电路的概念。时序逻辑电路的特点是：在任意时刻，电路的输出信号不仅取决于当时的输入信号，而且与电路原来所处的状态有关。时序逻辑电路可用两种形式的有限状态机（Finite State Machine）（有限状态机又称有限状态自动机或简称状态机，是表示有限个状态以及在这些状态之间的转移、动作等行为的数学模型）表示：Moore 有限状态机，输出只跟内部的状态有关，因为内部的状态只会在时脉触发边缘的时候改变，输出的值只会在时脉边缘有改变；Mealy 有限状态机，输出不只跟目前内部状态有关，也跟现在的输入有关系。

因触发器可作为记忆元件，记住电路原来所处的状态，所以含有触发器是时序逻辑电路的特征。触发器是时序逻辑电路的基本单元，是具有记忆功能的逻辑电路，每个触发器能够存储 1 位二进制数据。

从电路结构上可将触发器分成基本 RS 触发器、同步 RS 触发器、主从触发器和边沿触发器。它们的触发翻转方式有所不同，其中基本 RS 触发器属于电平触发，同步触发器和主从触发器属于脉冲触发，边沿触发器是脉冲边沿触发，可以是上升沿触发，也可以是下降沿触发。主从触发器和边沿触发器的触发翻转虽然都发生在脉冲跳变时，但对加入输入信号的时间有所不同。对于主从触发器，如果是下降沿触发，输入信号必须在上升沿前加入，而边沿触发器可以在触发沿到来前（只要满足建立时间）加入。

特别需要指出的是触发器的电路结构形式与逻辑功能是两个不同的概念，两者没有固定的对应关系。同一种逻辑功能的触发器可以用不同的电路结构实现；同一种电路结构的触发器可以做成不同的逻辑功能。

描述触发器逻辑功能的方法有特性方程、特性表、状态转换图、逻辑图和时序图。各类触发器的特性方程是分析触发器问题的基础，大家要熟记。

对时序逻辑电路的研究也是分析电路和设计电路两大类。分析电路和设计电路的关键都是先确定时序逻辑电路的特性方程、驱动方程和输出方程。

分析电路的步骤是：根据已知时序逻辑电路，写出电路的驱动方程，然后写成时序逻辑电路的状态方程和输出方程。根据状态方程和输出方程，列出电路的特性表，画出电路的状态转换图和时序图，根据实际情况说明电路能够实现的逻辑功能。

设计电路的步骤是：将具体的逻辑问题抽象成状态转换图，根据状态转换图画出卡诺图，对卡诺图进行化简得到电路的状态方程和输出方程，选择合适的触发器根据状态方程写出驱动方程，根据驱动方程搭建逻辑图，最后还要进行自启动问题的讨论。

常用的时序逻辑电路有寄存器、移位寄存器、计数器等，这些时序逻辑电路目前已经制作成集成电路，正确使用这些集成电路的关键是熟悉各集成电路的逻辑功能和附加的功能表。

习　题

8.1　触发器有哪几种常用的电路结构？触发器如何按逻辑功能来分类？描述触发器逻辑功能的方法有几种？这几种方法如何相互转化？如何实现触发器逻辑功能的转换？写出将 D 触发器改成 JK 触发器的电路连接方程。

8.2　由与非门组成的基本 RS 触发器如图 8-1 所示，在触发器的 $\overline{S}_D$ 和 $\overline{R}_D$ 端加上如图 8-68 所示的波形时，试画出其 Q 端和 $\overline{Q}$ 的输出波形。设触发器的初始状态为 0。

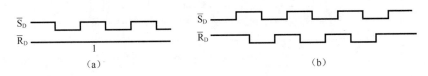

图 8-68　题 8.2 图

8.3　在同步 RS 触发器电路中（见图 8-4），若 R、S、CP 端的电压波形如图 8-69 所示，试画出 Q 端的输出波形。设初始状态为 0。

8.4　用方框图表示分析时序逻辑电路的一般步骤。用方框图表示设计时序逻辑电路的常用流程。

8.5　设主从 JK 触发器的初始状态为 0，CP、J、K 信号如图 8-70 所示，试画出触发器 Q 的波形。

8.6　试画出图 8-71 所示电路在 CP 脉冲作用下 Q_1、Q_2 和 Z 端对应的输出电压波形。设各触发器的初始状态为 Q=0。

8.7　逻辑电路如图 8-72 所示，已知 CP 和 X 的波形，试画出 Q_1 和 Q_2 的波形。

8.8　试分析图 8-73 所示电路的逻辑功能。要求写成电路的驱动方程、状态方程和输出方程，列出电路的特性表，画出状态转换图和时序图，并分析电路自启动的过程。

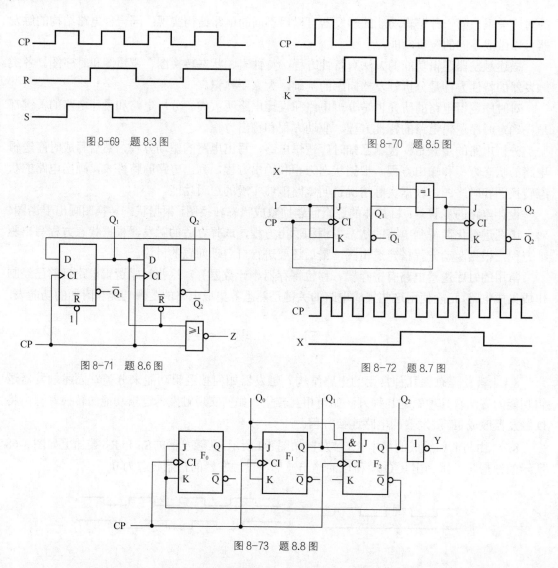

图 8-69　题 8.3 图

图 8-70　题 8.5 图

图 8-71　题 8.6 图

图 8-72　题 8.7 图

图 8-73　题 8.8 图

8.9　试分析图 8-74 所示电路的逻辑功能。要求写成电路的驱动方程、状态方程和输出方程，列出电路的特性表，画出状态转换图和时序图。

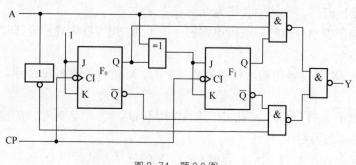

图 8-74　题 8.9 图

8.10　试分析图 8-75 所示电路的逻辑功能。要求写成电路的驱动方程、状态方程和输出方程，列出电路的特性表，画出状态转换图和时序图，并分析电路自启动的过程。

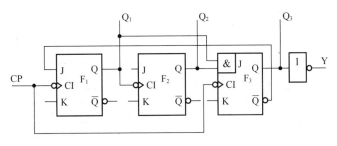

图 8-75 题 8.10 图

8.11 试分析图 8-76 所示电路的逻辑功能。要求写成电路的驱动方程、状态方程和输出方程，列出电路的特性表，画出状态转换图和时序图，并分析电路自启动的过程。

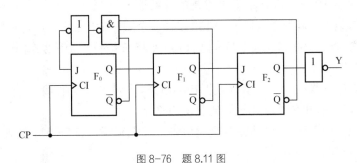

图 8-76 题 8.11 图

8.12 设图 8-77（a）所示电路的初态为 $Q_2=Q_1=0$，试分析图 8-77（a）所示电路的逻辑功能，并画出在图 8-77（b）所示信号驱动下的工作波形图。

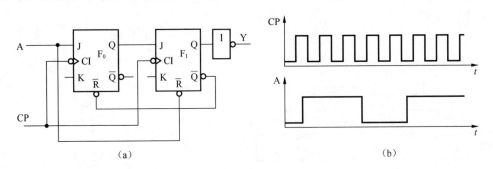

(a)   (b)

图 8-77 题 8.12 图

8.13 用 JK 触发器设计一个五进制同步计数器，要求电路能够自启动。

8.14 用 D 触发器设计一个具有自启动功能的同步十进制减法计数器。

8.15 试分析图 8-78 所示电路，画出它的状态图，说明它是几进制计数器。

8.16 试分析图 8-79 所示电路，画出它的状态图，说明它是几进制计数器。

8.17 用 74161 复位端的功能搭建一个十三进制的计数器，并分析如何利用基本 RS 触发器来提高电路工作的稳定性。

8.18 用 74161 预置数的功能搭建一个十三进制的计数器，若电路不要求从 0000 开始计数，如何搭建最简单？

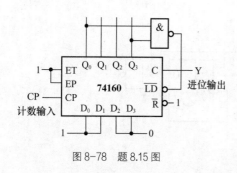

图 8-78　题 8.15 图

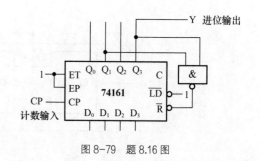

图 8-79　题 8.16 图

8.19　如何用 74160 搭建一个二十四进制的计数器。若两片 74160 之间的进制为十进制，二十四进制的计数器电路如何搭建？

8.20　分析图 8-80 所示电路是多少进制的计数器？

8.21　用计数器 74160 和译码器 74LS138 设计一个顺序输出 6 个正脉冲的顺序脉冲发生器。

8.22　用计数器 74160 和 8 选 1 数据选择器 CC4512 设计一个能够输出序列信号为 01101 的电路。

8.23　用 JK 触发器设计一个串行数据检测电路，该电路的动作特点是：在连续输入 3 个或 3 个以上的 1 时，输出为 1，其他的情况输出都是 0。

8.24　请设计一个带自启动功能的交通信号灯控制电路，该电路可控制红、黄、绿 3 色交通信号灯交替点亮。

8.25　请设计一个步进电动机的控制电路，步进电动机内部有 3 个绕组 ABC，用数字 1 表示该绕组与电源接通，用数字 0 表示该绕组与电源断开，步进电动机内部 3 个绕组的状态转换图如图 8-81 所示，M 为输入控制信号，M=1 步进电动机正转，M=0 步进电动机反转。

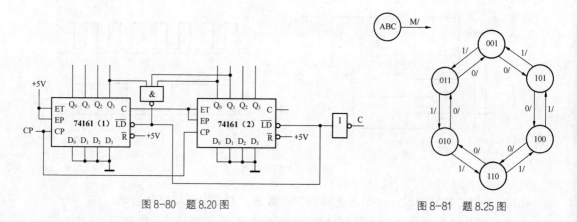

图 8-80　题 8.20 图　　　　　图 8-81　题 8.25 图

8.26　设计一个地铁站台自动售票机，该机器在控制信号 M 的控制下，可以自动出售两种票价的车票。规定 M=0，出售票价为 1.5 元车票；M=1，出售票价为 2 元的车票。投币口每次只允许投入 5 角或 1 元的硬币一枚，当乘客投入 2 元的硬币购买 1.5 元的车票时，机器在给出票价为 1.5 元车票的同时，输出一枚 5 角的硬币给乘客。

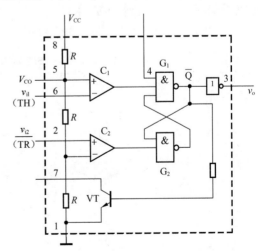

第 **9** 章　脉冲产生和整形电路

9.1　概述

在数字电路中，基本的工作信号是二进制的数字信号，数字信号的波形是高、低电平的脉冲信号，脉冲信号通常也称为方波信号，产生方波信号的方法主要是整形和振荡两种。利用模拟电路所介绍的方波发生器可以产生方波信号，利用模拟电路中所介绍的滞回电压比较器对输入的周期信号进行整形也可以获得方波信号，利用数字电路的集成门电路也可以产生方波信号。下面主要介绍如何使用 555 定时器产生方波信号。

9.2　555 定时器的应用

9.2.1　555 定时器的电路结构

555 定时器是一个多用途的模拟-数字混合集成电路。555 定时器的内部电路结构如图 9-1 所示。

由图 9-1 可见，555 定时器内部电路由电压比较器 C_1 和 C_2、RS 触发器和集电极开路的三极管 VT 3 部分组成。

555 定时器有两个输入端，一个输出端，共 8 个引脚。器件的第 6 脚接电压比较器 C_1 的反相输入端，称为阈值端，用符号 TH 来标注；第 2 脚接电压比较器 C_2 的同相输入端，称为触发端，用符号 $\overline{\text{TR}}$ 来标注；第 5 脚是控制电压输入端，用符号 V_{CO} 来标注；第 4 脚是 RS 触发器的复位端；第 3 脚是信号输出端；第 1 脚是接地端；第 8 脚是电源电压输入端。

由图 9-1 可见，当第 5 脚悬空时，第 8 脚所接的电源电压 V_{CC} 经 3 个 5kΩ 的电阻 R 分压，电压比较器 C_1 同相输入端的电压为

图 9-1　555 定时器内部电路结构

$\frac{2}{3}V_{CC}$，该电压是电压比较器 C_1 的参考电压；电压比较器 C_2 反相输入端的电压为 $\frac{1}{3}V_{CC}$，该电压是电压比较器 C_2 的参考电压。

555 定时器的工作原理是：当输入电压 $v_{i1}<\frac{2}{3}V_{CC}$，$v_{i2}<\frac{1}{3}V_{CC}$ 时，电压比较器 C_1 反相输入端的输入电压小于参考电压，相当于在电压比较器 C_1 的反相输入端输入一个负极性的信号，电压比较器 C_1 的输出电压为正极性的信号，即高电平信号"1"；电压比较器 C_2 同相输入端的输入电压小于参考电压，相当于在电压比较器 C_2 的同相输入端输入一个负极性的信号，电压比较器 C_2 的输出电压为负极性信号，即低电平信号"0"；RS 触发器被置位，输出电压 v_o 等于 1，同时三极管 VT 截止。

当输入电压 $v_{i1}<\frac{2}{3}V_{CC}$、$v_{i2}>\frac{1}{3}V_{CC}$ 时，电压比较器 C_1 反相输入端的输入电压小于参考电压，电压比较器 C_1 的输出电压为高电平信号"1"；电压比较器 C_2 同相输入端的输入电压大于参考电压，电压比较器 C_2 的输出电压为高电平信号"1"；RS 触发器处在保持的状态，保持 $v_{i1}<\frac{2}{3}V_{CC}$、$v_{i2}<\frac{1}{3}V_{CC}$ 时的输出状态保持不变。

当输入电压 $v_{i1}>\frac{2}{3}V_{CC}$、$v_{i2}>\frac{1}{3}V_{CC}$ 时，电压比较器 C_1 反相输入端的输入电压大于参考电压，相当于在电压比较器 C_1 的反相输入端输入一个正极性的信号，电压比较器 C_1 的输出电压为负极性的信号，即低电平信号"0"；电压比较器 C_2 同相输入端的输入电压大于参考电压，相当于在电压比较器 C_2 的同相输入端输入一个正极性的信号，电压比较器 C_2 的输出电压为正极性信号，即高电平信号"1"；RS 触发器被复位，输出电压 v_o 等于 0，三极管 VT 导通。

当输入电压 $v_{i1}>\frac{2}{3}V_{CC}$、$v_{i2}<\frac{1}{3}V_{CC}$ 时，电压比较器 C_1 反相输入端的输入电压大于参考电压，电压比较器 C_1 的输出电压为高电平信号"0"；电压比较器 C_2 同相输入端的输入电压小于参考电压，电压比较器 C_2 的输出电压为低电平"0"；RS 触发器处在 $Q=\overline{Q}=1$ 的状态，输出电压 v_o 等于 1，三极管 VT 截止。

555 定时器输出与输入的关系也可用功能表来描述，555 定时器的功能表如表 9-1 所示。

表 9-1　　555 定时器的功能表

$\overline{R}$	v_1	v_2	v_o	VT 的工作状态
0	×	×	0	导通
1	$<\frac{2}{3}V_{CC}$	$<\frac{1}{3}V_{CC}$	1	截止
1	$<\frac{2}{3}V_{CC}$	$>\frac{1}{3}V_{CC}$	不变	不变
1	$>\frac{2}{3}V_{CC}$	$>\frac{1}{3}V_{CC}$	0	导通
1	$>\frac{2}{3}V_{CC}$	$<\frac{1}{3}V_{CC}$	1	截止

9.2.2　用 555 定时器组成施密特触发器

施密特触发器具有以下特点。

（1）施密特触发属于电平触发，同样也适用缓慢变化的信号，当输入信号达到某一额定值时，输出电平会发生突变。

（2）输入信号增加和减少时，电路有不同的阈值电压，其电压传输特性曲线见图 9-3。

用 555 定时器组成的施密特触发器如图 9-2（a）所示。

由图 9-2（a）可见，将 555 定时器的两个输入端接在一起形成一个输入端 v_i，即构成施密特触发器。图中的电容 C 为滤波电容，用来提高 555 定时器内部电压比较器参考电压的稳定性。

施密特触发器的工作原理是：在输入电压从 0 逐渐上升的过程中，当 $v_i < \frac{1}{3}V_{CC}$ 时，由表 9-1 可得，施密特电路的输出电压 v_o 为高电平信号"1"；当输入电压小于 $\frac{2}{3}V_{CC}$ 且大于 $\frac{1}{3}V_{CC}$ 时，555 定时器内部的 RS 触发器保持原态，施密特电路的输出电压也保持高电平信号"1"。当输入电压 $v_i > \frac{2}{3}V_{CC}$ 以后，由表 9-1 可得，施密特电路的输出电压 v_o 为低电平信号"0"。当输入电压从大于 $\frac{2}{3}V_{CC}$ 开始下降的过程中，当输入电压小于 $\frac{2}{3}V_{CC}$ 且大于 $\frac{1}{3}V_{CC}$ 时，电路输出电压维持"0"电平不变；当 $v_i < \frac{1}{3}V_{CC}$ 时，由表 9-1 可得，施密特电路的输出电压 v_o 为高电平信号"1"。

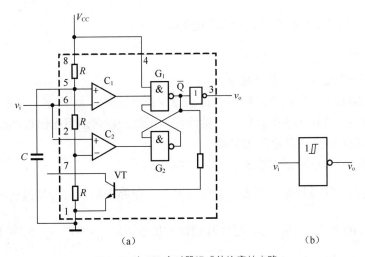

图 9-2　由 555 定时器组成的施密特电路

施密特电路输出电压随输入电压变化的关系为 $v_o = f(v_i)$，描述该函数关系的曲线称为电压传输特性曲线，施密特电路的电压传输特性曲线如图 9-3 所示。

由图 9-3 可见，施密特电路的电压传输特性曲线与模拟电路所介绍的滞回电压比较器的电压传输特性曲线相似，所以，施密特电路也有两个阈值电压，这两个阈值分别为 $\frac{1}{3}V_{CC}$ 和 $\frac{2}{3}V_{CC}$，电路的回差电压 ΔV 为

$$\Delta V = V_{TH2} - V_{TH1} = \frac{2}{3}V_{CC} - \frac{1}{3}V_{CC} = \frac{1}{3}V_{CC} \tag{9-1}$$

根据模拟电路滞回电压比较器的知识可知，利用施密特电路可以实现波形的整形变换，将输入的周期信号整形变换成方波信号输出，施密特电路实现波形整形变换的工作波形图如图9-4所示。另外，利用施密特电路还可实现脉冲整形、脉冲鉴别等功能。

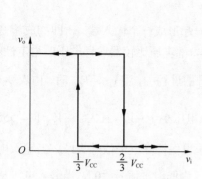

图9-3　施密特电路的电压传输特性曲线

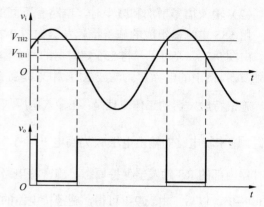

图9-4　施密特电路实现波形变换的工作波形图

目前市场上有专用的施密特集成电路，施密特集成电路的符号如图9-2（b）所示。由图9-2（b）可见，施密特电路的符号是由非门电路的符号加上代表施密特电路电压传输特性曲线的符号组成。

9.2.3　用555定时器组成单稳态电路

单稳态触发器具有以下几个特点。

（1）电路有一个稳态和一个暂稳态。

（2）在外加触发信号作用下，电路由稳态翻转到暂稳态。

（3）暂稳态由于电路中RC延时环节的作用，经过一段时间后电路自动返回到稳态。暂稳态维持时间长短取决于RC电路的参数。

用555定时器也可以组成单稳态电路，如图9-5所示。

单稳态电路的工作原理是：当没有触发信号时，电路的输入信号端接 $v_i > \frac{1}{3}V_{CC}$ 的高电平

信号，电容 C 上的电压 $v_C = 0$，555定时器的输入状态满足 $v_{i1} < \frac{2}{3}V_{CC}$、$v_{i2} > \frac{1}{3}V_{CC}$ 的条件，根据表9-1可得，555定时器内部的电压比较器 C_1 和 C_2 的输出电压都是高电平"1"，555定时器内部的 RS 触发器处在记忆的状态，记住 Q=0 的低电平状态，555定时器内部的三极管 VT 导通，单稳态电路保持输出低电平的状态，电路的输出电压 $v_o = 0$，该状态是单稳态电路的稳定态。

若在单稳态电路的输入端加上一个负脉冲的触发信号，在负脉冲信号的触发下，555定时器内部的电压比较器 C_2 的输出电压为低电平信号"0"，电压比较器 C_1 的输出电压为高电平信号"1"，555定时器内部的 RS 触发器被置位，RS 触发器处在 Q=1 的状态，单稳态电路的输出为高电平，电路的输出电压为 $v_o = 1$。

当单稳态电路的输出 v_o=1 时，因 555 定时器内部 RS 触发器的输出 Q=1，$\overline{Q}=0$，所以，三极管 VT 截止，电源 V_{CC} 经电阻 R 向电容 C 充电，使电容两端的电压 v_C 增大，当电容 C 两端的电压 $v_C>\dfrac{2}{3}V_{CC}$ 时，555 定时器内部的电压比较器 C_1 的输出电压为低电平信号 "0"，电压比较器 C_2 的输出电压因负脉冲触发信号的消失变成高电平信号 "1"，555 定时器内部的 RS 触发器被复位，RS 触发器的状态为 "0"，单稳态电路自动回到输出电压 v_o=0 的稳定态。

当 555 定时器内部的 RS 触发器处在状态 "0" 时，555 定时器内部的三极管 VT 导通，电容 C 通过三极管 VT 放电，使电容两端的电压恢复到 v_C=0 的状态，为下一次充电作准备。

由上面的讨论可见，单稳态电路输出电压 v_o=1 的状态不是电路的稳定态，该状态仅在负脉冲触发信号作用后的短时间内出现，称为电路的暂稳态。单稳态电路的工作波形图如图 9-6 所示。

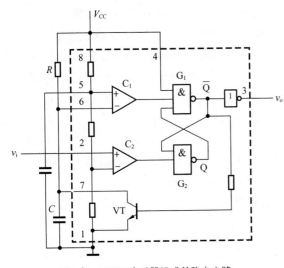

图 9-5　用 555 定时器组成单稳态电路

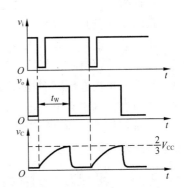

图 9-6　单稳态电路的工作波形图

由图 9-6 可见，单稳态电路在负脉冲信号的触发下，电路进入输出电压 v_o=1 的暂稳态，暂稳态所持续的时间用 t_w 来表示，利用电容充电过程的三要素公式可求得 t_w 的大小。

根据单稳态电路工作的特点可得电路的三要素为 $v_C(0)$=0，$v_C(\infty)$=V_{CC}，τ=RC。将电路的三要素代入电容充电过程的三要素公式可得

$$v_C(t) = v_C(\infty) + [v_C(0) - v_C(\infty)]e^{-\frac{t}{\tau}} = V_{CC}(1 - e^{-\frac{t}{RC}}) \qquad (9\text{-}2)$$

将 $v_C(t) = \dfrac{2}{3}V_{CC}$ 的条件代入式（9-2）可得

$$t_w = RC\ln 3 = 1.1RC \qquad (9\text{-}3)$$

由式（9-3）可见，单稳态电路暂稳态所持续的时间 t_w 与 RC 有关，改变 RC 的值，即可改变单稳态电路暂稳态所持续的时间。

利用单稳态电路所具有的暂稳态特性可以制作具有不同延迟时间的应用电路。图 9-7 所示为利用单稳态电路所制作的声、光控电子开关，用于楼道路灯的控制。

由图 9-7 可见，声、光控楼道电子开关内部有一个由 555 定时器组成的单稳态电路。

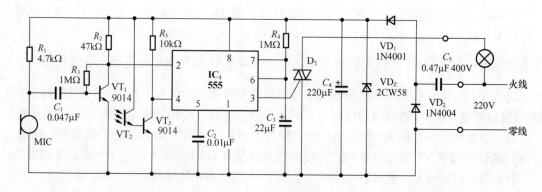

图9-7 声、光控楼道电子开关

图 9-7 所示电路的工作原理是：220V 的交流电经 C_5 降压后，通过 VD_1、VD_2、VD_Z 和 C_4 组成的整流滤波电路后形成 10V 的直流供电电压。白天，光照使光敏三极管 VT_2 导通，VT_3 的基极为高电平也导通，555 定时器的第 4 脚接地为低电平，555 定时器被强制复位，输出也被强制固定在低电平"0"的状态下，可控硅 VT 截止，不导电，楼道路灯永远不亮。

在夜晚或光照不足的阴天，光敏三极管 VT_2 因光照不足而截止，三极管 VT_3 的基极因没有偏置电压也截止，555 定时器的第 4 脚变成高电平，由 555 定时器组成的单稳态电路进入待命工作的状态。当楼道上有声音信号时，麦克风（MIC）将声音信号转换成三极管 VT_1 的输入信号，该信号经三极管 VT_1 倒相后，在三极管 VT_1 的集电极输出一个负脉冲触发信号，该信号输入单稳态电路的输入端（555 定时器的第 2 脚）。单稳态电路在负脉冲信号的触发下，进入暂稳态，输出高电平电压，可控硅 VT 导通，点亮楼道的路灯。

楼道路灯点亮的时间取决于单稳态电路的延迟时间，改变电路中 R_4 和 C_3 的值，可改变楼道路灯点亮所持续的时间。

9.2.4 用 555 定时器组成多谐振荡器

多谐振荡器又称为无稳态电路。用 555 定时器组成的多谐振荡器如图 9-8 所示。

图 9-8 所示电路的工作原理是：设接通电源时，电路的输出状态为高电平。在这种情况下，555 定时器内部的三极管 VT 截止，电源 V_{CC} 通过电阻 R_1 和 R_2 对电容 C 充电，当电容 C 两端的电压充电到大于 $\frac{2}{3}V_{CC}$ 时，555 定时器内部的 RS 触发器被复位，电路的输出为低电平。

当电路的输出为低电平时，555 定时器内部的三极管 VT 导通，电容 C 通过电阻 R_2 放电，当电容 C 两端的电压放电到小于 $\frac{1}{3}V_{CC}$ 时，555 定时器内部的 RS 触发器被置位，电路的输出又恢复到高电平。多谐振荡器周而复始地重复上述的过程输出高、低电平交替变化的方波信号。多谐振荡器上述工作过程的波形图如图 9-9 所示。

根据 RC 电路充、放电过程的三要素公式可得多谐振荡器输出方波信号的频率。由图 9-8 和图 9-9 可见，电容充电过程的三要素为：$v_C(0)=\frac{1}{3}V_{CC}$，$v_C(\infty)=V_{CC}$，$\tau=(R_1+R_2)C$。根据三要素公式可得

$$v_C(t) = v_C(\infty) + [v_C(0) - v_C(\infty)]e^{-\frac{t}{\tau}}$$

$$= V_{CC} + \left[\frac{1}{3}V_{CC} - V_{CC}\right]e^{-\frac{t}{(R_1+R_2)C}} = V_{CC} - \frac{2}{3}V_{CC}e^{-\frac{t}{(R_1+R_2)C}} \qquad (9\text{-}4)$$

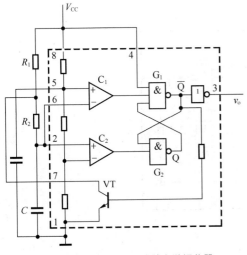

图 9-8 用 555 定时器组成的多谐振荡器

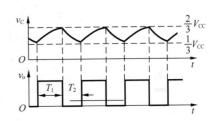

图 9-9 多谐振荡器的工作波形图

设 $v_C(t) = \frac{2}{3}V_{CC}$ 时的时间为 T_1，根据式（9-4）可得

$$\frac{2}{3}V_{CC} = V_{CC} - \frac{2}{3}V_{CC}e^{-\frac{T_1}{(R_1+R_2)C}} \qquad (9\text{-}5)$$

解式（9-5）可得

$$T_1 = (R_1 + R_2)C\ln 2 \qquad (9\text{-}6)$$

根据同样的道理可解得放电过程的 T_2 为

$$T_2 = R_2C\ln 2 \qquad (9\text{-}7)$$

输出信号的周期 T 为

$$T = T_1 + T_2 = (R_1 + 2R_2)C\ln 2 \qquad (9\text{-}8)$$

输出信号的频率 f 为

$$f = \frac{1}{T} = \frac{1}{(R_1 + 2R_2)C\ln 2} \qquad (9\text{-}9)$$

输出信号的占空比 δ 为

$$\delta = \frac{T_1}{T} = \frac{R_1 + R_2}{R_1 + 2R_2} \qquad (9\text{-}10)$$

式（9-10）说明，图 9-8 所示电路输出方波信号的占空比 δ 始终大于 50%，利用二极管单向导电的特性来改进电路，可得到占空比小于或等于 50% 的方波信号。输出方波信号的占空比小于或等于 50% 的多谐振荡器电路如图 9-10 所示。

在图 9-10 所示的电路中，设电位器 RP 的阻值忽略不计，在电路充电时，因二极管 VD_2 的截止，充电电路的时间常数为 R_1C；在电路放电时，因二极管 VD_1 截止，放电电路的时间

常数为 R_2C，根据上面的讨论可得图 9-10 所示电路输出信号的频率为

$$f = \frac{1}{T} = \frac{1}{(R_1 + R_2)C\ln 2} \qquad (9-11)$$

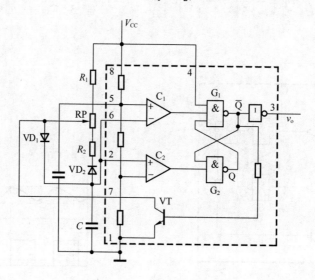

图 9-10　占空比可调的多谐振荡器

输出信号的占空比 δ 为

$$\delta = \frac{T_1}{T} = \frac{R_1}{R_1 + R_2} \qquad (9-12)$$

9.2.5　555 定时器的应用电路

利用 555 定时器搭建的施密特电路、单稳态电路和多谐振荡器可以组成各种实用的电路，应用的范围很广泛，下面列举几个 555 定时器应用的实例。

1. 用 555 定时器组成救护车音频信号发生器

由 555 定时器组成的救护车音频信号发生器如图 9-11 所示。

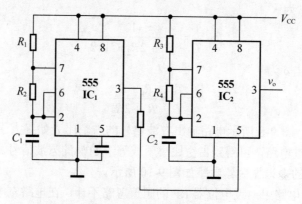

图 9-11　救护车音频信号发生器

由图 9-11 可见，救护车音频信号发生器由两级多谐振荡器组成。第 1 级多谐振荡器产生频率为 1Hz 的方波信号，该信号输入第 2 级多谐振荡器的第 5 脚，555 定时器第 5 脚是外界控制电压输入端。加在 555 定时器第 5 脚的控制电压发生变化时，555 定时器内部两个电压比较器的参考电压也将发生变化，多谐振荡器输出方波信号的周期也随着发生变化。

图 9-11 所示电路的工作原理是：当第 1 个多谐振荡器输出为高电平信号时，第 2 个多谐振荡器外接的参考电压高，RC 电路充、放电的时间长，输出方波信号的周期也长，输出音频信号的频率低；当第 1 个多谐振荡器输出为低电平信号时，第 2 个多谐振荡器外接的参考电压低，RC 电路充、放电的时间短，输出方波信号的周期也短，输出音频信号的频率高。随着第 1 个多谐振荡器输出方波信号的变化，第 2 个多谐振荡器输出信号的频率随着产生变化，输出"滴-嘟，滴-嘟"高、低音相间的救护车信号。

2．555 定时器在开关稳压电源中的应用

利用多谐振荡器输出的方波信号脉宽可调的功能可组成脉宽调制器。脉宽调制器是开关稳压电源的控制电路，利用 555 定时器搭建脉宽调制器，可组成最简单的开关稳压电源电路，如图 9-12 所示。

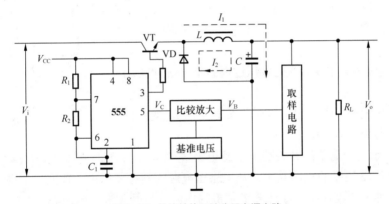

图 9-12 最简单的开关稳压电源电路

在图 9-12 中，555 定时器电路组成输出脉宽随第 5 脚输入电压变化的脉宽调制器，控制三极管 VT 工作在饱和导通和截止断开的开关状态下，构成开关稳压电源。

图 9-12 所示电路的工作原理是：从整流滤波电路输出的直流电压作为开关稳压电源的输入电压 V_i 输入开关稳压电源，由 555 定时器组成的脉宽调制器控制开关管 VT 的工作状态。当 555 定时器的输出为高电平信号时，开关管 VT 的基极处在正向偏置，开关管 VT 饱和导通，二极管 VD 因反偏而截止，电流 I_1 按如图 9-12 所示的虚线经过储能电感 L 流向负载 R_L，同时将部分电能转换成磁能储存在 L 中。当 555 定时器的输出为低电平信号时，开关管 VT 因反偏而截止。因电感中的电流不能突变，当开关管 VT 截止时，电感 L 的两端将感应出左负右正的电动势，使二极管 VD 导通，电流通过 VD 按如图 9-12 所示的虚线 I_2 继续流通向负载供电，此时储存在电感 L 中的磁能转换成电能，负载上保持连续不断的直流电压。

由上面的讨论可见，在图 9-12 所示的电路中。因三极管 VT 的作用是开关，所以图 9-12 所示的电路称为开关稳压电源电路；电感 L 因在开关管 VT 导通时，将电能转换成磁能储存在电感中，在开关管 VT 断开时，将磁能转换成电能释放能量，以维持负载上电压的稳定，

所以，电路中的电感线圈称为储能电感；二极管 VD 在电路中起到在开关管 VT 截止时，开启一条通路使电感线圈 L 中的电流继续流通的续流作用，所以称为续流二极管。电容 C 是滤波电容，该电容的滤波作用，可使负载 R_L 两端的输出电压具有较小的波纹系数。

在开关稳压电源中，续流二极管是必不可少的元件，如果没有此二极管，开关电源不仅不能正常工作，还会在 L 两端感应出很高的自感电势，造成击穿开关管或损坏其他元件的后果。

由上面的讨论可见，开关稳压电源的输入电压 V_i 是直流电压，开关管 VT 发射极的输出电压为交流的方波信号电压，该电压经储能元件 L 转换后输出为直流电压，即开关稳压电源在工作的过程中，经历直流变交流、交流变直流的变化过程。这种变化过程使开关稳压电源的输出电压和输入电压的关系与开关管导通的持续时间有关，即与脉宽调制器输出信号的占空比有关。开关稳压电源的输出电压和输入电压的关系为

$$V_o = \delta V_i \tag{9-13}$$

根据式（9-13）可讨论图 9-12 所示电路开关稳压电源稳压的工作原理。

开关稳压电源稳压的工作原理是：当输入电压 V_i 增大时，将引起输出电压 V_o 也增大，取样电路的输出电压 V_B 随着增大。输出电压增大的信号输入比较放大器，因比较放大器输入电压和输出电压的关系被设置成反相，所以，比较放大器的输出电压 V_C 减小，输入 555 定时器第 5 脚的电压也减小，根据多谐振荡器的工作原理可得，555 定时器输出方波信号的占空比 δ 随着减少。根据式（9-13）可得，输出电压 V_o 也减少，保持输出电压的稳定。

开关稳压电源输入电压增大时稳压过程的流程图如图 9-13 所示。

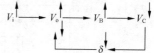

图 9-13　开关稳压电源输入电压增大时的稳压流程图

根据相同的道理，读者也可以画出负载电阻 R_L 变化时，开关稳压电源的稳压流程图。

图 9-12 所示为最简单的开关稳压电源电路，实际的开关稳压电源电路还要增加保护电路的功能，比图 9-12 所示的电路复杂。开关稳压电源因具有体积小、转换效率高等特点，目前广泛应用在各种电器设备中，如计算机主机的电源就是开关稳压电源。

由于开关稳压电源的广泛使用，目前市场上已有各种类型的开关稳压电源集成电路，感兴趣的读者可参阅有关的专业书。

9.3　石英晶体多谐振荡器

多谐振荡器除了用上面介绍的方法来实现外，也可以利用石英晶体来实现。用石英晶体组成的多谐振荡器具有很高的振荡频率稳定性，由石英晶体组成的多谐振荡器电路如图 9-14 所示。

图 9-14 所示电路的工作原理是：电路中的电阻 R_1 和 R_2 使两个门电路 G_1 和 G_2 工作在放大区，且每个门电路组成具有很大放大倍数的倒相器。设电路接通电源时，门电路 G_1 的输出为高电平，门电路 G_2 的输出为低电平，在不考虑石英晶体作用的情况下，G_1 的高电平输出通过电阻 R_1 对电容 C_2 充电，使门电路 G_1 输入端的电压增大为高电平，输出跳变成低电平，与此同时，电容 C_2 在门电路 G_2 输入端的高电平，通过电阻 R_2 放电，使门电路 G_2 输入端的电压减少为低电平，输出跳变成高电平，实现门电路 G_1 的输出从高电平跳变成低电平，门电

路 G_2 的输出从低电平跳变成高电平的一次翻转，电路周而复始地翻转产生方波信号输出。

晶振在电路中的作用是选频网络，当电路的振荡频率等于晶振的固有振荡频率 f_0 时，频率 f_0 的信号最容易通过晶振和 C_2 所在的支路形成正反馈，促进电路产生振荡，输出方波信号。

对于 TTL 门电路，图 9-14 电路中电阻 R_1 和 R_2 的取值为 $0.7\mathrm{k\Omega}\sim2\mathrm{k\Omega}$；对于 CMOS 门电路，电路中电阻 R_1 和 R_2 的取值为 $10\mathrm{M\Omega}\sim100\mathrm{M\Omega}$。

当门电路为 CMOS 器件时，石英晶体多谐振荡器电路的组成采用如图 9-15 所示的形式更为简单。

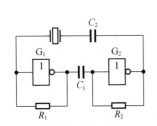

图 9-14　石英晶体多谐振荡器

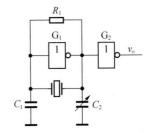

图 9-15　用 CMOS 器件组成的多谐振荡器

在图 9-15 所示电路中，门电路 G_1，电阻 R_1，电容 C_1、C_2 和晶振组成电容三点式振荡电路，产生频率为 f_0 的正弦波振荡，输出频率为 f_0 的正弦波信号。门电路 G_2 是波形整形电路，将门电路 G_1 输出的正弦波信号整形变换成方波信号输出。

利用图 9-15 所示的电路和前面介绍的分频器可以组成电子钟所需的秒信号发生器。秒信号发生器的电路组成如图 9-16 所示。

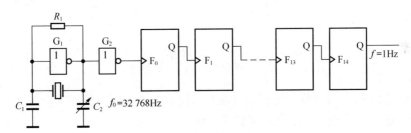

图 9-16　秒信号发生器的电路组成

在图 9-16 所示的电路中，多谐振荡器输出信号的频率 $f_0=32\,768\mathrm{Hz}$，该信号经过由 15 个 T' 触发器组成的 $2^{15}=32\,768$ 分频器的分频后，输出 1Hz 的秒信号。

9.4　压控振荡器

压控振荡器（Voltage Controlled Oscillator，VCO）是一种频率随外界输入电压的变化而变化的振荡器，该振荡器广泛应用于自动控制、自动检测和通信系统中。

最简单的压控振荡器可由施密特触发器组成，其电路如图 9-17 所示。

在图 9-17 所示电路中，外界的输入电压 v_i 控制电流源输出电流 I_o 的变化。当输入电压 v_i 增大时，电流源的输出电流 I_o 也增大，电容 C 充、放电的时间缩短，施密特电路输出方波信号的周期也缩短，方波信号的振荡频率增加，反之，方波信号的振荡频率将减小，实现输出信号的频率随输入信号电压的变化而变化的目的。

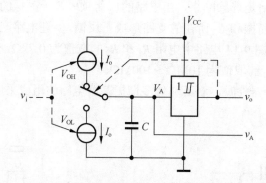

图 9-17　由施密特电路组成的 VCO

本 章 小 结

　　本章介绍了产生方波信号的电路。方波信号通常由多谐振荡器产生，利用石英晶体振荡器可产生频率非常稳定的方波信号，利用压控振荡器可产生输出信号频率随输入电压变化而变化的方波信号。简单的多谐振荡器可由多功能器件 555 定时器组成，555 定时器除了可组成多谐振荡器外，还可以组成施密特电路和单稳态电路。因施密特电路的电压传输特性曲线与滞回电压比较器的电压传输特性曲线相类似，所以，施密特电路可以实现将输入的周期信号整形变换成方波信号输出的目的。利用单稳态电路的延迟特性可以制作各种实用的自动延迟控制电路。

习　　题

　　9.1　555 定时器内部电路由几部分组成？请说明在 555 定时器的哪个引脚上外加输入电压，可改变 555 定时器内部电压比较器的参考电压。

　　9.2　是否可以利用 555 定时器组成的施密特电路来寄存 1 位二进制数？请说明可以或不可以的理由。

　　9.3　用电容充电过程的三要素公式推导计算单稳态电路的延迟时间和多谐振荡器的振荡周期的公式。

　　9.4　分析图 9-18 所示电路的工作原理，说明该电路可能的用途。

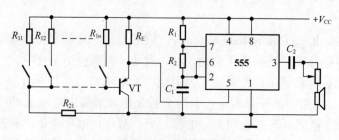

图 9-18　题 9.4 图

9.5 图 9-19 所示为由两个 555 定时器构成的模拟声响电路，可用作消防车、救护车和警车的警笛声响，试分析电路的工作原理。

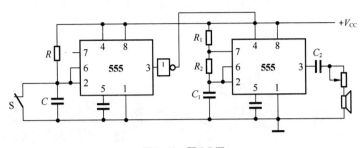

图 9-19 题 9.5 图

10.1 概述

由于计算机技术的飞速发展,目前业界广泛采用数字电路来处理模拟信号的问题。用数字电路来处理模拟信号的关键器件是将模拟信号转换成数字信号的模/数转换器(A/D)和将数字信号转换成模拟信号的数/模转换器(D/A)。

10.2 数/模转换器

10.2.1 权电阻网络 D/A 转换器

D/A 转换器输入信号为数字信号,输出信号为模拟信号。最简单的 D/A 转换器为权电阻网络 D/A 转换器,权电阻网络 D/A 转换器的电路如图 10-1 所示。

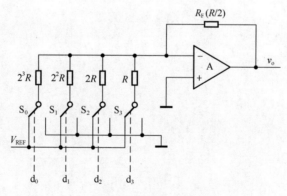

图 10-1 权电阻网络 D/A 转换器

由图 10-1 可见,权电阻网络 D/A 转换器电路实际上是一个输入信号受电子开关控制的反向比例加法器。根据反向比例加法器输入信号和输出信号的关系式可得

$$v_o = -i_F R_F = -\left(\frac{V_{REF}}{2^3 R} d_0 + \frac{V_{REF}}{2^2 R} d_1 + \frac{V_{REF}}{2R} d_2 + \frac{V_{REF}}{R} d_3 \right) \frac{R}{2}$$

$$= -\frac{V_{REF}}{2^4}(2^0 d_0 + 2^1 d_1 + 2^2 d_2 + 2^3 d_3) = -\frac{V_{REF}}{2^4}(D_4)_{10}$$

(10-1)

式（10-1）中的$(D_4)_{10}$表示 4 位二进制数的十进制数，利用式（10-1）可以很方便地确定 D/A 转换器的输出电压。

例如，电路的参考电压 V_{REF}=4V，当输入的 4 位二进制数为 0110 时，电路的输出电压

$$v_o = -\frac{V_{REF}}{2^4}(2^0 d_0 + 2^1 d_1 + 2^2 d_2 + 2^3 d_3) = -\frac{V_{REF}}{2^4}(D_4)_{10} = -\frac{4}{16} \times 6 = -1.5V$$

同理可推得，输入为 n 位二进制数的 D/A 转换器输出电压的表达式为

$$v_o = -\frac{V_{REF}}{2^n}(D_n)_{10} \qquad\qquad (10\text{-}2)$$

由式（10-2）可见，在参考电压 V_{REF} 为正时输出电压 v_o 始终为负值，要想得到正的输出电压，可以将 V_{REF} 取负值。

权电阻网络 D/A 转换器的结构比较简单，所用的电阻元件数较少，但各电阻阻值的差别很大，当输入信号的位数较多时，各电阻阻值的差别将非常大。

例如，输入信号为 8 位的二进制数，权电阻网络中，最小的电阻为 R，最大的电阻为 2^7R，两者相差 128 倍。大阻值的电阻除工作不稳定外，还不利于电路的集成，采用双级权电阻网络可以解决这个问题。双级权电阻网络 D/A 转换器的电路如图 10-2 所示。

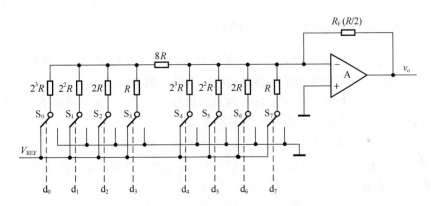

图 10-2 双极权电阻网络 D/A 转换器

根据叠加定理可证明该电路的输出电压与输入信号之间的函数关系满足式（10-2）。证明的方法如下：

设用 R_0 表示 2^2R、$2R$、R 3 个电阻并联的总电阻，根据电阻并联的公式可得

$$R_0 = \frac{4R \times 2R \times R}{R \times 2R + R \times 4R + 2R \times 4R} = \frac{8}{14}R = \frac{4}{7}R$$

根据虚地的概念可得，开关 d_0 接通时，流过 $8R$ 电阻上的电流 I_0 为

$$I_0 = \frac{R_0}{R_0 + 8R}Id_0 = \frac{R_0}{R_0 + 8R} \times \frac{V_{REF}}{2^3 R + \dfrac{R_0 8R}{R_0 + 8R}}d_0 = \frac{R_0 V_{REF}}{8R(R_0 + 8R) + R_0 8R}d_0$$

$$= \frac{R_0 V_{REF}}{16RR_0 + 64R^2}d_0 = \frac{\dfrac{4}{7}V_{REF}}{\left(\dfrac{64}{7} + 64\right)R}d_0 = \frac{4}{8 \times 64} \times \frac{V_{REF}}{R}d_0 = \frac{V_{REF}}{2^7 R}d_0$$

同理可得，开关 d_1 接通时，流过 $8R$ 电阻上的电流 I_1 为

$$I_1 = \frac{V_{REF}}{2^6 R} d_1$$

开关 d_2 接通时，流过 $8R$ 电阻上的电流 I_2 为

$$I_2 = \frac{V_{REF}}{2^5 R} d_2$$

开关 d_3 接通时，流过 $8R$ 电阻上的电流 I_3 为

$$I_3 = \frac{V_{REF}}{2^4 R} d_3$$

根据叠加定理可得

$$
\begin{aligned}
v_o &= -i_F R_F \\
&= -\left(\frac{1}{2^7} d_0 + \frac{1}{2^6} d_1 + \frac{1}{2^5} d_2 + \frac{1}{2^4} d_3 + \frac{1}{2^3} d_4 + \frac{1}{2^2} d_5 + \frac{1}{2^1} d_6 + \frac{1}{2^0} d_7 \right) \frac{V_{REF}}{R} \frac{R}{2} \\
&= -\frac{V_{REF}}{2^8} (2^0 d_0 + 2^1 d_1 + 2^2 d_2 + 2^3 d_3 + 2^4 d_4 + 2^5 d_5 + 2^6 d_6 + 2^7 d_7) \\
&= -\frac{V_{REF}}{2^8} (D_8)_{10}
\end{aligned}
$$

10.2.2　倒 T 型电阻网络 D/A 转换器

倒 T 型电阻网络 D/A 转换器是为了克服权电阻网络 D/A 转换器电阻阻值相差很大的缺点而研制的。倒 T 型电阻网络 D/A 转换器的电路组成如图 10-3 所示。

由图 10-3 可见，倒 T 型电阻网络 D/A 转换器内部只有 R 和 $2R$ 两种阻值的电阻，有效地解决了权电阻网络 D/A 转换器电阻阻值相差很大的缺点。

在图 10-3 中，因运算放大器的 v_+ 输入端为"虚地"端，所以，不管电子开关是否接地，与电子开关相连的电阻一端总是接地，由此可得计算受电子开关控制的各支路电流大小的等效电路如图 10-4 所示。

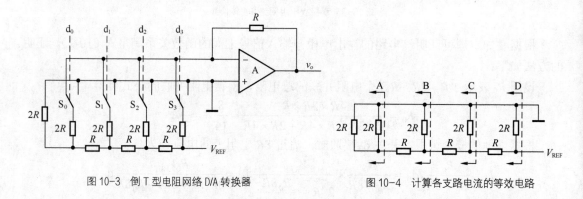

图 10-3　倒 T 型电阻网络 D/A 转换器　　　　图 10-4　计算各支路电流的等效电路

因图 10-4 所示电路的等效电阻为 R，所以电路的总电流 $I = \dfrac{V_{REF}}{R}$，根据并联分流公式可得各电子开关所在支路的电流为 $\dfrac{I}{2}$、$\dfrac{I}{4}$、$\dfrac{I}{8}$、$\dfrac{I}{16}$，根据反向加法器的计算公式可得图 10-3 所示电路的输出电压为

$$v_o = -I_F R = -\left(\frac{I}{16}d_0 + \frac{I}{8}d_1 + \frac{I}{4}d_2 + \frac{I}{2}d_3\right)R$$

$$= -\frac{V_{REF}}{2^4}(2^0 d_0 + 2^1 d_1 + 2^2 d_2 + 2^3 d_3) = -\frac{V_{REF}}{2^4}(D_4)_{10}$$

（10-3）

式（10-3）和式（10-1）完全相同，说明两种形式的 D/A 转换器计算输出电压的公式都是式（10-2）。

由上面的讨论可见，图 10-3 所示电路中的倒 T 型电阻网络和参考电压的作用是：为反向求和电路提供随输入的数字信号而变化的电流。用不同输出电流的电流源替代图 10-3 所示电路中的倒 T 型电阻网络和参考电压 V_{REF} 也可组成 D/A 转换器，这种形式的 D/A 转换器称为权电流型 D/A 转换器。

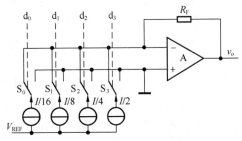

图 10-5　权电流型 D/A 转换器

权电流型 D/A 转换器中的电流源可由模拟电路中所介绍的电流源电路组成。权电流型 D/A 转换器的原理电路如图 10-5 所示。

利用 D/A 转换器和计数器可以组成阶梯波信号发生器，典型的阶梯波信号发生器电路如图 10-6（a）所示。

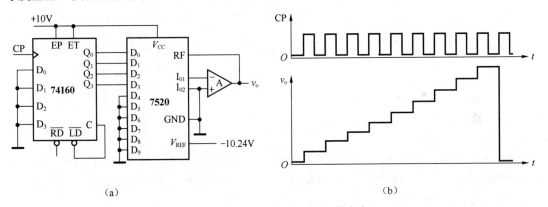

图 10-6　典型的阶梯波信号发生器电路

图 10-6（a）中的 CB7520 芯片是 D/A 转换器，该集成电路可将输入的 10 位二进制数代码转换成模拟信号输出。

在图 10-6（a）所示电路中，若参考电压 $V_{REF}=-10.24V$，在 CP 信号驱动下，图 10-6（a）所示电路的输出波形如图 10-6（b）所示，利用式（10-2）可标出输出阶梯波的信号幅度。

D/A 转换器还有权电容形和开关树形等形式，它们的工作原理与上述介绍的 D/A 转换器大致相同，这里不再赘述。

10.3　模/数转换器

10.3.1　A/D 转换器的基本组成

A/D 转换器可以将输入的模拟信号转换成数字信号输出。模拟信号的变化在时间和空间上均是连续的，而数字信号的变化在时间和空间上均是离散的，要将连续的模拟信号转化成离散的数字信号必须经过采样、量化和编码3个步骤。

1. 采样定理

实现 A/D 转换的第一步是采样，对输入信号进行采样的方法很多，通常的采样方法是利用采样脉冲信号驱动采样保持电路实现对输入信号的采样。最简单的采样保持电路如图 10-7（a）所示，图 10-7（b）所示为集成采样保持电路 LF198 的符号和典型连接图。

在图 10-7（a）所示电路中，输入信号 v_i 为模拟信号，采样控制信号 v_L 为方波信号，输出信号 v_o 为采样信号。

图 10-7（a）所示电路的工作原理是：当采样控制信号 v_L 为高电平时，场效应管 VT 导通，输入信号 v_i 经过 R_1 和 VT 对电容 C 充电，电容两端的电压与输入信号的值成正比，输出电压 $v_o = -v_C = -kv_i$；当采样脉冲 v_L 为低电平时，场效应管 VT 截止，输入信号 v_i 不能通过 VT 对电容 C 充电，电容两端的电压将保持采样结束时的值一段时间，输出电压 $v_o = -v_C$。模拟信号经采样后的采样信号如图 10-8 所示。

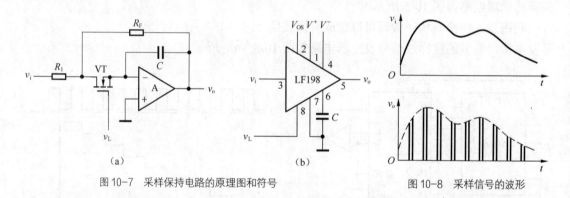

图 10-7 采样保持电路的原理图和符号   图 10-8 采样信号的波形

由图 10-8 可见，原来在时间上连续的信号，经采样后变成在时间上离散的采样信号。为了保证能够从采样信号中还原被采样的原信号，采样控制信号的频率 f_S 和输入信号的最高频率分量 $f_{i(max)}$ 之间要满足的关系为

$$f_S \geqslant 2f_{i(max)} \qquad\qquad (10\text{-}4)$$

式（10-4）称为采样定理或奈奎斯特定律。该定理是确定采样控制信号频率的重要依据。

例如，人耳朵能够听到声音信号的最高频率为 20kHz，在对模拟声音信号进行数字化处理时，根据采样定理可知，所用的采样频率必须大于等于 40kHz，CD 信号的采样频率用 44.1kHz 主要就是根据这个原理来确定的。

采样信号在满足式（10-4）的条件下，可以用一个低通滤波器将采样信号还原成模拟信号。

2. 量化和编码

图 10-8 所示的采样信号虽然在时间上是离散的，但在空间上还是连续的，为了得到在时间和空间上都是离散的数字信号，必须对图 10-7 所示的信号进行量化，将各时间段的采样信号量化成某一最小单位 Δ 的整数倍，然后再将量化后的信号表示成二进制数。将量化后的信号表示成二进制数的过程称为编码。

量化的最小单位Δ取决于编码的二进制数位数，编码的二进制数位数越大，量化的最小单位Δ越小。量化可以采用取舍的方法，也可以采用四舍五入的方法，采用不同的量化方法，具有不同的量化误差。

例如，将 $0\sim1$V 的模拟信号转化成 3 位的二进制数，因 3 位二进制数可以表示 8 种状态，所以量化的最小单位 $\Delta=\dfrac{1}{8}$，采用取舍的方法进行量化的量化电平图如图 10-9（a）所示，采用四舍五入的方法进行量化的量化电平图如图 10-9（b）所示。

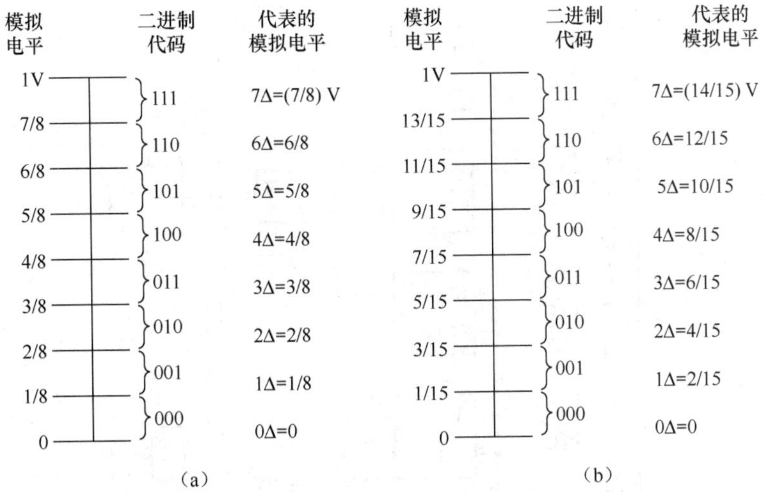

图 10-9　两种量化方法的量化电平图

由图 10-9 可见，采用图 10-9（a）所示的方法进行量化时，最大的量化误差为 $\dfrac{1}{8}$V，而采用图 10-9（b）所示的方法进行量化时，最大的量化误差仅为 $\dfrac{1}{15}$V，具有较小的量化误差，在 A/D 转换器中通常采用图 10-9（b）所示的量化方法。

10.3.2　直接 A/D 转换器

直接 A/D 转换器的功能是将输入的模拟电压信号直接转换成二进制代码输出。常用的直接 A/D 转换器有并联比较型和反馈比较型两种。

1. 并联比较型 A/D 转换器

并联比较型 A/D 转换器的电路组成如图 10-10 所示。

由图 10-10 可见，并联比较型 A/D 转换器电路由电压比较器、D 触发器和编码器 3 部分组成。

图 10-10 所示电路的工作原理是：电压比较器前面的 8 个电阻组成串联分压电路，为各电压比较器提供合适的参考电压，各电压比较器的参考电压就是该电压比较器输出的量化电压。根据串联分压公式可得，电路的最小量化单位 $\Delta=\dfrac{2}{15}$，即采用图 10-9（b）所示的方法进行量化。

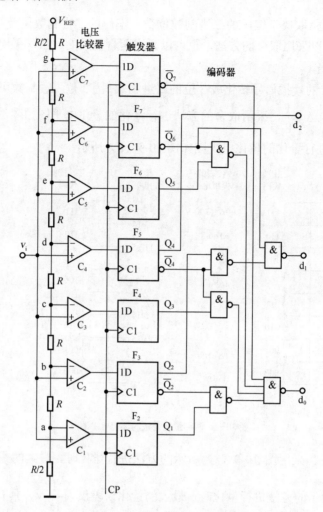

图 10-10　并联比较型 A/D 转换器

设输入电压 v_i 的值在 $\dfrac{5}{15}V_{REF}$ 到 $\dfrac{7}{15}V_{REF}$ 之间时，电压比较器 C_1、C_2、C_3 输出为高电平"1"，C_4、C_5、C_6、C_7 输出为低电平 "0"，这些输出信号由 D 触发器记忆。同理可得，输入电压为其他值时，D 触发器所记忆数值的不同组态被编码器编码成不同的数字信号输出，编码器的真值表如表 10-1 所示。

表 10-1　　　　　　　　　并联比较型 A/D 转换器编码器的真值表

输入模拟电压 v_i	D 触发器的状态							输出的数字量		
	Q_7	Q_6	Q_5	Q_4	Q_3	Q_2	Q_1	d_2	d_1	d_0
$\left(0-\dfrac{1}{15}\right)V_{REF}$	0	0	0	0	0	0	0	0	0	0
$\left(\dfrac{1}{15}-\dfrac{3}{15}\right)V_{REF}$	0	0	0	0	0	0	1	0	0	1
$\left(\dfrac{3}{15}-\dfrac{5}{15}\right)V_{REF}$	0	0	0	0	0	1	1	0	1	0

输入模拟电压 v_i	D 触发器的状态							输出的数字量		
	Q_7	Q_6	Q_5	Q_4	Q_3	Q_2	Q_1	d_2	d_1	d_0
$\left(\dfrac{5}{15}-\dfrac{7}{15}\right)V_{REF}$	0	0	0	0	1	1	1	0	1	1
$\left(\dfrac{7}{15}-\dfrac{9}{15}\right)V_{REF}$	0	0	0	1	1	1	1	1	0	0
$\left(\dfrac{9}{15}-\dfrac{11}{15}\right)V_{REF}$	0	0	1	1	1	1	1	1	0	1
$\left(\dfrac{11}{15}-\dfrac{13}{15}\right)V_{REF}$	0	1	1	1	1	1	1	1	1	0
$\left(\dfrac{13}{15}-1\right)V_{REF}$	1	1	1	1	1	1	1	1	1	1

根据表 10-1 可得编码器各输出变量的逻辑关系式为

$$d_2 = Q_4$$
$$d_1 = Q_6 + \overline{Q}_4 Q_2$$
$$d_0 = Q_7 + \overline{Q}_6 Q_5 + \overline{Q}_4 Q_3 + \overline{Q}_2 Q_1$$

（10-5）

图 10-9 所示电路中的编码器就是根据式（10-5）来搭建的。

并联比较型 A/D 转换器的优点是转换速度快，存在的问题是电路较复杂，需要用很多的电压比较器和触发器。在转换速度许可的条件下，可以采用反馈比较型 A/D 转换器。

2. 反馈比较型 A/D 转换器

反馈比较型 A/D 转换器的电路组成如图 10-11 所示。

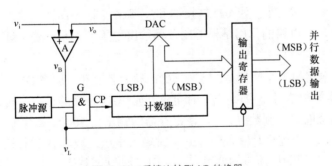

图 10-11 反馈比较型 A/D 转换器

由图 10-11 可见，反馈比较型 A/D 转换器是由 D/A 转换器、电压比较器、脉冲信号源、计数器、输出寄存器等电路组成。

反馈比较型 A/D 转换器的工作原理是：当控制电压 v_L 为低电平时，计数器先被复位，计数器的输出为初态 000，描述计数器初态的数字量加到 D/A 转换器的输入端，产生一个输出信号 v_o，将输出信号送到电压比较器 A 与输入电压 v_i 进行比较。

在控制电压 v_L 为低电平时开始转换，当 $v_o < v_i$ 时，电压比较器 A 输出高电平信号"1"，脉冲源输出的方波信号可通过与门电路产生 CP 信号，计数器对输入的 CP 脉冲进行计数，

计数器所产生的数字量又输入 DAC 产生另一个输出信号 v_o，该输出信号再与输入电压 v_i 进行比较。周而复始，直到 $v_o > v_i$ 时，电压比较器 A 输出低电平信号 "0"，该输出信号将门电路 G 封闭，脉冲源输出的方波信号不能通过门电路 G 产生 CP 信号，计数器的计数工作停止。计数器所计的数字等于 A/D 转换器输出的数字，该数字将寄存在输出寄存器中，当控制信号 v_L 从高电平跳变到低电平时，所产生的脉冲下降沿驱动输出寄存器输出转换后的数字信号。

反馈比较型 A/D 转换器的电路结构较简单，但转换的速度很慢，当输出为 n 位二进制代码时，最长的转换时间为 $2^n - 1$，采用逐次渐近型的 A/D 转换器可提高转换的速度。

3. 逐次渐近型 A/D 转换器

逐次渐近型 A/D 转换器的电路组成如图 10-12 所示。

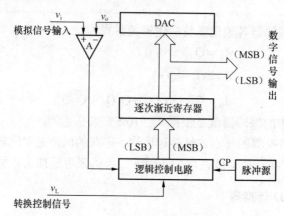

图 10-12　逐次渐进型 A/D 转换器结构图

由图 10-12 可见，逐次渐近型 A/D 转换器和反馈比较型 A/D 转换器组成结构的差别主要在逻辑控制电路上，该电路的作用是根据比较器输出电压的大小，确定逐次渐近寄存器所存储数字信号的值。

图 10-12 所示电路的工作原理是：转换开始时寄存器复位，加在 DAC 上的数字信号为数字量 0000。在转换控制信号 v_L 为高电平时电路开始 A/D 转换的过程。转换开始时，脉冲源首先将寄存器最高位的二进制数置成 1，使寄存器的输出为 1000。数字量 1000 经 DAC 的变换后输出模拟信号 v_o，该信号与输入信号 v_i 同时输入电压比较器 A 进行比较。设比较的结果为 $v_i > v_o$，电压比较器的输出信号为低电平 0，说明 1000 的数字太小了，最高位的 1 应保留，同时将次高位的 0 置成 1，逐次渐近寄存器的输出为 1100。

数字量 1100 再次经 DAC 的变换后输出模拟信号 v_o，该信号又与输入信号 v_i 在电压比较器 A 进行比较。设比较的结果为 $v_i < v_o$，电压比较器的输出信号为高电平 1，说明 1100 的数字太大了，次高位的 1 不能保留，将次高位的 1 转换成 0 的同时，将下一位的 0 置成 1，逐次渐近寄存器的输出为 1010。周而复始地进行比较，直到最低位被置成 1，并经比较器判断置 1 正确与否后，转换的过程才结束。

由上面的讨论可见，图 10-11 所示电路采用逐次渐近的方法来选择 DAC 的输入数字量，可以在较短的时间内找出正确的结果，所以转换的速度较快。

10.3.3 间接 A/D 转换器

A/D 转换器除了上面介绍的直接 A/D 转换器外，还有间接 A/D 转换器。目前，使用较多的间接 A/D 转换器是电压-频率变换型 A/D 转换器和双积分型 A/D 转换器。电压-频率变换型 A/D 转换器的组成如图 10-13 所示。

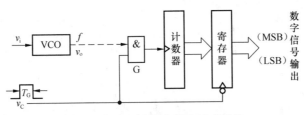

图 10-13 电压-频率变换型 A/D 转换器

由图 10-13 可见，电压-频率变换型 A/D 转换器由压控振荡器（VCO）、计数器、寄存器、时钟信号控制门等电路组成。

图 10-13 电路的工作原理是：输入信号 v_i 为压控振荡器的输入电压，VCO 在该电压的控制下将产生一个频率 f 与输入电压大小成正比的方波信号输出。当转换控制脉冲 v_C 为高电平时，VCO 输出的方波信号通过门电路 G 被计数器计数。当输入电压 v_i 较大时，因 VCO 输出信号的频率较大，在相同的时间间隔 T_G 内计数器计数的数较大，输出信号的数值也较大；当输入电压 v_i 较小时，因 VCO 输出信号的频率较小，在相同的时间间隔 T_G 内，计数器计数的数较小，输出信号的数值也较小。实现将电压变换成频率，再变换成数字量的间接 A/D 转换。

双积分型 A/D 转换器电路的组成如图 10-14 所示。

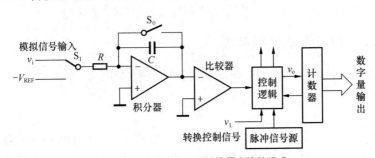

图 10-14 双积分型 A/D 转换器电路的组成

由图 10-14 可见，双积分型 A/D 转换器电路由积分器、电压比较器、控制逻辑、脉冲信号源、计数器等电路组成。

图 10-14 所示电路的工作原理是：开始转换之前，因转换控制信号 $v_L=0$，计数器被复位，同时开关 S_0 导通，电容 C 被放电。

当转换控制信号 $v_L=1$ 时，A/D 转换器开始 A/D 转换的工作。转换开始时，开关 S_0 断开，同时开关 S_1 与模拟信号输入端相连接，输入的模拟信号对积分器中的电容 C 充电。在固定的时间 T_1 内，积分器的输出电压 v_o 为

$$v_o = -\frac{1}{C}\int_0^{T_1} \frac{v_i}{R}\mathrm{d}t = -\frac{T_1}{RC}v_i \tag{10-6}$$

式（10-6）说明在充电时间固定的前提下，积分器的输出电压与输入电压成正比。充电结束后，开关 S_1 拨到参考电压输入端，因参考电压为负值，积分器将被反向充电。

在积分器被反向充电的同时，电路中的控制逻辑启动计数器开始计数，计数器计数的时间受电压比较器输出电压的控制。图 10-14 中的电压比较器是过零电压比较器，过零电压比较器的输入电压是积分器的输出电压。设积分器的输出电压下降到 0 时对应的时间为 T_2，根据积分器输出电压和输入电压的关系可得

$$v_o = \frac{1}{C} \int_0^{T_2} \frac{V_{REF}}{R} dt - \frac{T_1}{RC} v_i = \frac{V_{REF} T_2}{C} - \frac{T_1}{RC} v_i = 0 \tag{10-7}$$

根据式（10-7）可得

$$T_2 = \frac{T_1}{V_{REF}} v_i \tag{10-8}$$

由式（10-8）可见，积分器输出电压下降到 0 的时间与输入电压 v_i 成正比。若令计数器在 T_2 时间段内对固定频率 $f_c = \frac{1}{T_c}$ 的 CP 信号进行计数，则计数器的输出信号 $D = \frac{T_2}{T_c}$，因 T_2 与输入信号 v_i 成正比，所以，计数器的输出信号与输入信号 v_i 也成正比，该信号就是 A/D 转换器的输出信号。由此可得，图 10-14 所示电路 A/D 转换器的输出信号为

$$D = \frac{T_2}{T_c} = \frac{T_1}{T_c V_{REF}} v_i \tag{10-9}$$

10.4 A/D 和 D/A 的使用参数

在使用 A/D 和 D/A 时要注意的参数主要是转换精度和转换速度。

10.4.1 A/D 和 D/A 的转换精度

A/D 和 D/A 的转换精度通常用分辨率和转换误差来描述。

1. 分辨率

A/D 或 D/A 的分辨率与输出或输入的二进制数位数相关。在输出或输入为 n 位的 A/D 或 D/A 转换器中，能够区分的输出电压或输入电压有 2^n 个不同的状态。在这 2^n 个不同等级的模拟电压中，当输出或输入的数字量只有最低位是 1 时，所对应的输出或输入的电压值为最小；当输出或输入的数字量各位的数字都是 1 时，所对应的输出或输入的电压值为最大。在数字电路中用最小电压与最大电压的比值来描述 A/D 或 D/A 器件的分辨率。

例如，在输出或输入为 10 位二进制数的情况下，A/D 或 D/A 的分辨率为

$$\frac{1}{2^{10} - 1} \approx \frac{1}{2^{10}} = 0.001$$

在输出或输入为 8 位二进制数的情况下，A/D 或 D/A 的分辨率为

$$\frac{1}{2^8 - 1} \approx \frac{1}{2^8} = 0.039$$

说明输出或输入的二进制数位数越大，器件的分辨率越高。

2. 转换误差

在转换器中，转换误差通常以相对误差的形式给出，它表示转换器实际输出或输入的数字量和理想输出或输入的数字量之间的差别，并用最低有效位的倍数来表示。

例如，相对误差$\leq \dfrac{LSB}{2}$的 A/D 或 D/A 的含义是指，实际输出或输入的数字量和理想得到的数字量之间的误差不大于最低位数值的 1/2。

A/D 或 D/A 的转换误差与电路的工作环境等许多因素有关，其中关系最密切的两个因素是外界参考电压的稳定性和器件温度的稳定性。

10.4.2 A/D 和 D/A 的转换速度

描述 D/A 转换器转换速度的主要参数是建立时间 t_S。建立时间 t_S 的定义为：大信号工作状态下，输出电压达到某一规定值时所需的时间。目前集成电路 D/A 转换器的建立时间小于 0.1μs。

A/D 转换器的转换速度主要取决于电路的类型，不同种类的 A/D 转换器转换速度的差别非常大。并联比较型 A/D 转换器的转换速度最高，逐次渐近型次之。目前集成电路 A/D 转换器的转换速度多数 10～50μs。

本 章 小 结

用数字电路来处理模拟信号的问题，必须先用 A/D 将模拟信号转换成数字信号，数字信号经数字电路处理后，再通过 D/A 将数字信号转换成模拟信号后输出。

实现 A/D 转换的过程为采样、量化和编码。采样控制信号的频率与信号最高频率分量之间的关系要满足采样定理

$$f_S \geq 2f_{i(max)}$$

采用四舍五入的方法进行量化引起的量化误差较小。A/D 转换器有直接比较型、反馈比较型、逐次渐近型、双积分型 A/D 转换器等类型，直接比较型的 A/D 转换器转换的速度最快，而双积分型 A/D 转换器的速度最慢。

D/A 转换器主要有权电阻网络和倒 T 型电阻网络两种类型，D/A 转换器的输出电压为

$$v_o = -\frac{V_{REF}}{2^n}(D_n)_{10}$$

习　题

10.1　请列举在日常生活中所接触到的使用 A/D 和 D/A 器件的电子产品。

10.2　已知 D/A 转换器 CB7520 内部电路结构是倒 T 型电阻网络，该器件可将输入的 10 位二进制数转换成模拟电压信号输出，设 D/A 转换器电路所加的参考电压为 4V，输入的数字信号是 $(5C)_H$，则输出电压的值是多少？

10.3　在图 10-15 所示的电路中，若参考电压 $V_{REF} = -10.24V$，在 CP 信号驱动下，画出电

路的输出波形，并标明输出阶梯波的信号幅度。

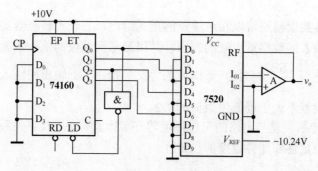

图 10-15　题 10.3 图

10.4　已知输入模拟信号的最高频率为 5kHz，要将输入的模拟信号转换成数字信号，必须经历哪几个步骤？采样信号的最低频率是多少，才能保证从采样信号中恢复被采样的信号？

10.5　如果要将一个最大幅值为 5.1V 的模拟信号转换为数字信号，要求能分辨出 5mV 的输入信号的变化，试问应选用几位的 A/D 转换器？

10.6　简单说明双积分型 A/D 转换器的工作原理，推导双积分型 A/D 转换器输出信号 D 随输入信号 v_i 变化的关系式。

第 **11** 章 半导体存储器和可编程逻辑器件

11.1 半导体存储器

半导体存储器是一种能存储大量二进制信息或二进制数据的半导体器件。在电子计算机以及其他数字控制系统的工作过程中，都需要对大量的数据进行存储。因此，存储器是数字控制系统不可缺少的组成部分。由于计算机处理的数据量越来越大，运算速度越来越快，这就要求存储器具有更大的存储容量和更快的存取速度，故通常把存储器容量和存取速度作为衡量存储器性能的重要指标。

11.1.1 只读存储器

只读存储器（Read Only Memory，ROM），又称为固定存储器，在正常工作的情况下，数据只能从存储器中读出，而不能写入，输出和输入的逻辑关系满足组合逻辑电路的方程 $Y=F(A)$，所以，ROM 也是一种组合逻辑电路，其组成框图如图 11-1 所示。

由图 11-1 可见，ROM 由地址译码器、存储矩阵和输出缓冲器 3 部分电路组成，最简单的 ROM 是采用掩模工艺制成的二极管阵列，图 11-2 所示为一个存储容量为 4×4 的 ROM。

由图 11-2 可见，地址译码器由二极管与阵列组成，2 输入变量的地址码可确定 4（2^2）根输出信号线，这些信号线称为字线，用字母 W 加角标来标注，如图中的 W_0、W_1 等。设图 11-2 所示电路的输入地址码 A_1A_0 为 10，根据二极管与

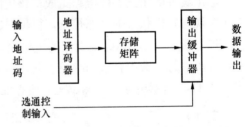

图 11-1 ROM 的组成框图

阵列的工作原理可得，字线 W_2 为高电平"1"，其余的字线都为低电平"0"。

若将 4 根字线的输出信号当作存储矩阵的输入信号，由图 11-2 可见，ROM 中的存储矩阵由二极管或阵列组成，二极管或阵列是编码器，该编码器的 4 根输出线称为位线，位线用字母 D 加角标来标注，如图 11-2 中的 D_3、D_2 等。

若将二极管与阵列的 4 根字线输出信号看成是存储器的选通信号，4 根字线可分别选通 ROM 内部的 4 个存储器，当输入地址码为 10 时，2 号存储器被选通。或阵列的 4 根位线也可解释为每个存储器内有 4 个存储单元，存储单元是存储器最基本的存储细胞，每一个存储

单元可存储一位二进制数信息，在图 11-2 所示电路中，存储单元由二极管组成，有二极管的地方表示该存储单元存储的数据是"1"，没有二极管的地方表示该存储单元存储的数据是"0"，由此可得 2 号存储器内所存储的 4 位二进制数 $D_3D_2D_1D_0$ 为 0100。

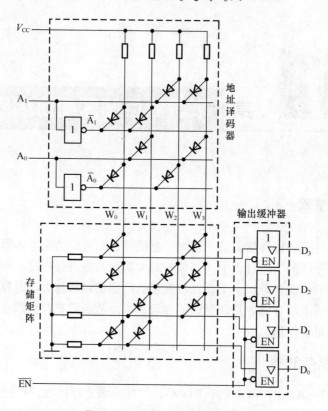

图 11-2　由二极管阵列组成的 ROM

输出缓冲器由三态门电路组成，该电路的作用有两个，一是提高 ROM 的带负载能力，二是实现对输出状态的三态控制，以便 ROM 电路功能的扩展及与系统总线的连接。

综上所述可得 ROM 读数据的工作原理是：在选通信号 $\overline{EN}$ 的作用下，ROM 将根据输入的地址码信号，选中合适的存储单元，将该存储单元内所存储的二进制数从输出数据线上输出。图 11-2 所示电路各存储单元内所存储的数据如表 11-1 所示。

表 11-1　　　　　　　　　　图 11-2 所示的 ROM 存储的数据

地 址 输 入		数 据 输 出			
A_1	A_0	D_3	D_2	D_1	D_0
0	0	1	1	0	1
0	1	0	0	1	1
1	0	0	1	0	0
1	1	1	1	1	0

根据二极管与阵列和或阵列的简化画法（有二极管处打点），可得图 11-2 所示 ROM 的点阵图如图 11-3 所示。

使用 ROM 要关心的主要参数除了 ROM 的工作速度外，还有 ROM 的存储容量。ROM

存储容量的定义是：字线×位线，单位是 bit。图 11-2 所示的 ROM 存储容量是 16bit。

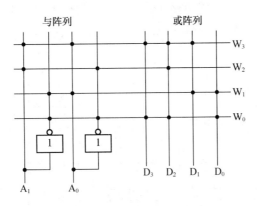

图 11-3　图 11-2 所示 ROM 的点阵图

当 ROM 的存储容量不够时，可以使用多片 ROM 进行扩展。扩展有字扩展和位扩展两种类型。

11.1.2　ROM 的扩展及应用

1．字扩展

当 ROM 的字线不够时要进行字扩展，因字线与 ROM 的存储器数有关，存储器数确定地址码的位数，所以，字扩展就是对地址译码器的地址码进行扩展，扩展的方法与译码器的扩展方法相同。下面举一个字扩展的例子。

【例 11-1】　将存储容量为 1KB×4 的 ROM 扩展成存储容量为 8KB×4 的 ROM。

解　存储容量为 1KB×4 的 ROM，表示该 ROM 的字线为 1KB，字线为 1KB 的 ROM 内部有 $2^{10}=1024$ 个存储器，描述 2^{10} 个存储器的地址码是 10 位的二进制数；8KB×4 的 ROM 内部有 $8\times1024=2^{13}$ 根字线，描述 2^{13} 根字线的地址码是 13 位的二进制数。字线不够，要进行字扩展，字扩展的关键就是输入地址码的扩展，将 8 片容量为 1KB×4 的 ROM 扩展成 8KB×4 的 ROM 连接图如图 11-4 所示。

由图 11-4 可见，字扩展可利用 74LS138 来实施，扩展的原理与第 7 章中例 7-2 的原理相同，这里不再赘述。

2．位扩展

当 ROM 输出的位线不够时要进行位扩展，位扩展的方法比较简单，只要将多片 ROM 的数据输出线并联使用即可。下面举一个位扩展的例子。

【例 11-2】　将存储容量为 1KB×4 的 ROM 扩展成存储容量为 1KB×8 的 ROM。

解　1KB×8 的 ROM 有 8 根数据输出线，而 1KB×4 的 ROM 只有 4 根数据输出线，将两片 1KB×4 的 ROM 并联使用即可实现位扩展，位扩展的连接图如图 11-5 所示。

3．用 ROM 实现组合逻辑电路

在 ROM 电路中，若将输入的地址码看成逻辑问题的输入变量，将输出的数据看成逻辑

问题的输出变量，则 ROM 输出和输入的关系就是一组多输出变量的逻辑函数。利用 ROM 实现多输出变量逻辑函数的组合逻辑电路非常简单，下面以七段字符显示译码器为例，讨论用 ROM 实现多输出变量组合逻辑电路的方法。

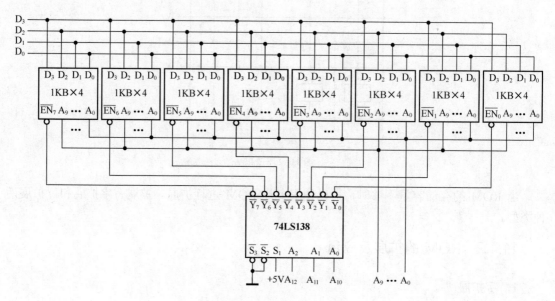

图 11-4 ROM 字扩展的连接图

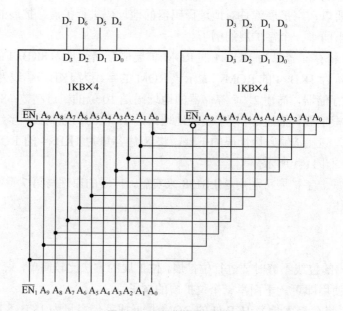

图 11-5 ROM 位扩展连接图

【例 11-3】 试用 ROM 设计一个七段字符显示译码器电路。

解 由 7.2.4 小节的内容可知，描述七段字符显示译码器逻辑功能的真值表如表 7-7 所示。由表 7-7 可得显示译码器各输出变量的最小项和为

$$\begin{cases} a = m_0 + m_2 + m_3 + m_5 + m_6 + m_7 + m_8 + m_9 \\ b = m_0 + m_1 + m_2 + m_3 + m_4 + m_7 + m_8 + m_9 \\ c = m_0 + m_1 + m_3 + m_4 + m_5 + m_6 + m_7 + m_8 + m_9 \\ d = m_0 + m_2 + m_3 + m_5 + m_6 + m_8 + m_9 \\ e = m_0 + m_2 + m_6 + m_8 \\ f = m_0 + m_4 + m_5 + m_6 + m_8 + m_9 \\ g = m_2 + m_3 + m_4 + m_5 + m_6 + m_8 + m_9 \end{cases} \tag{11-1}$$

式（11-1）中的每个最小项可用与阵列实现，与阵列的输出确定了 ROM 中的字线，七段字符显示器的输入变量是二-十进制 BCD 码有 10 根字线；7 个输出变量要求 ROM 有 7 根输出位线，根据画或阵列的规则可得用 ROM 组成的七段字符显示译码器的点阵图如图 11-6 所示。

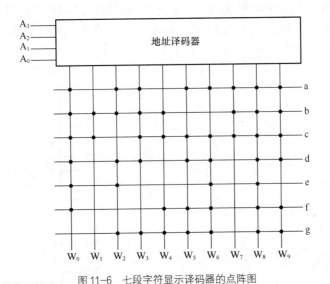

图 11-6　七段字符显示译码器的点阵图

由上述解题的过程可见，用 ROM 实现组合逻辑电路的方法是：将具体的逻辑问题抽象成真值表，根据真值表写出逻辑函数最小项和的式子，根据最小项和的式子，在 ROM 中找出与最小项角标相对应的字线，并在字线和位线的交叉点上打点即可。

11.1.3　几种常用的 ROM

1. 掩膜 ROM

掩膜 ROM 是采用掩膜工艺制成的，其中存储的数据是由制作过程中使用的掩膜板决定的。这种掩膜板是按照用户的要求而专门设计的，其存储单元内所存储的数据在出厂时就已固定，无法更改，主要用于存储计算机的固定程序和代码，在需要更改数据的场合不适用。

2. 可编程只读存储器（PROM）

PROM 的芯片在出厂时其存储单元均为 1（或均为 0），使用者可根据需要利用通用或专用的编程器，将某些单元"改写"为 0（或 1）。一次将全部有用信息写入存储矩阵，以后不再改变其中内容。这种写入操作亦称为"一次写入"。

图 11-7 所示为熔丝型 PROM 存储单元的原理图。它是由一只三极管和串在其发射极的快速熔丝组成。三极管的发射结相当于接在字线和位线之间的二极管。熔丝用很细的低熔点合金丝或多晶硅导线制成，在写入数据时只要设法将需要存入 0 的那些存储单元上的熔丝烧断就行了。

3. 可擦除的可编程只读存储器

这类存储器有用紫外线擦除的可编程只读存储器（Erasable PROM，EPROM）、电擦除的可编程只读存储器（Electrically Erasable PROM，EEPROM 或缩写为 E^2PROM）等。这类器件可以分别用紫外光照射或电的方法擦除已写入的数据，然后用电的方法重新写入新的数据。使用者可以根据需要多次改写存储器的内容，即写入的内容可以再次"抹去"重写。现在大量使用的是电擦除更改的 E^2PROM，用 E^2PROM 器件可以很方便地实现具有各种特定逻辑功能的电路。

常见的 E^2PROM 芯片有 2816、2817 等，2816 和 2817 芯片的存储容量都是 2KB×8。图 11-8 所示为 2817 芯片的引脚排列图。

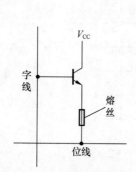

图 11-7 熔丝型 PROM 存储单元

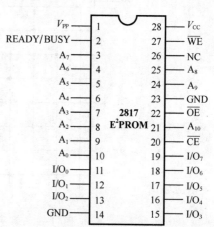

图 11-8 2817 芯片的引脚排列图

由图 11-8 可见，2817 是一个 28 脚的芯片，因该芯片的存储容量为 2KB×8，所以，该芯片有 11 根地址码输入端，8 根数据输入/输出端。除电源连接脚外其他引脚的功能是：

$\overline{CE}$ 为选通控制输入端；

$\overline{WE}$ 为写控制输入端；

$\overline{OE}$ 为读出控制输入端；

READY/$\overline{BUSY}$ 为准备/忙输入端。当需要在 2817 芯片上写数据时，只要让 $\overline{CE}=0$，$\overline{WE}=0$，READY/$\overline{BUSY}=1$，$\overline{OE}=1$，输入地址码和存储数据的内容即可。

读数据时，只要让 $\overline{CE}=0$，$\overline{WE}=1$，$\overline{OE}=0$ 即可，使用起来比较方便。

11.2 可编程逻辑器件

对于数字逻辑系统不仅需要简化设计过程，而且需要降低系统体积和成本，提高系统的可靠性，由此发明了可编程逻辑器件（Programmable Logic Device，PLD）。

PLD 的基本结构如图 11-9 所示，它由一个与阵列和一个或阵列组成，每个输出是输入的与或函数。阵列中输入线和输出线的交点通过逻辑元件相连接。这些元件是接通还是断开，根据器件的结构特征决定或由用户根据要求进行编程决定。

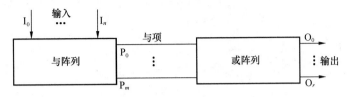

图 11-9　PLD 电路结构框图

11.2.1　PLD 的连接方式及基本门电路的 PLD 表示法

图 11-10 所示为 PLD 的连接方式，其中图 11-10（a）中的实点连接表示硬线连接，即固定连接，用户不能改变；图 11-10（b）中的"×"表示可编程连接；图 11-10（c）表示不连接，即断开连接。

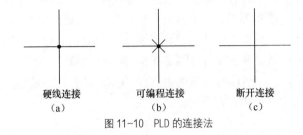

硬线连接　　　　可编程连接　　　断开连接
（a）　　　　　　　（b）　　　　　　（c）
图 11-10　PLD 的连接法

PLD 电路中门电路的表示法如图 11-11 所示。

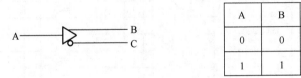

A	B	C
0	0	1
1	1	0

（a）PLD 的互补输出缓冲器

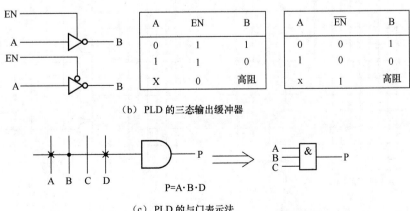

A	EN	B
0	1	1
1	1	0
X	0	高阻

A	$\overline{EN}$	B
0	0	1
1	0	0
x	1	高阻

（b）PLD 的三态输出缓冲器

$$P=A \cdot B \cdot D$$

（c）PLD 的与门表示法
图 11-11　PLD 电路中门电路的表示法

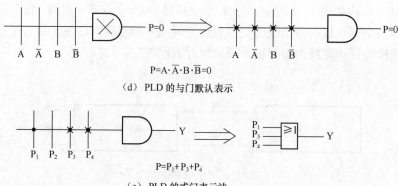

（d）PLD 的与门默认表示

$P=A \cdot \overline{A} \cdot B \cdot \overline{B}=0$

（e）PLD 的或门表示法

$P=P_1+P_3+P_4$

图 11-11 PLD 电路中门电路的表示法（续）

11.2.2 可编程阵列逻辑

可编程阵列逻辑（Programmable Array Logic，PAL），基本结构是由可编程的与门逻辑阵列和固定的或门逻辑阵列组成的，与前面提到的 PROM 一样，利用烧断熔断熔丝进行编程。PROM 实质上也是可编程逻辑器件，它包括一个固定的与门逻辑阵列（该与门逻辑阵列是全译码的地址译码器）和一个可编程的或门逻辑阵列。用 PAL 实现逻辑函数时，每个输出是若干个乘积之和，即用乘积项之和的形式实现逻辑函数，其中乘积项数目固定不变。

图 11-12（a）所示为某个 PAL 编程前的内部结构图，它的每个输出信号包含 4 个乘积项。图 11-12（b）所示为编程后的内部结构图。

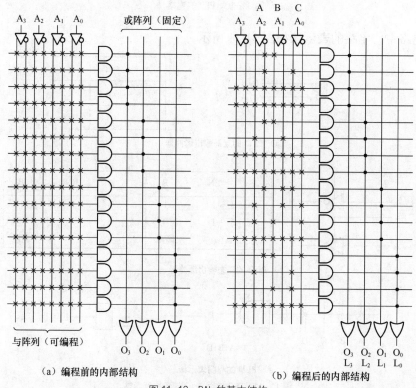

（a）编程前的内部结构　　　（b）编程后的内部结构

图 11-12 PAL 的基本结构

从图 11-12（b）可看出，用该 PAL 实现 4 个逻辑函数的产生。

$$L_0 = \overline{A}B\overline{C} + AC + BC \qquad\qquad L_1 = \overline{A}\overline{B}C + A\overline{B}\,\overline{C} + AB\overline{C}$$

$$L_2 = \overline{A}B + A\overline{B} \qquad\qquad L_3 = \overline{A}B + \overline{A}C$$

典型的 PAL 器件如 PAL16L8 的逻辑电路图如图 11-13 所示。电路内部包含 8 个与-或阵列和 8 个三态反相输出缓冲器。每个与-或阵列由 32 输入端的与门和 7 输入端的或门组成。引脚 1～9 以及引脚 11 作为输入端，用户可以根据自己的需要将引脚 13～18 用做输出端，或者输入端。例如，当引脚 15 的三态反相输出缓冲器的输出呈高组态时，该引脚可用做输入端，否则将作为输出端，且低电平有效。引脚 12 和 19 只能用作输出端。

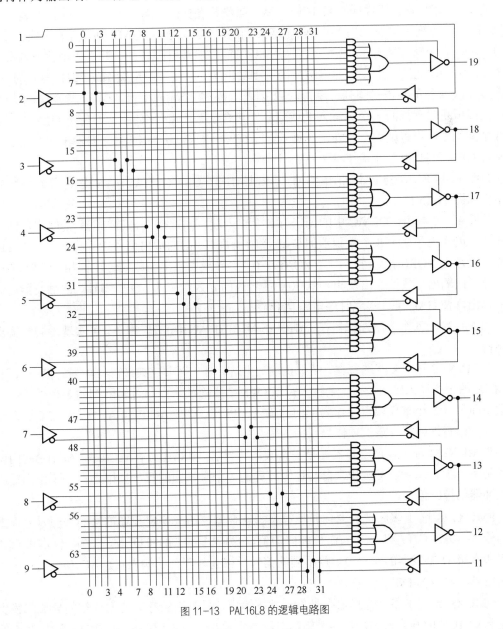

图 11-13 PAL16L8 的逻辑电路图

11.2.3 可编程通用阵列逻辑器件的基本结构

可编程通用阵列逻辑器件（GAL）是一种新型的、建立在 PAL 基础之上的可编程逻辑器件，它与 PAL 一样，也具有与阵列和或阵列的基本结构。GAL 采用电可擦除的 CMOS（E²COMS）工艺制造，可重新配制逻辑，可重新组态各个可编程单元，而 PAL 采用双极型熔丝工艺，一旦编程以后不能修改；GAL 在输出端引入了可编程的输出逻辑宏单元（Output Logic Macro Cell，OLMC），OLMC 可被编程为不同的工作状态，具有不同的电路结构。用 GAL 器件设计逻辑系统，不仅灵活性大，而且能对 PAL 器件进行仿真，并能完全兼容。GAL 和 PAL 器件都需要通用或专用编程器进行编程。

典型通用型 GAL 器件如 GAL16V8，其逻辑结构图如图 11-14 所示，它与 PAL 器件基本相似，即与门阵列可编程，或门阵列固定连接。由图 11-14 可见，GAL16V8 有 8 个输入端（引脚 2~9），每个输入端有一个输入缓冲器；8 个输出端（引脚 12~19），每个输出端有一个 OLMC，OLMC 通过一个三态输出缓冲器送到输出端，通过一个反馈/输入缓冲器到与逻辑阵列；32 列×64 行的与逻辑阵列可编程，32 列表示有 32 个输入变量，64 行表示有 64 个乘积项；组成或逻辑阵列的 8 个 8 输入的或门分别包含于 8 个 OLMC 中，即每个 OLMC 固定连接 8 个乘积项，不可编程；另外，引脚 1 是系统时钟 CK，引脚 11 是三态输出缓冲器的公共控制端 OE，引脚 20 为直流 V_{CC}（+5V）。

如图 11-14 所示，与 PAL 相比，GAL 结构上增加了 OLMC，GAL16V8 提供了一个 OLMC，其结构如图 11-15 所示。

从图 11-15 看出，OLMC 中的或门有 8 个输入端，固定接收来自与阵列的输出，即或门输出端只能实现不大于 8 个乘积项的与-或逻辑函数；或门的输出信号送到异或门，该异或门的输出极性受 XOR(n)信号控制，当 ROX(n)=0 时，异或门输出与或门输出同相，当 ROX(n)=1 时，异或门输出与或门输出反相。ROX(n)括号内的 n 为对应的 I/O 引脚号。D 触发器记忆或门的输出，使 GAL 可以实现时序电路功能。

OLMC 中的 4 个多路选择器在控制信号 AC(0)和 AC1(n)的作用下，可实现不同的输出电路结构。

PTMUX：2 选 1 多路选择器，是乘积项数据选择器，用来控制来自与阵列的第一乘积项。PTMUX 的一个输入是地，另一个输入是该 OLMC 所连的来自与逻辑阵列的 8 个乘积项的第一项，而另外 7 个乘积项直接作为或门的输入。PLMUX 在 AC(0)和 AC1(n)的与非运算结果控制下，选择地或第一乘积项作为或门的输入。

TSMUX：4 选 1 多路选择器，是三态数据选择器，TSMUX 在 AC(0)和 AC1(n)的两位编码控制下，从 V_{CC}、地、OE 和来自与逻辑阵列的 8 个乘积项的第一项中选择一个作为输出三态缓冲器的控制信号。

FMUX：8 选 1 多路选择器，是反馈数据选择器，用来决定反馈信号的来源。它根据控制信号 AC(0)、AC1(n)和 AC1(m)3 位编码的值，分别选择地、相邻 OLMC 的输出、本级 OLMC 输出和本级 D 触发器的输出 $\overline{Q}$ 4 路不同的信号反馈到与阵列的输入端。AC1(m)中的 m 表示邻级宏单元对应的 I/O 引脚号。

OMUX：2 选 1 多路选择器，是用于控制输出信号是否锁存。前面介绍的异或门输出直接送到 OMUX 的 0 输入端，作为逻辑运算组合型输出；异或门的输出在时钟信号 CLK 的上升沿存入 D 触发器，D 触发器的输出 Q 送到 OMUX 的 1 输入端，作为逻辑运算的寄存器型输出。OMUX 在 $\overline{AC0+AC1(n)}$ 运算结果控制下选择组合逻辑输出或寄存器输出。

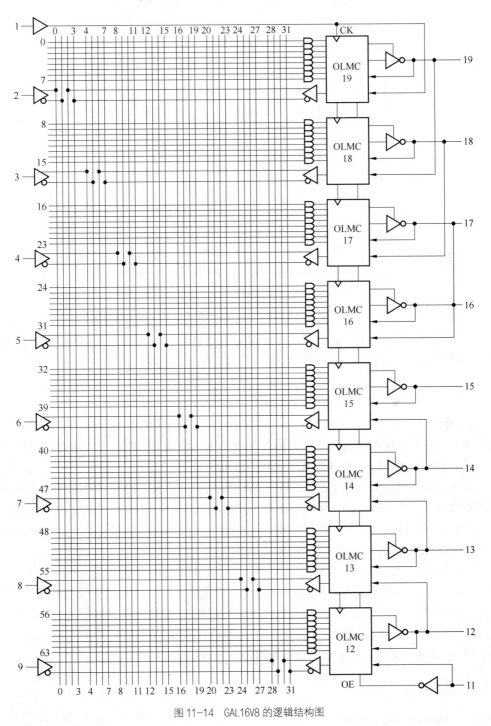

图 11-14　GAL16V8 的逻辑结构图

另外，GAL16V8 的各种配置是由机构控制字来控制，且有 3 种工作模式可供选择，即简单型、复杂型和寄存器型。

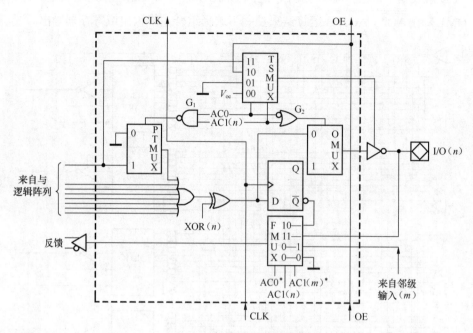

图 11-15　OLMC 的逻辑结构图

通过 GAL16V8 基本结构的简介，可以看出由于 GAL 器件中的 OLMC 提供了灵活的输出功能，因此编程后的 GAL 器件可以替代所有固定输出级的 PLD。

11.2.4　在系统可编程逻辑器件

除了前面介绍的 PAL、GAL 器件外，还有 EPLD（可擦除的可编程逻辑器件）等，都有共同的弱点，就是在编程时必须将它们从电路板上取下，插到专用的编程器上，在高压脉冲信号作用下完成编程工作后，再将器件插回电路板。

在系统可编程逻辑器件（In-System Programmable PLD，ISP-PLD）的特点是将原本属于编程器的编程电路和升压电路都集成在 ISP 器件内部，即可以直接将未编程的 ISP 器件焊接在电路板上，然后通过计算机的并行口和专用的编程电缆对焊接在电路板上的 ISP 器件进行多次编程，最终使器件具有所需要的逻辑功能。

ispLSI1016 是美国 Lattice 公司研制生产的一种在系统可编程逻辑器件，是电可擦 CMOS（E^2CMOS）器件。其芯片有 44 个引脚，其中 32 个是 I/O 引脚，4 个是专用输入引脚，集成密度为 2000 等效门，每片含 64 个触发器和 32 个锁存器，系统工作频率可达 110MHz。其功能框图和引脚图如图 11-16 所示。

由图 11-16 可以看出，ispLSI1016 的结构分为 5 个部分。

1. 集总布线区（GRP）

GRP（Global Routing Pool）位于芯片的中心，其任务是将所有片内逻辑关系联系在一起，供设计者使用。特点是其输入、输出之间的延迟恒定是可预知的。例如，110MHz 档级的芯片在带有 4 个 GLB 负载时其延迟时间为 0.8ns，与输入、输出的位置无关。

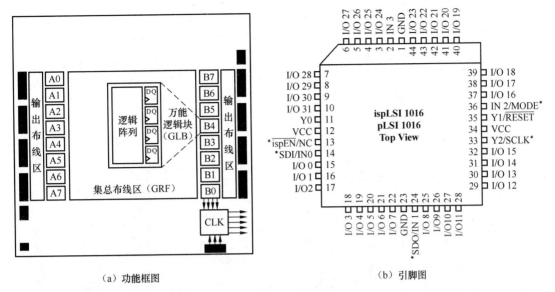

（a）功能框图　　　　　　　　　　　　（b）引脚图

图 11-16　ispLSI1016 的功能框图和引脚图

2. 万能逻辑块（GLB）

GLB（Generic Logic Block）是图 11-16 中 GRP 两边的小方块，每边 8 块，共 16 块。图 11-17 所示为 GLB 的结构图，它由与阵列、乘积项共享阵列、四输出逻辑宏单元和控制逻辑组成。

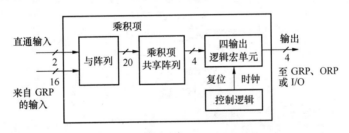

图 11-17　ispLSI 1016 器件 GLB 结构

图 11-18 所示为 GLB 的 5 种组态模式。ispLSI 1016 的与阵列有 18 个输入端，其中 16 个来自集中布线区，两个由 I/O 单元直通输入，每个 GLB 有 20 个与门，形成 20 个乘积项，再通过 4 个或门输出。

四输出宏单元中有 4 个触发器，每个触发器与其他可组态电路间的联系类似 GAL 的 OLMC（图 11-18 中未画出），它可被组态为组合输出或寄存器输出（靠触发器后面的 MUX 编程组态），组合电路可有"与-或"或"异或"两种方式，触发器也可组态为 D、T 或 JK 等形式。

由图 11-18 可以看出，乘积项共享阵列（Product Term Sharing Array，PTSA）的输入来自 4 个或门，而其 4 个输出则用来控制该单元中的 4 个触发器。至于哪一个或门送给哪一个触发器不是固定的，而是靠编程决定，一个或门输出可以同时送给几个触发器，一个触发器也可同时接受几个或门的输出信息（相互是或的关系），有时为了提高速度，还可以跨过 PTSA 直接将或门输出送到某个触发器。GRP 输出的 20 个乘积项按 4、4、5、7 分配给这 4 个或门，

　　每个或门输入的最上面一个乘积项（0、4、8、13）可以通过编程从对应的或门中游离出来，而跟或门的输出构成异或逻辑。乘积项中的 12、17、18、19 也可不加入相应的或门，此时，12 和 19 可作为控制逻辑的输入信号用。

　　图 11-18（a）所示为标准组态。4 个或门输入按 4、4、5、7 配置（图中所画阵列为未编程情况），每个触发器激励信号可以是或门中的一个或多个，故最多可以将所有 20 个乘积项集中于 1 个触发器使用，以满足多输入逻辑功能的需要。

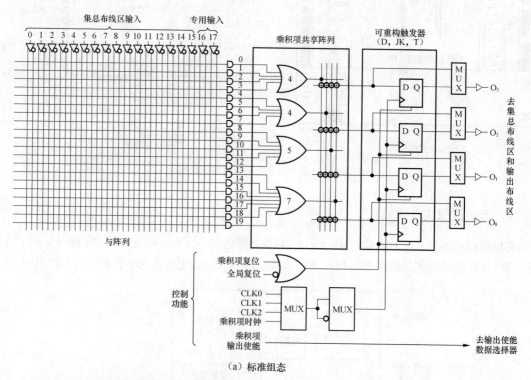

（a）标准组态

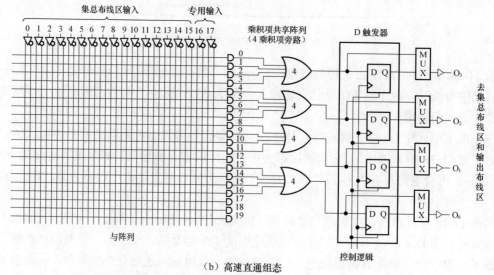

（b）高速直通组态

图 11-18　ispLSI 1016 器件 GLB 的几种组态

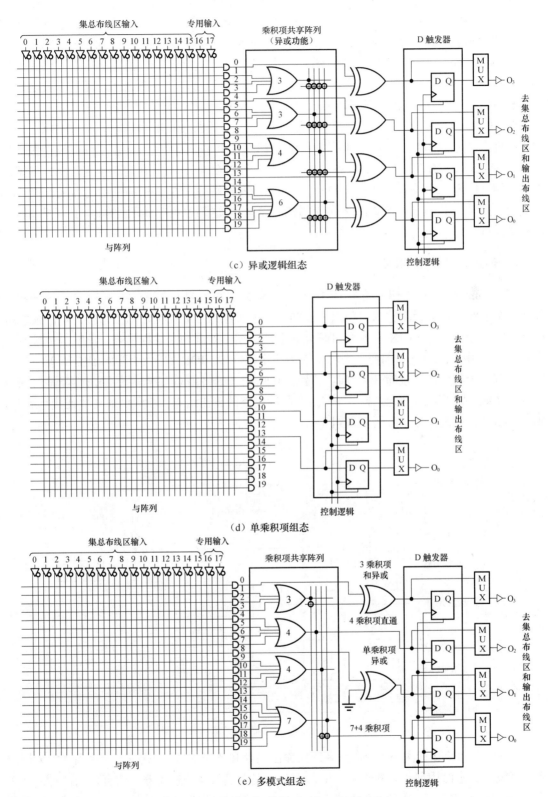

图 11-18 ispLSI 1016 器件 GLB 的几种组态（续）

图 11-18（b）所示为高速直通组态。4 个或门跨越了 PTSA 和异或门直接与 4 个触发器相连，也就避免了这两部分电路的延时，提供了高速的通道，可用来支持快速计数器设计，但每个或门只能有 4 个乘积项，且与触发器一一对应，不能任意调用。

图 11-18（c）所示为异或逻辑组态。采用 4 个异或门，各异或门的 1 个输入分别为乘积项 0、4、8、13，另一个输入则从 4 个或门输出中任意组合。此组态尤其适用于计数器、比较器和 ALU 的设计，D 触发器要转换成 T 触发器或 JK 触发器也要用此组态。

图 11-18（d）所示为单乘积项组态。将乘积项 0、4、8、13 分别跨越或门、PTSA、异或门直接输出，其逻辑功能虽简单，但比高速直通组态又少了一级（或门）延迟，因而速度最快。

图 11-18（e）所示为多模式组态。前面各模式可以在同一个 GLB 混合使用，构成多模式组态。图 11-18（e）是该组态的一例，其中输出 O_3 采用的是 3 乘积项驱动的异或模式，O_2 项采用的是 4 乘积项直通模式，O_1 项采用的是单乘积项模式，O_0 项采用的是 11 乘积项驱动的标准模式。

3. 输入输出单元（IOC）

IOC（Input Output Cell）是图 11-16（a）中最外层灰色的小方块，共有 32 个。其结构如图 11-19 所示。该单元有输入、输出和双向 I/O 三类组态，靠控制输出三态缓冲电路使能端的 MUX 来选择。该 MUX 有两个可编程的地址，图中所画为未编程状态，此时二地址输入端都接地，相应于 00 码，因而将高电平接至输出使能端，IOC 处于专用输出组态；若二地址输入中有一个与地的连接断开，即地址码为 10 或 01，则将由 GLB 产生的输出使能信号来控制输出使能，处于双向 I/O 组态或具有三态缓冲电路的输出组态；若两地址与地连接都断开，则将输出使能接地，处于专用输入组态。

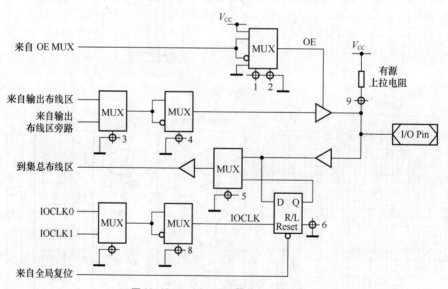

图 11-19　ispLSI 1016 器件 IOC 结构图

图 11-19 中第 2 行两个 MUX 用来选择输出极性和选择信号输出途径。第 3 行 MUX 则用来选择输入组态时用何种方式输入。IOC 中的触发器是特殊的触发器，它可以用两种方式工作：一是锁存方式，二是寄存器方式，这两种方式靠对触发器的 R/L 端编程来确定。触发器

的时钟由时钟分配网络提供，并可通过第 4 行的两个 MUX 选择和调整极性。触发器的复位则由芯片全局复位信号 RESET 实现。

综合上面各功能可以得到图 11-20 所示各种 I/O 组态，再与图 11-18 各 GLB 组态以及对 GLB 中四输出宏单元的组态方式相结合，便可得到几十种电路方式，使用非常灵活方便。每个 I/O 单元还有一个有源上拉电阻，当该 I/O 端不使用时，该电阻自动接上可以避免因输入悬空引入的噪声和减小电路的电源电流。正常工作时如接上上拉电阻也具有此优点。

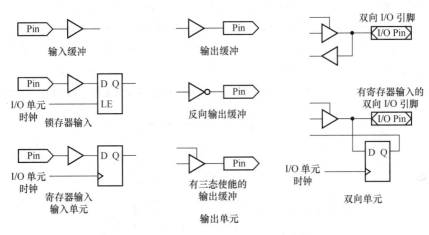

图 11-20　ispLSI 1016 器件 I/O 组态举例

4．输出布线区（ORP）

ORP（Output Routing Pool）的结构如图 11-21 所示，它的作用是把 GLB 的输出信号接到 I/O 单元。8 个通用逻辑块和 16 个 I/O 单元共用一个输出布线区，每个 GLB 的输出可以分别接到 4 个 I/O 单元。例如，通过对输出布线区的编程，各个 GLB 的输出都可以接到 I/O3、

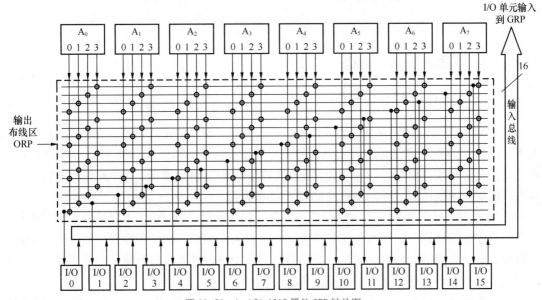

图 11-21　ispLSI 1016 器件 ORP 结构图

I/O7、I/O11、I/O15 中的任一个。而对 GLB 中乘机项共享阵列的编程，可以使 GLB 中的 4 个输出位置互换。因此，实际上能够做到把每一个 GLB 的输出送到本宏模块内任一个 I/O 单元，这些工作是由软件的布线程序完成的。

5．时钟分配网络（CDN）

ispLSI 1016 器件的 CDN（Clock Distribution Network）如图 11-22 所示。它有 3 个外部时钟引脚，其中 Y_0 脚直接连至 CLK_0，Y_1 连至全局复位及时钟分配网络，Y_2 也连接至时钟分配网络。在每个器件的内部都有一个确定的 GLB 与时钟分配网络相连，这个 GLB 既可以作为普通的 GLB 使用（此时不与时钟分配网络相连），又可以用来产生时钟。在 ispLSI 1016 器件内部，GLB B_0 的 4 个输出 O_0~O_3 与时钟分配网络相连，产生 CLK_1、CLK_2、$IOCLK_0$、$IOCLK_1$ 时钟。在这种情况下，这 4 个时钟是用户定义的内部时钟。其中 $IOCLK_0$ 及 $IOCLK_1$ 用做 I/O 单元的时钟。

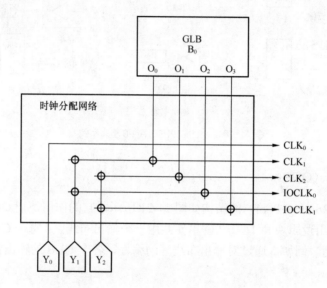

图 11-22　ispLSI 1016 器件的时钟分配网络

11.3　可编程逻辑器件的编程

11.3.1　PLD 的开发系统

随着 PLD 集成度的不断提高，其编程也日益复杂，设计的工作量也越来越大。在这种情况下，PLD 的编程工作必须在开发系统的支持下才能完成。为此，一些 PLD 的生产厂商和软件开发公司都相继研制了各种功能完善、高效率的 PLD 开发系统。其中有些还有较强的通用性，能支持不同厂家、不同型号的 PLD 产品的开发。

PLD 开发系统包括软件和硬件两部分。开发系统软件是指 PLD 专用的编程语言和相应的汇编程序或编译程序。开发系统软件大体上可分为汇编型、编译型和原理图收集型 3 种。PLD 使设计人员在设计时大大增加了灵活性，可以更方便地实现各种复杂电路的设计。所有 PLD 开发系统软件都可以在计算机或工作站上运行。

开发系统的硬件包括计算机和编程器。计算机（一般 PC 即可）上安装有 PLD 的开发系统软件和运行开发系统软件，根据用户输入的源程序产生编程数据；编程器是对 PLD 进行写入和擦除的专用装置，能提供写入或擦除操作所需要的电源电压和控制信号，通过串行接口从计算机接收编程数据，并最终将编程数据写进 PLD 器件中。早期生产的编程器往往只适用于一种或少数几种类型的 PLD 产品，而目前生产的编程器都具有较强的通用性。在系统可编程逻辑器件（ISP-PLD）在编程时不需要编程器。计算机与电路板上的 ISP-PLD 器件之间通过编程电缆连接，通过电缆，计算机将产生的编程数据直接送入 ISP-PLD。

11.3.2　PLD 编程的一般步骤

（1）进行逻辑抽象。先把需要实现的逻辑功能表示为逻辑函数的形式，即写出逻辑方程、真值表或状态转换表（或图）。

（2）选定 PLD 的类型和型号。确定是组合逻辑电路还是时序逻辑电路，电路的规模和特点，对工作速度、功耗等的要求。

（3）选定 PLD 的开发系统。

（4）按编程语言的规定格式编写源程序。

（5）上机运行。将源程序输入计算机，并运行相应的编译程序或汇编程序，产生 JEDEC 下载文件和其他程序说明文件。

所谓 JEDEC 下载文件是一种由电子器件工程联合会制定的记录 PLD 编程数据的标准格式文件。一般的编程器都要求以这种文件格式输入编程数据。

（6）下载。将 JEDEC 下载文件由计算机送给编程器，再由编程器将数据写入 PLD 中。

注意：在系统可编程逻辑器件（ISP-PLD）不需要编程器，由计算机直接将编程数据送入 ISP-PLD 器件。

（7）测试。将写好数据的 PLD 从编程器上取下，插回电路板，用实验的方法测试它的逻辑功能，检查它是否达到了设计要求。

注意：ISP-PLD 器件是"在系统"编程，是不需要编程器的，所以下载完成后直接在电路板上检测其功能即可。

11.4　CPLD 及 FPGA 简介

随着微电子设计技术和工艺的发展，可编程逻辑器件从能够完成中等规模的数字逻辑功能 PAL 和 GAL，发展到可完成超大规模的复杂组合逻辑与时序逻辑的复杂可编程逻辑器件（Complex Programmed Logical Device，CPLD）和现场可编程门阵列（Field Programmed Gate Array，FPGA）。高端的 FPGA 集成了中央处理器（CPU）或数字处理器内核（DSP），可实现可编程片上系统（System On Programmable Chip，SOPC）。

11.4.1　CPLD 及 FPGA 基本结构

CPLD 是在 PAL、GAL 的基础上发展起来的，一般采用 E^2CMOS 或 FLASH 工艺，其基本结构包括可编程 I/O 单元、基本逻辑单元、布线池及其他辅助功能模块，基本结构如图 11-23 所示。CPLD 可完成较复杂、较高速度的逻辑设计。由于 CPLD 与 FPGA 的结构和功能有一定的相似之处，所以下面与 FPGA 一起介绍。

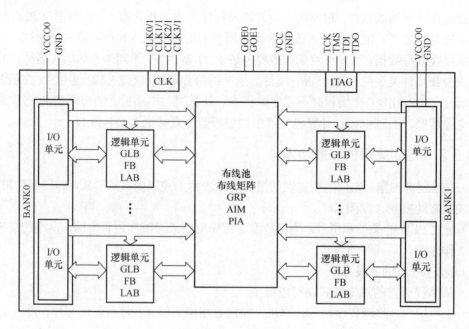

图 11-23　CPLD 基本结构

FPGA 是在 CPLD 基础上发展起来的，一般采用 SRAM 工艺，也有一些专用器件采用 Flash 或反熔丝（Anti-Fuse）工艺等。FPGA 的集成度很高，器件密度可从数万逻辑门到数千万逻辑门不等，能完成极其复杂的时序、组合逻辑电路功能。FPGA 的基本结构包括可编程 I/O（Input/Output）单元、基本逻辑单元、嵌入式块 RAM、布线资源、底层嵌入功能单元及专用硬核等，FPGA 基本结构如图 11-24 所示。

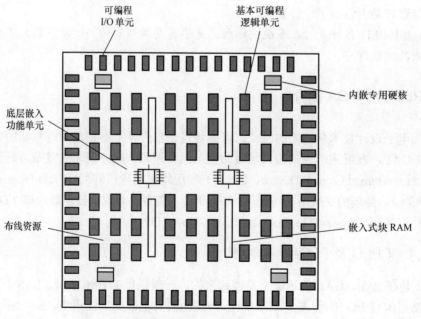

图 11-24　FPGA 基本结构

1．可编程 I/O 单元

这部分是芯片与外界电路的接口，可完成不同电气标准（如 LVTTL、LVCMOS、LVDS、LVPECL、PCI 等）的 I/O 信号的驱动和匹配，支持的传输速率也越来越高，有的可达 10Gbit/s。而 CPLD 支持的电气标准较少，传输速率也较低。

2．基本可编程逻辑单元

这部分是可编程逻辑器件的主体，通过不同的设计输入可改变器件的内部连接及配置，从而实现不同设计要求的逻辑功能。FPGA 的可编程逻辑单元大多是由查找表（Look Up Table，LUT）和寄存器（Register）组成的。在 CPLD 中的基本逻辑单元称为宏单元，主要由与、或阵列及触发器构成。

3．嵌入式块 RAM

FPGA 内部的块 RAM（Block RAM）可以配置为单端口 RAM、双端口 RAM（Double Port RAM，DPRAM）、FIFO（First In First Out）等常用存储器。另外，除了块 RAM，有些 FPGA 也可以将 LUT 配置成 RAM、ROM、FIFO 等存储结构，通常被称作分布式 RAM（Distributed RAM）。

4．布线资源

FPGA 通过布线资源连通内部所有单元，连线的长度和工艺决定信号在连线上的驱动能力和传输速率。FPGA 的布线资源根据工艺、长度、宽度和分布位置的不同可分为以下几类。

（1）全局布线资源：完成器件内部的全局时钟和全局复位的布线。

（2）长线资源：完成器件 Bank 间的高速信号和第二全局时钟信号（或称为 Low Skew）的布线。

（3）短线资源：完成基本逻辑单元之间的逻辑互联。

另外，基本逻辑单元内部还包括了各种布线资源。布线资源的使用会影响到设计的实现结果（如可实现的时钟最大频率、资源占用率）。

CPLD 的布线资源相对有限，通常采用集中的布线池结构，即通过一个开关矩阵，利用打节点完成不同宏单元的输入和输出之间的连接。由于 CPLD 布线池结构固定，所以 CPLD 的输入管脚到输出管脚的标准延时是固定的，这也反映了 CPLD 可实现的最高频率。

5．底层嵌入功能单元

底层嵌入功能单元是指通用程度较高的嵌入功能模块，如 DLL（Delay Locked Loop）或 DCM（Digital Clock Manager）、DSP、CPU 等。DLL 可完成时钟倍频、分频、占空比调整、移相等。通过将 DSP、CPU 等软核嵌入，使 FPGA 具备了实现片上系统的能力，更易于实现运算密集型应用。例如，Altera 公司的 Stratix II 等系列集成了 ARM、NIOS 等处理器；Xilinx 公司的 Virtex5 等系列集成了 Power PC、MicroBlaze 等处理器。

6．内嵌专用硬核

内嵌专用硬核主要是指为了满足某些高端市场，在 FPGA 内部置入的硬核（Hard

Core）。例如，为满足通信市场需求，一些 FPGA 内集成了高速串并收发单元，速度可达 10Gbit/s。

11.4.2 FPGA/CPLD 设计流程

完整的 FPGA/CPLD 设计流程包括设计输入、功能仿真、综合优化、综合后仿真、布局布线、时序仿真、板级仿真与验证、调试及加载配置等步骤，如图 11-25 所示。

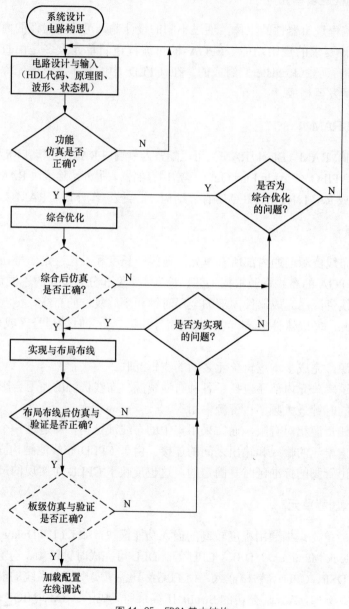

图 11-25　FPGA 基本结构

1. 设计输入

设计输入是指将设计需求通过特定的描述方式输入到 EDA 工具，常用的设计输入方法有硬件描述语言（HDL）、波形输入、状态机输入、原理图输入等方法，其中应用最广泛的硬件描述语言是 VHDL 和 Verilog HDL。原理图输入虽然直观，但在大型设计中，这种输入方法不便于模块重构和维护。硬件描述语言输入通常采用自顶向下的设计方法，将整个设计划分为不同的模块，这样整个设计可由不同的设计人员实现，同时也比原理图方式具有更好的移植性，便于在不同芯片中进行设计重用。波形输入和状态机输入在某些特殊情况下较为方便，但并不适合多数设计。

2．功能仿真

功能仿真即用专用的 EDA 工具对设计的功能进行验证，及时发现设计错误并修改，常用仿真工具有 Model Sim、NC-VHDL、NC-Verilog、Active HDL 等。

3．综合优化

综合（Synthesize）是通过特定的 EDA 工具将设计输入转换为由与、或、非等逻辑门以及触发器、RAM 等元件组成的逻辑网表，并根据设计约束优化所生成的逻辑连接，并输出标准格式的网表文件。通常 FPGA/CPLD 厂商的集成开发环境都提供综合工具，另外还有一些专用的综合工具，如 Synplicity 公司的 Synplify Pro，Synopsys 公司的 FPGA Compiler 等。

4．综合后仿真

综合后仿真可以把综合生成的标准延时文件反标注到综合仿真模型中，因此能估计门延时带来的影响，但不能估计布线延时，而且在器件完成布线后还会改变综合后的延时结果，所以这个阶段的仿真目的主要是检查综合工具的综合结果是否与设计的输入相符。

5．布局布线

利用 FPGA/CPLD 生产厂商提供的集成开发环境，将综合输出的逻辑网表适配到用户选择的特定芯片，这个过程将决定器件内部的布局和布线结果。通常，用户可以通过设置约束参数来规定布局布线的优化准则。

6．时序仿真

布局布线之后生成的仿真延时文件包含全部延时信息，这个阶段进行的仿真可以较为真实地反映芯片的实际工作情况，通过这一步骤可以检查设计时序是否与实际运行情况相符。

7．板级仿真与验证

在一些高速设计情况下，需要使用第三方的板级验证工具，通过对设计的 IBIS、HSPICE 等模型进行仿真，分析高速设计的信号完整性、电磁干扰等电路特性。

8．调试及加载配置

设计开发的最后阶段是在线调试，将 EDA 工具生成的配置文件写入芯片中进行测试。

FPGA 加电工作时，FPGA 芯片将 EPROM 中的数据读入片内编程 RAM，配置完成后，FPGA 进入工作状态。掉电后，FPGA 恢复成白片，内部逻辑关系消失，FPGA 的编程无须专用的 FPGA 编程器，只需用通用 PROM 编程器即可。当需要修改 FPGA 功能时，只需修改 PROM 即可。现在，主要的 FPGA 芯片厂商的集成开发环境都提供在线信号分析工具，通过 JTAG 接口，根据用户设定的触发条件实时地读出 FPGA 的内部信号波形，以便用户分析验证设计是否符合要求。

目前，可编程逻辑设计技术处于高速发展阶段，低端的 CPLD 已逐步取代了一些传统的可编程逻辑器件，由于高端 FPGA 多数植入 CPU、DSP 等 IP 核，使之逐渐具备了实现片上系统的能力。总之，FPGA/CPLD 具有规模大、集成度高、可靠性高的优点，同时又克服了 ASIC 设计周期长、投资大、灵活性差的缺点，逐步成为复杂数字硬件电路设计的首选。虽然 FPGA 和 CPLD 的结构上有一些差异，但它们的设计流程和使用的 EDA 软件是类似的，通常根据设计需求和芯片特性来选型。

本 章 小 结

半导体存储器是现代数字系统特别是计算机中的重要组成部分。本章重点介绍的 ROM 是一种非易失性的存储器，它存储的是固定数据，一般只能被读出。根据数据写入方式的不同，ROM 由可分为固定 ROM 和可编程 ROM。后者又可细分为 PROM、EPROM、E^2PROM 等，特别是 E^2PROM 可以进行电擦写，能在应用系统中方便地进行在线改写。

目前，可编程逻辑器件（PLD）的使用越来越广泛，用户可以自行设计该类器件的逻辑功能。PAL 和 GAL 是两种典型的可编程逻辑器件，其电路结构都是与-或阵列。由于 GAL 器件的输出增加了输出逻辑宏单元 OLMC，因此比 PAL 具有更强的功能和灵活性。

另外，本章还结合当前可编程逻辑器件的发展，介绍了设计硬件电路时广泛使用的 CPLD/FPGA，它比 GAL 等传统器件在结构和功能方面都复杂很多，已渐渐渗透到数字电路的各个应用领域。随着成本的降低，FPGA/CPLD 已成为数字电路中的主要器件。

习 题

11.1 ROM 有哪些种类？各有何特点？

11.2 某台计算机的内存储器设置有 32 位的地址线，16 位并行数据输入/输出端，试计算它的最大存储量是多少？

11.3 试用两片 1024×8 位的 ROM 组成 1024×16 位的存储器。

11.4 图 11-26 所示电路为用 PROM 实现的组合逻辑电路，试写出函数 F_1、F_2 的逻辑表达式。

11.5 用 16×4 位的 ROM 设计一个将两个 2 位二进制相乘的乘法器电路，列出 ROM 的数据表，画出存储矩阵的点阵图。

11.6 分析图 11-27 所示电路所具有的逻辑功能。

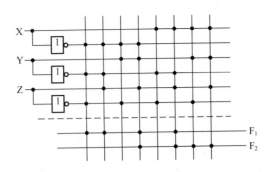

图 11-26 题 11.4 图

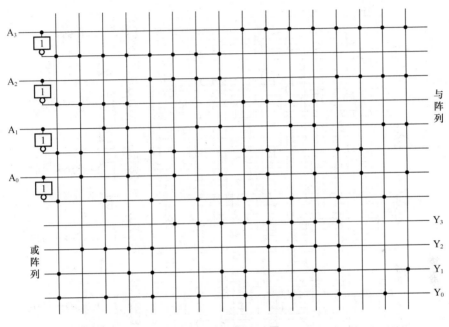

图 11-27 题 11.6 图

11.7 试分析图 11-28 中由 PAL16L8 构成的逻辑电路，写出 Y_1、Y_2、Y_3 与 A、B、C、D、E 之间的逻辑关系。

11.8 试分析图 11-29 所示电路，写出电路的驱动方程、状态方程、输出方程，画出电路的状态转换图。工作时，11 引脚接地。

11.9 设输入逻辑变量为 A、B、C 和 D，用图 11-13 所示的 PAL16L8 实现下列逻辑函数：

$$F_1(ABCD) = \sum m(2,3,4,5,10,11,13,15)$$

$$F_2(ABCD) = \sum m(0,1,2,3,6,8,9,10,12,14)$$

$$F_3(ABCD) = \sum m(0,1,2,3,4,5,8,9,13,15)$$

11.10 CPLD 与 FPGA 的区别是什么？

11.11 简述 CPLD/FPGA 的一般设计流程。

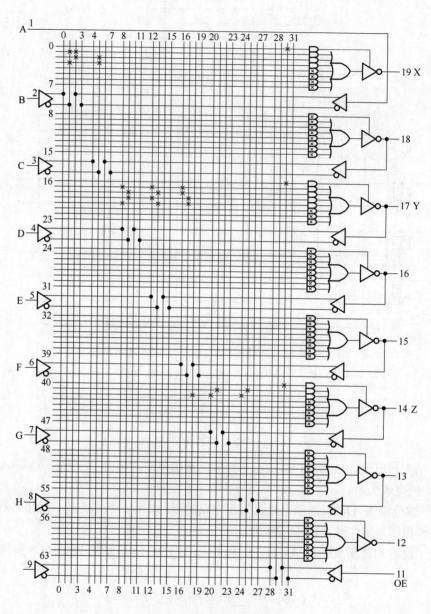

图 11-28　题 11.7 图

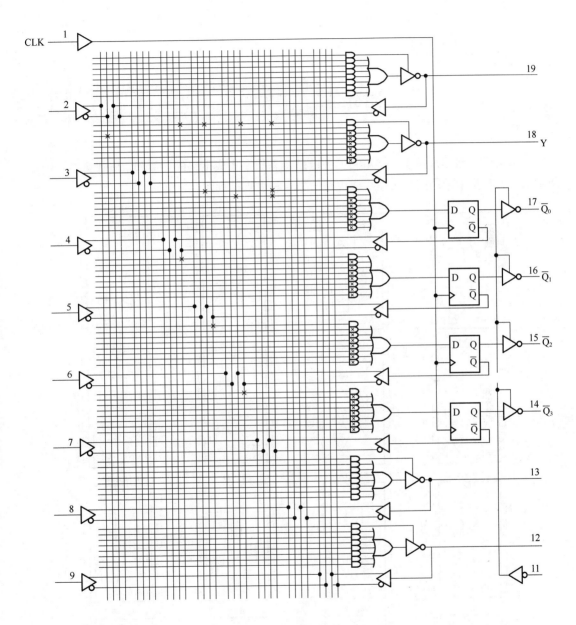

图 11-29　题 11.8 图

利用集成电路芯片搭建数字电路的关键是熟悉数字集成电路的功能和引脚排列图，附图-1所示的是实验室中常用的小规模集成电路的型号和引脚排列图。

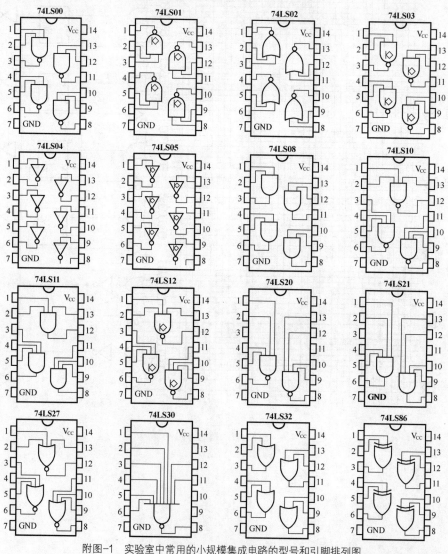

附图-1　实验室中常用的小规模集成电路的型号和引脚排列图

附图-2 所示为实验室中常用的中规模集成电路的逻辑功能和引脚排列图。

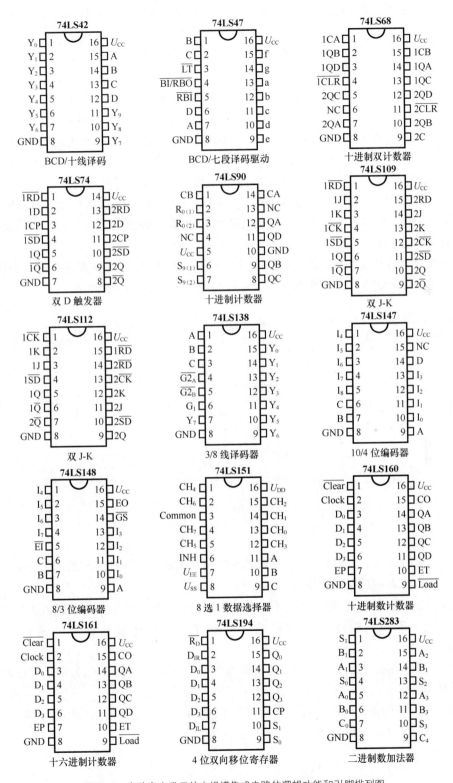

附图-2 实验室中常用的中规模集成电路的逻辑功能和引脚排列图

在数字电路的实验中，除了用到上面介绍的小规模集成电路和中规模集成电路外，有时还要用到 PLD 器件。PLD 器件内部主要由与逻辑阵列、或逻辑阵列和输入/输出缓冲器 3 部分电路组成。

近年来随着 PLD 器件制造工艺水平的提高，PLD 产品的种类也不断增多。目前市场上对 PLD 产品的分类有两种方法。一种方法是根据 PLD 产品的输出中是否包含寄存器来分类，这种分类法将 PLD 产品分成组合 PLD 和时序 PLD。组合 PLD 产品的输出电路中不包含寄存器，时序 PLD 产品的输出电路中包含寄存器。另一种方法是根据 PLD 产品的内部结构和编程方式来分类，这种分类法将 PLD 产品分成可编程逻辑阵列（PLA）、可编程阵列逻辑（PAL）、通用逻辑阵列（GAL）、现场可编程逻辑器件（FPLD）等。

上述这些产品的主要差别是：PLA 内部的与逻辑阵列和或逻辑阵列都是可编程的；PAL 内部只有与逻辑阵列可编程，或逻辑阵列不可编程；GAL 和 FPLD 实际上是改进的 PAL 和 PLA 器件，改进主要体现在对电路内部的与阵列和或阵列编程的改写用电信号，同时还增加了可编程的输出逻辑宏单元。

因为 PLD 器件内部电路的结构较为复杂，所以在对 PLD 器件内部电路进行描述时采用简化的方法。PLD 器件内部编程点及连接方式的简化画法如附图-3 所示。

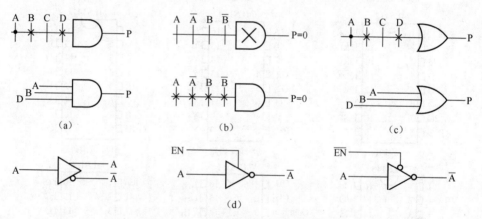

附图-3　PLD 器件内部编程点的简化画法

附图-3（a）所示的上图是下图与逻辑关系的简化画法，其中打点的表示不可编程的固定接点，打"×"的表示可编程的接点。

附图-3（b）所示为与门默认的状态。与门默认的状态描述输入缓冲器的互补输出端，同时接到某一个单独乘积项上，乘积项的输出 P=0。描述默认状态的逻辑表达式为 $P = A\overline{A}B\overline{B} = 0$。

附图-3（c）所示的上图是下图或逻辑关系的简化画法。附图-3（d）所示为缓冲器和三态门的简化画法。

根据上面介绍的简化画法，可得最简单的 PLD 器件内部电路的结构如附图-4 所示。

附图-5 所示为 GAL16V8 器件的引脚功能排列图。

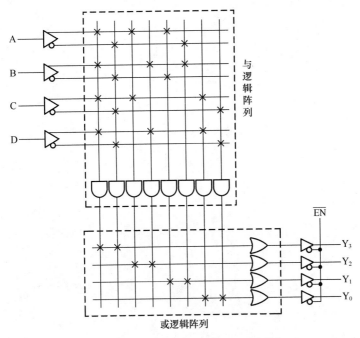

附图-4　最简单的 PLD 器件内部电路结构

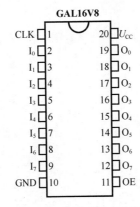

附图-5　GAL16V8 器件的引脚功能排列图